高等学校"十二五"规划教材

计算机网络工程实例教程

詹金珍　编著

西北工業大學出版社

西　安

【内容简介】 本书以计算机网络工程的系统集成为培养目标，为学生营造一个真实的计算机网络工程的实验环境。

全书共分 9 章，精选了 26 个计算机网络实训项目，分别介绍了网络实训项目的实验和测试、网络工程的系统集成、局域网的组建、网络的维护与管理等知识。

本书可作为高等院校的计算机网络工程的教材，各层次职业培训教材，同时也适合广大计算机网络工程技术和学习计算机组网技术的读者。

图书在版编目（CIP）数据

计算机网络工程实例教程/詹金珍编著. —西安：西北工业大学出版社，2015.6（2018.12 重印）

高等学校"十二五"规划教材

ISBN 978-7-5612-4410-4

Ⅰ.①计… Ⅱ.①詹… Ⅲ.①计算机网络—高等学校—教材 Ⅳ.①TP393

中国版本图书馆 CIP 数据核字（2015）第 130192 号

出版发行：西北工业大学出版社
通信地址：西安市友谊西路 127 号 邮编：710072
电　　话：(029)88493844 88491757
网　　址：www.nwpup.com
印 刷 者：兴平市博闻印务有限公司
开　　本：787 mm×1 092 mm 1/16
印　　张：18
字　　数：440 千字
版　　次：2015 年 6 月第 1 版 2018 年 12 月第 2 次印刷
定　　价：45.00 元

前　　言

计算机网络工程中最重要、最核心的是网络设备，例如路由器、交换机和防火墙。只有掌握网络设备的组网配置技术，并不断地在日常的管理和使用过程中及时调试与调整网络设备的配置内容，才能实现最佳的组网配置效果，确保网络设备可靠和安全地运行。

本书按照网络工程的教学规律精心设计内容和结构。结合笔者十余年的教学经验进行教材内容的设计，力争教材结构合理，难易适中，突出计算机网络工程实践的操作过程及结果验证。

本书的特点是以计算机网络工程的系统集成为培养目标，为学生营造一个真实的计算机网络工程的实验环境，所有的实验都是在网络实验室完成的并得到验证。实验的过程和测试结果构成了本书的全部内容。本书图文并茂，实用性强，强调计算机网络工程的主流技术。通过对本书精选的 26 个计算机网络实训项目的学习，学生可具备网络工程的系统集成、组建局域网、网络维护与管理的能力。同时通过对交换机配置、路由器配置、无线网配置、防火墙配置和广域网协议的配置与验证的学习，学生能正确理解计算机网络知识和工程实践的全过程。

本书共分为 9 章。第 1 章是网络工程基础实验，主要讲述网线的制作、二层以太网组网实验和三层网络规划设计；第 2 章是 Windows Server 2012 组网实验，主要讲述 Windows Server 2012 的安装与配置、Windows Server 2012 下配置 DHCP 和 DNS 服务器，以及 Windows Server 2012 下配置 WWW 和 FTP 服务器；第 3 章是 Linux 网络配置与管理，主要讲述 SUSE Linux 的安装与配置，以及 SUSE Linux 下配置 WWW 和 FTP 服务器；第 4 章是交换机的安装与配置，主要讲述交换机的启动和基本配置、交换机划分 VLAN 和三层交换实验；第 5 章是路由器的安装与配置，主要讲述路由器模拟软件、路由器的启动和基本配置、配置静态 NAT 和配置动态 NAT 实验；第 6 章是广域网协议配置，主要讲述配置 PPP 和 X.25 协议、配置帧中继协议和配置 ISDN 协议；第 7 章是路由器协议配置，主要讲述网络设备模拟器软件、配置 RIP 协议、配置 OSPF 协议和配置访问控制列表；第 8 章是网络管理软件的配置与使用，主要讲述 Cisco works 6.0 网管软件的安装与应用和 Solarwinds 网管软件的安装与应用；第 9 章是网络硬件防火墙，主要讲述防火墙的内部结构、防火墙的配置、Cisco PIX 防火墙的基本配置和 Cisco PIX 防火墙的高级配置。

本书可作为高等院校的计算机网络工程的教材，各层次职业培训教材，同时也适用于广大计算机网络工程技术人员和学习计算机组网技术的读者。

本书的出版得到西北工业大学出版社领导的大力支持和帮助，编写本书曾参阅了相关文献资料，在此谨向给予支持帮助的领导及文献资料的作者表示衷心的感谢。

由于水平有限，书中难免有不足和疏漏，敬请读者批评指正。

编著者

2015 年 5 月

目　录

第 1 章　网络工程基础实验

1.1　网线的制作

一、实训目的

(1)熟悉 RJ45 10/100M T568A 和 T568B 头制作过程和网线连接的原则。

(2)掌握动手制作两条合格的 10/100M 五类双绞线的直通线和交叉线。

二、实训内容

(1)学习 LAN 中网线连接的原则。

(2)实际动手制作两条 10/100M 五类双绞线的直通线和交叉线。

(3)用电缆测试仪测试所制作的网线是否合格，并标识合格品。

三、实训环境的搭建

(1)提供每人 2m 五类双绞线，6 个 RJ45 水晶头。

(2)提供每组 2 套网线制作工具，如双绞线压线钳、电缆测试仪、斜口钳。

四、实训操作实践

1. LAN 中网线连接的原则

(1)同性设备相连用“交叉线”(即两个 RJ45 头分别为 T568A 和 T568B)，如：计算机←→计算机/路由器，交换机/HUB ←→下一级交换机/HUB(普通口)。

(2)异性设备相连用“直通线”(即两个 RJ45 头均为 T568B)，如：交换机/HUB ←→计算机，交换机/HUB ←→下一级交换机/HUB(UPLINK 口)。

2. T568B 和 T568A 电缆中线的颜色(见图 1.1 和图 1.2)

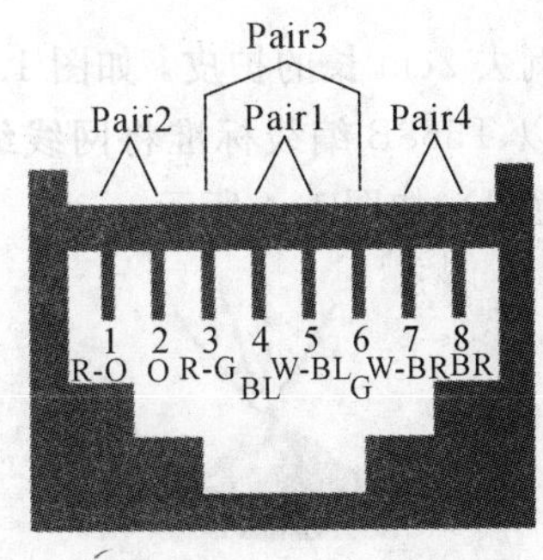

图 1.1　T568B

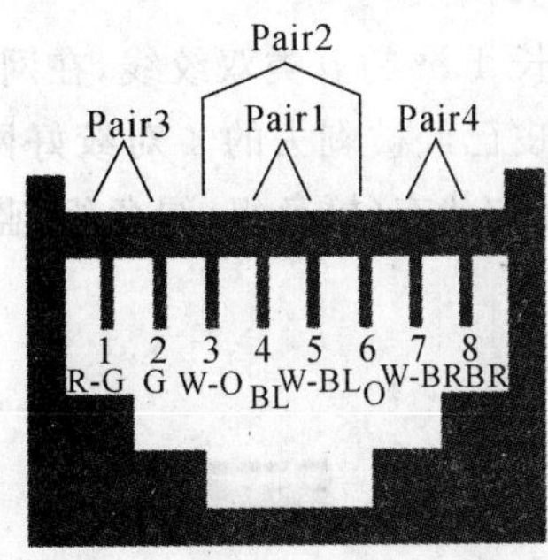

图 1.2　T568A

3. T568B 编线方式(见表 1.1)

4. T568A 编线方式(见表 1.2)

表 1.1 T568B 编线方式

管脚号	组号	功能	线的颜色	是否用于 10/100M 带宽的以太网	是否用于 100/1000M 带宽的以太网
1	2	传输	白色-橙色	是	是
2	2	接收	橙色	是	是
3	3	传输	白色-绿色	是	是
4	1	未使用	蓝色	否	是
5	1	未使用	白色-蓝色	否	是
6	3	接收	绿色	是	是
7	4	未使用	白色-棕色	否	是
8	4	未使用	棕色	否	是

表 1.2 T568A 编线方式

管脚号	组号	功能	线的颜色	是否用于 10/100M 带宽的以太网	是否用于 100/1000M 带宽的以太网
1	2	传输	白色-绿色	是	是
2	2	接收	绿色	是	是
3	3	传输	白色-橙色	是	是
4	1	未使用	蓝色	否	是
5	1	未使用	白色-蓝色	否	是
6	3	接收	橙色	是	是
7	4	未使用	白色-棕色	否	是
8	4	未使用	棕色	否	是

5. 交叉网线的制作步骤

(1)剪一条长 1 m 的五类双绞线,在网线的一端剥去 2cm 长的护皮,如图 1.3 所示。

(2)拿好护皮已经被剥去的 4 对绞好网线,重新以 T568B 编线标准将网线编组。小心保持从左到右绞好的状态(橙色组、绿色组、蓝色组、棕色组),如图 1.4 所示。

图 1.3

图 1.4

(3)把保护层和网线拿在一个手里，将蓝色和绿色的组拆开一小段，以 T568B 编线方式重新将它们排好理顺。拆开并按编色原则排列其余组的线。

(4)将线弄平、弄直、弄好，然后用斜口钳或压线钳将裸露出的双绞线剪下只剩约 14mm 的长度，使线头部整齐。确定不要松开护皮和线，因为它们都已经排好了顺序。

(5)按 T568B 网线的颜色排列方向将一个 RJ45 水晶头安装在线的一端(注意方向不能反)，尖头放在下边，橙色组(白色一橙色、橙色)应该在水晶头的第一只脚和第二只脚，如图 1.5 所示。

(6)用力将 8 根网线并排塞进水晶头内，直到能够通过水晶头的尾部底端看到接触端铜片的一端。确定护皮的尾部在水晶头里面并且所有的线都是按顺序排好的。然后用双绞线压线钳挤压水晶头直到锁扣松开，使接触端铜片穿过线的绝缘部分，从而完成水晶头的制作，如图 1.6 所示。

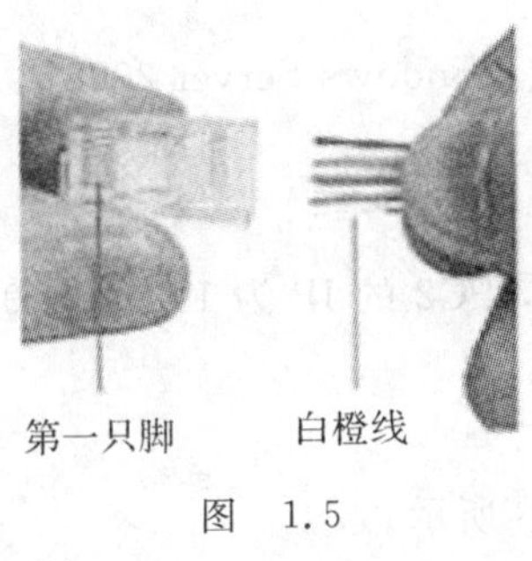

图　1.5

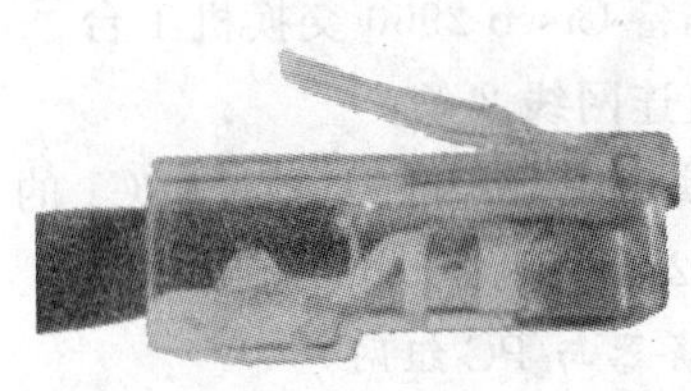

图　1.6

(7)重复步骤(1)～(6)做好网线的另一端，用 T568A 编线方案完成这条交叉网线的制作。

(8)用电缆测试仪测试已经做好的网线，然后检查主模块与另一模块的 8 个指示灯是否按 1—3，2—6，3—1，4—4，5—5，6—2，7—7，8—8 顺序轮流发光，来判断所做的网线是否合格。

6. 直通网线的制作

(1)直通网线的制作步骤同交叉网线的制作步骤一样，网线的两端均按 T568B 编线标准进行。

(2)用电缆测试仪测试已经做好的网线，然后检查主模块与另一模块的 8 个指示灯是否按 1—1，2—2，3—3，4—4，5—5，6—6，7—7，8—8 顺序轮流发光，来判断所做的网线是否合格。

1.2　二层以太网组网实验

一、实训目的

(1)理解二层交换产品的组网方式和方法；

(2)培养二层以太网组网的动手能力。

二、实训内容

(1)进行 PC 与交换机的组网；

(2)进行服务器与 PC 的组网；

(3)进行服务器、PC与交换机的组网。

三、实训环境的搭建

1. PC与交换机组网

如图1.7所示,用直连网线将2台P机与交换机连接起来。

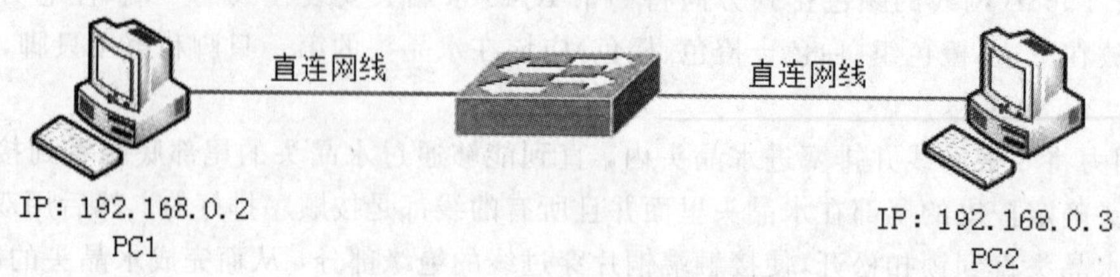

图1.7　PC与交换机组网实验原理图

(1)准备PC 2台,操作系统为Windows Server 2003或Windows Server 2008;

(2)准备Cisco 2960交换机1台;

(3)直连网线2条;

(4) 实验中分配的IP地址,PC1的IP为192.168.0.2,PC2的IP为192.168.0.3,子网掩码均为255.255.255.0。

2. 服务器与PC组网

用交叉网线将服务器与PC(客户机)连接起来,如图1.8所示。

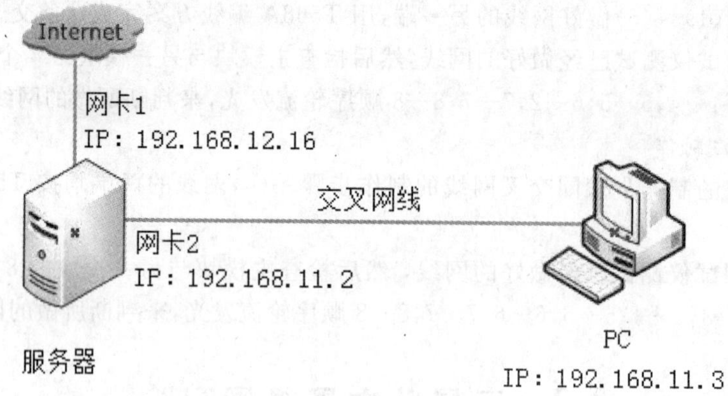

图1.8　服务器与PC机组网实验原理图

(1)准备PC 1台,操作系统为Windows Server 2003或Windows Server 2008;

(2)准备双网卡服务器1台,操作系统为Windows Server 2003或Windows Server 2008;

(3)交叉网线1条;

(4)准备的代理服务器软件为Sygate Manager。

3. 服务器、PC与交换机组网

用直连网线将服务器、PC与交换机连接起来,如图1.9所示。

(1)准备PC 2台,操作系统为Windows Server 2003或Windows Server 2008;

(2)准备双网卡服务器1台,操作系统为 Windows Server 2003 或 Windows Server 2008;
(3)准备 Cisco 2960 交换机1台;
(4)直连网线4条。

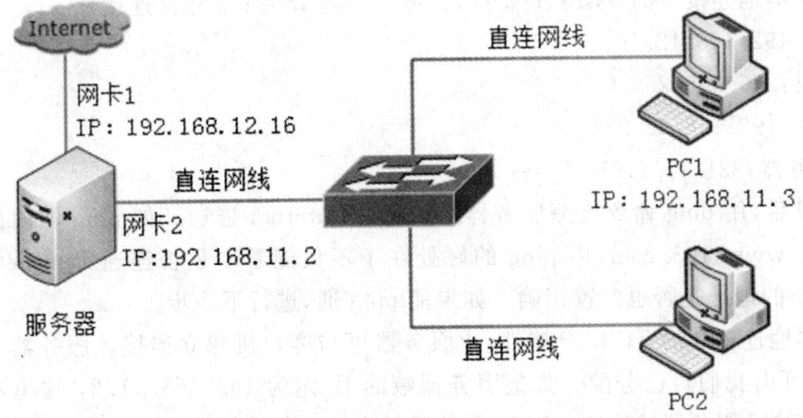

图 1.9　服务器、PC 与交换机组网实验原理图

四、实训操作实践

1. PC 与交换机组网

(1)对2台 PC 的 TCP/IP 属性进行设置。

PC1 的本地连接 TCP/IP 属性设置为
IP 地址:192.168.0.2
子网掩码:255.255.255.0

PC2 的本地连接 TCP/IP 属性设置为
IP 地址:192.168.0.3
子网掩码:255.255.255.0

(2)用 ping 命令测试所组成的网络是否已经配通,结果如图 1.10 所示。

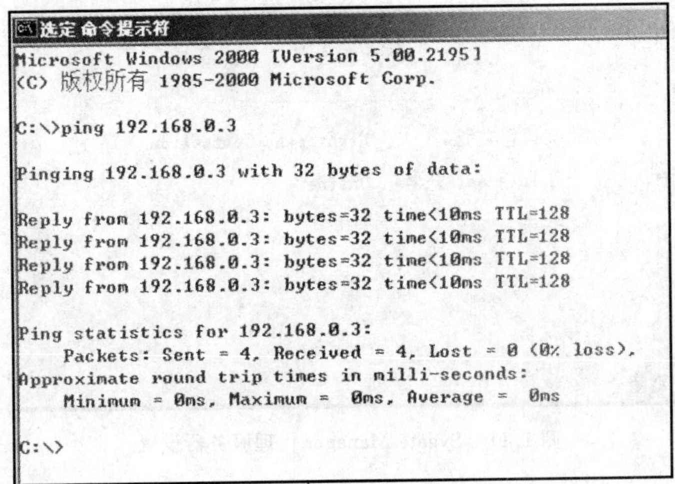
```
选定 命令提示符
Microsoft Windows 2000 [Version 5.00.2195]
(C) 版权所有 1985-2000 Microsoft Corp.

C:\>ping 192.168.0.3

Pinging 192.168.0.3 with 32 bytes of data:

Reply from 192.168.0.3: bytes=32 time<10ms TTL=128
Reply from 192.168.0.3: bytes=32 time<10ms TTL=128
Reply from 192.168.0.3: bytes=32 time<10ms TTL=128
Reply from 192.168.0.3: bytes=32 time<10ms TTL=128

Ping statistics for 192.168.0.3:
    Packets: Sent = 4, Received = 4, Lost = 0 (0% loss),
Approximate round trip times in milli-seconds:
    Minimum = 0ms, Maximum =  0ms, Average =  0ms

C:\>
```

图 1.10　测试网络的连通性

2. 服务器与 PC 组网

(1)服务器端的设置。双网卡服务器中网卡 1 用于服务器与 Internet 的连接,网卡 2 用于服务器与客户机的连接。

1)先设置本地连接 1 的 TCP/IP 属性,让服务器与 Internet 建立连接。

IP 地址:192.168.12.16

子网掩码:255.255.255.0

默认网关:192.168.12.254

DNS 服务器:221.11.1.67

配置完成后,用 ping 命令检测服务器是否已和 Internet 连通。如 ping 国内的著名网站"网易"的网址 www.163.com,用 ping 的好处在于不仅能看出是否连通 Internet,还能看出 DNS 域名解析的地址是否也配置正确。如果能 ping 通,进行下一步。

2)设置本地连接 2 的 TCP/IP 属性,让服务器可与客户机建立连接。服务器与客户机之间的 IP 地址可由我们自己分配。如把服务器端的 IP 定为 192.168.11.2,这里不仅要配置 IP,还要配置 DNS 服务器的地址。DNS 服务器起到了域名解析的作用。如果不配,上网时只能使用 IP 地址来登录网站,而不能用常用的域名方式登录。

IP 地址:192.168.11.2

子网掩码:255.255.255.0

首选 DNS 服务器:192.168.12.16

备用 DNS 服务器:221.11.1.67

3)代理服务器的选用与设置。客户机要通过服务器端与 Internet 连接,现在通用的方法是使用代理服务器。在本实验中也准备采用代理服务器 Sygate Manager 的方法,如图 1.11 所示。代理服务器 Sygate Manager 的软件可以到网络上去下载安装。

图 1.11 Sygate Manager 代理服务器设置

代理服务器设置时要注意网卡的选择。哪个是连 Internet 的(作外网),哪个是连客户机的(作内网),一定要分清。其他 IP 和网关一类的,代理服务器会自动扫描。代理服务器设置好后,服务器端就基本上设置完成了。代理服务器的设置如图 1.12 所示。

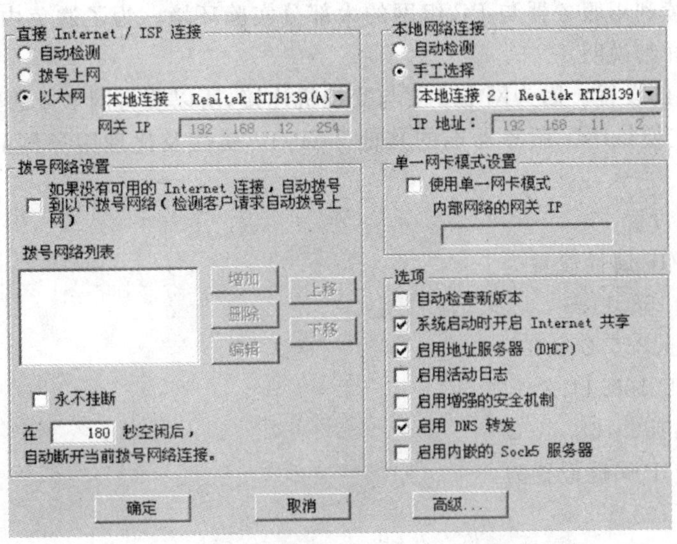

图 1.12　Sygate Manager 代理服务器的设置

(2)客户端的设置。刚才在配置服务器端的网卡 2 的属性的时候,已经确定了要用的网段为 192.168.11.0,所以,客户端的网络连接的 TCP/IP 属性设置为

IP 地址:192.168.11.3

子网掩码:255.255.255.0

默认网关:192.168.11.2

DNS 服务器:192.168.11.2

(3)测试与调试。服务器端和客户端的设置都已经完成。现在要测试一下客户机能不能通过代理服务器端登录 Internet。用 ping 命令来测试。如选择国内著名即时通信产品 QQ 的网站 www.qq.com 来测试,结果如图 1.13 所示。

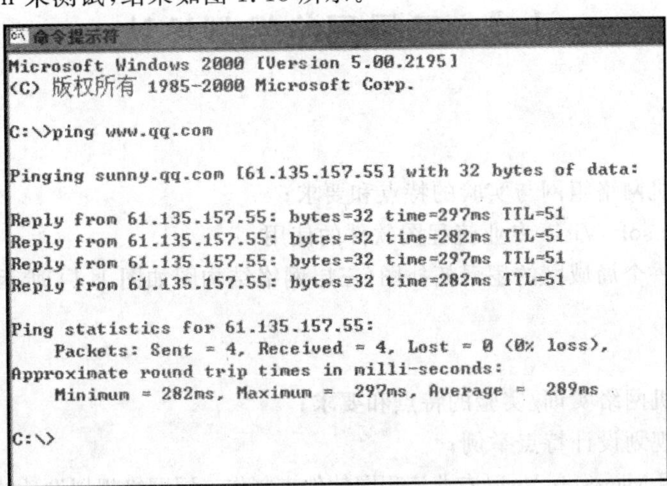

图 1.13　测试网络的连通性

3. 服务器、PC与交换机组网

在前面已做过服务器与PC组网，而这两个组网所不同的只是概念上的拓展。由于引入了交换机，于是可以从单PC服务器组网发展到多PC单服务器组网，所以服务器、PC与交换机组网中可以继续利用服务器与PC组网的大部分实验环境。为了避免内容的重复，这里只对改变的部分作详细说明。

(1)服务器端的设置。因为网卡2要与交换机连接，所以要将网卡2的交叉网线换为直连网线，然后接入交换机中。服务器端的其他TCP/IP属性及代理服务器的的配置均不需作调整。

(2)客户端的设置。

PC1的TCP/IP属性设置为

IP地址:192.168.11.3

子网掩码:255.255.255.0

默认网关:192.168.11.2

DNS服务器:192.168.11.2

PC2的TCP/IP属性设置为

IP地址:192.168.11.4

子网掩码:255.255.255.0

默认网关:192.168.11.2

DNS服务器:192.168.11.2

(3)测试与调试。

1)用ping命令来测试PC1与PC2是否连通：

c:\>ping 192.168.11.4

结果表明:PC1和PC2已连通。

2)用ping命令来测试两台PC是否与服务器连通，结果表明:均连通。

3)测试两台PC是否能登录Internet。用ping命令来测试PC是否能连通Internet公网的IP，如:c:\>ping 61.134.1.4。

1.3 三层网络规划设计

一、实训目的

(1)了解计算机网络组网与实验的特点和要求；

(2)学习Microsoft Visio专业流程图软件的使用；

(3)动手制作一个局域网的逻辑拓扑图(三层网络结构图如图1.14所示)。

二、实训内容

(1)了解计算机网络实训/实验的特点和要求；

(2)三层网络规划设计特点举例；

(3)实际动手用Microsoft Visio专业流程图软件来制作三层网络规划设计的逻辑拓扑图。

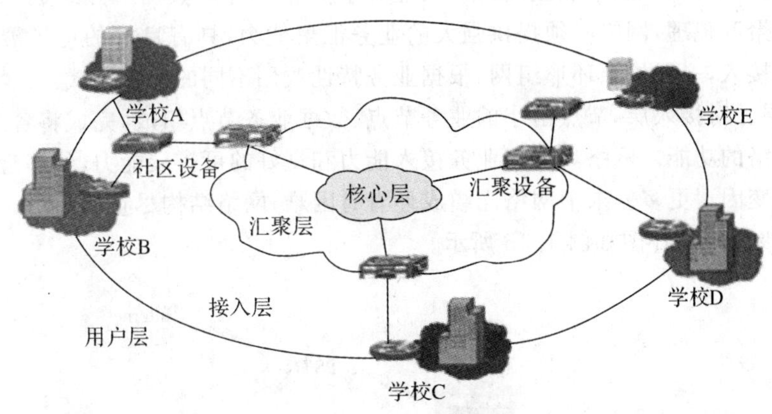

图 1.14　三层网络结构图

三、实训环境的准备

(1)准备 Microsoft Visio 应用软件,并安装该软件;

(2)PC 1 台。

四、实训操作实践

1. 计算机网络组网与实验的特点和要求

计算机网络组网与实验和其他实验有着很大的区别，主要表现为下述两方面。

(1)系统性。计算机网络实验的对象和环境是一个计算机网络,它由若干台 PC 和服务器通过网卡、Modem、网络传输介质(如双绞线、光纤)和网络互联设备(如 HUB/交换机、路由器)构成计算机网络的硬件环境,由运行在各 PC 和服务器上的网络操作系统、网络数据库系统、网络管理系统、应用系统以及网络互联设备上的网络软件构成计算机网络的软件环境。

计算机网络组网与实验面对的是系统集成问题,这与电子测量、电子技术、微机接口等实训课程大不一样。计算机网络的硬件和软件都具有复杂结构,系统集成后,复杂程度更高。因此,在实训中要注意从系统的、联系的观点看问题,这也是锻炼处理大系统和提高系统集成能力的好机会。

(2)继承性。本实训课程主要是围绕计算机网络的规划、二层以太网组网、三层以太网组网、服务器安装与配置、交换机配置、路由器配置、广域网协议配置与验证、网管软件的操作与配置及故障检测和维护来展开实训。不管是硬件环境或软件环境的实训都具有继承性。正因为网络实验的系统性和继承性,使我们的很多实训需要的基础知识面较宽,因此,每次实训都要求做好笔记,并且详细记录实验结果、现象和过程,课后须做好实验原理和过程的总结整理。只有这样才能由浅到深,逐步系统掌握实用的网络工程知识。

2. 网络规划设计举例

(1)核心层。对核心层,应由重要交换局及数据中心节点等组成,对业务的安全性和可靠性要求较高,业务量大,现有高速率传输设备、核心层传输设备组网按环形系统考虑,一般考虑采用复用段保护方式,节点间光缆应采用点到点方式,避免太多的跳接。

(2)汇聚层。对汇聚层,节点主要由一般业务节点和小容量数据节点组成,完成特定区域内的业务的汇聚和疏理,网络必须提供强大的业务汇聚能力,具有良好的可扩展性,原则上不直接进行业务接入,一般按照环形组网,根据业务特性改用不同的保护方式。

(3)接入层。对接入层,节点由小的业务节点、数据业务节点组成,完成将各类业务接入到核心业务的网络的功能。网络具有多业务接入能力和良好的可扩展能力,最靠近用户的网络,节点数量及可变因素更多。末梢网络光缆成环有时困难,网络结构尽量为环形。

(4)soho级网络拓扑图如图1.15所示。

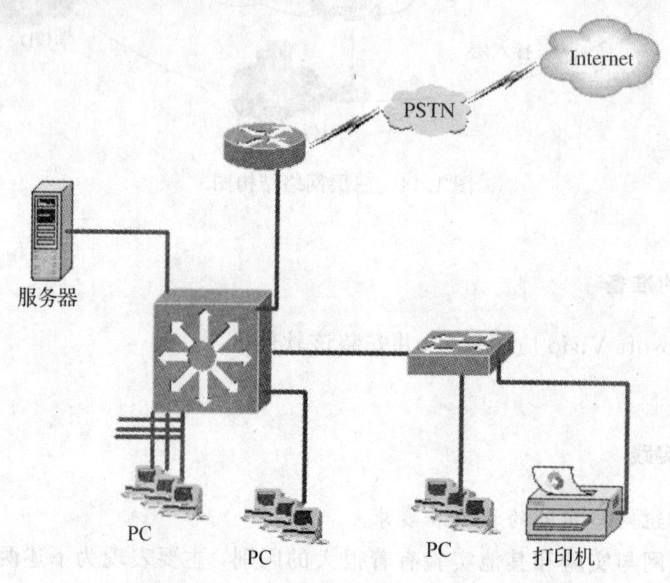

图1.15　soho级网络拓扑图

(5)园区级企业网络拓扑图如图1.16所示。

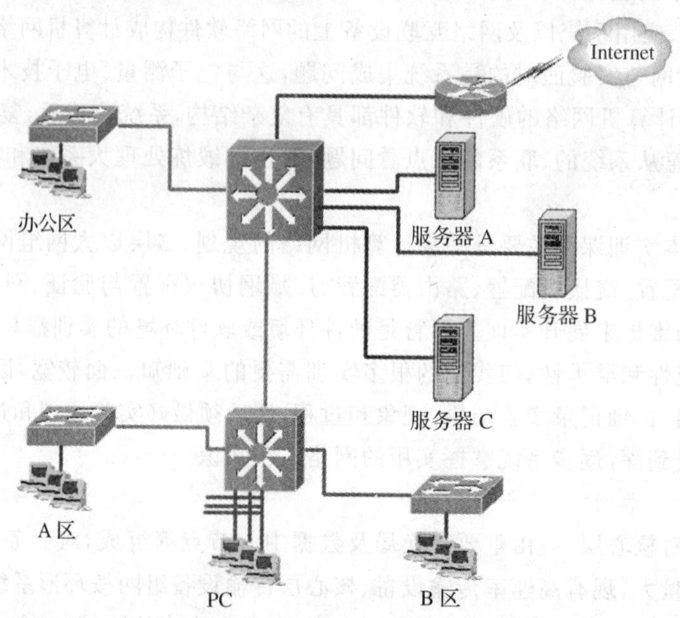

图1.16　园区级企业网络拓扑图

(6)远程企业分公司或办事处网络拓扑图如图 1.17 所示。

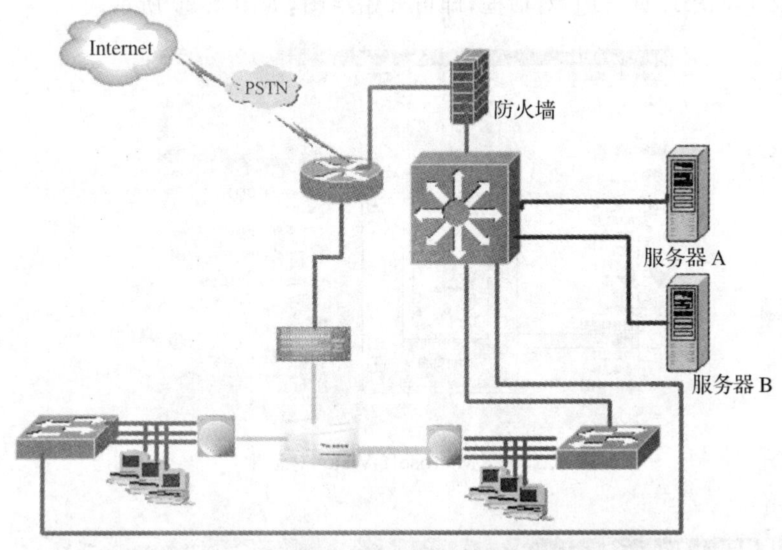

图 1.17　远程企业分公司或办事处网络拓扑图

3. 制作三层网络规划设计的逻辑拓扑图

练习用 Microsoft Visio 软件来制作如图 1.18 所示的三层网络规划设计的逻辑拓扑图，其制作步骤如下：

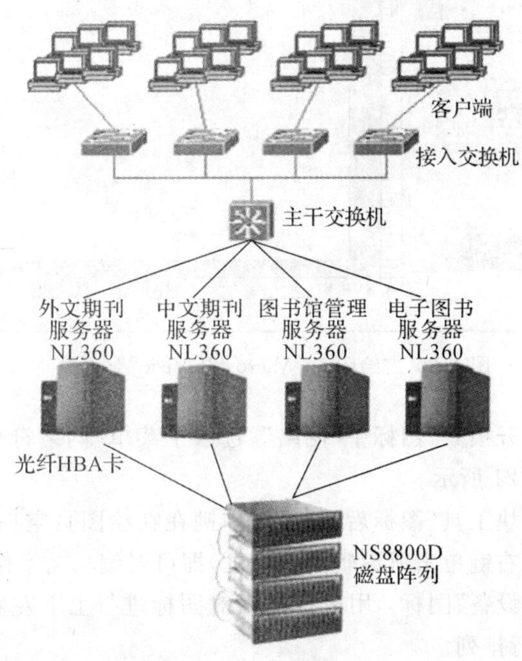

图 1.18　三层网络逻辑拓扑图

(1)单击“开始”➔“程序”➔“Microsoft Office Visio 2003”，出现“Microsoft Visio”对话框，如图 1.19 所示。

(2)在对话框内“选择绘图类型”中单击“网络”，选择模板时单击“详细网络图”，出现“Microsoft Visio［绘图 1. 页－1］”对话框，即可开始绘图，如图 1.20 所示。

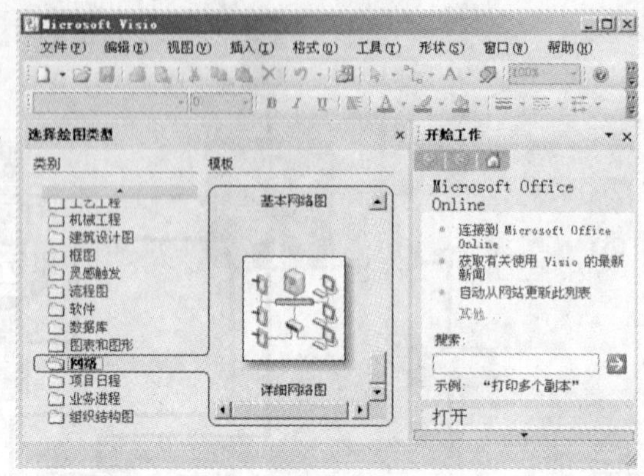

图 1.19 “Microsoft Visio”对话框

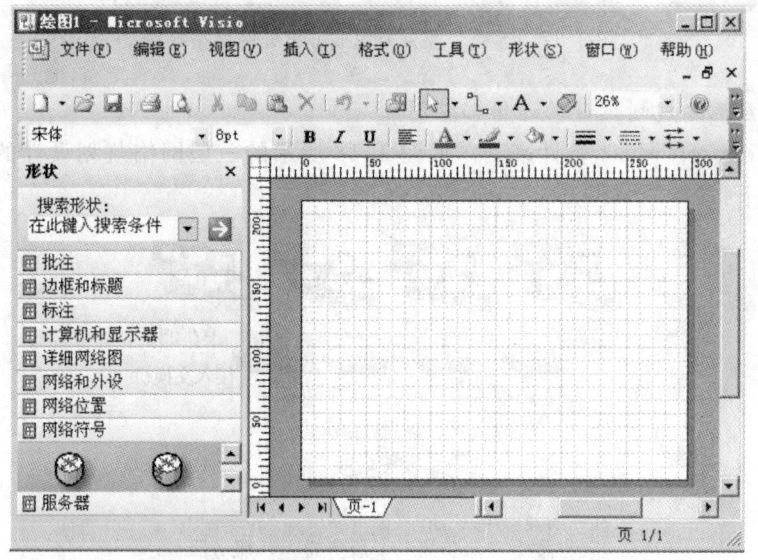

图 1.20 “绘图 1 - Microsoft Visio”对话框

(3)单击工具栏的“打开模具”图标中“网络”，选取子菜单“网络符号”，把需要的图标拖到右边的绘图页上，如图 1.21 所示。

(4)单击工具栏“文本块工具”图标后，用鼠标左键在在绘图页空白处拖出一矩形框，即可编辑文字。编辑后用鼠标右键单击所编辑的文字框，即可对编辑文字作垂直或水平翻转。

(5)在绘图页上单击“设备”图标，用鼠标可以对图标进行上下左右放大或缩小以及移动等，使各图标按照需要进行排列。

(6)单击工具栏的“打开模具”图标中“网络”，选取子菜单“网络和外设”，把需要的图标拖到右边的绘图页上，如图 1.22 所示。

(7)完成任务后单击工具栏的“文件”子菜单“保存”，选取路径和文件名称进行保存。

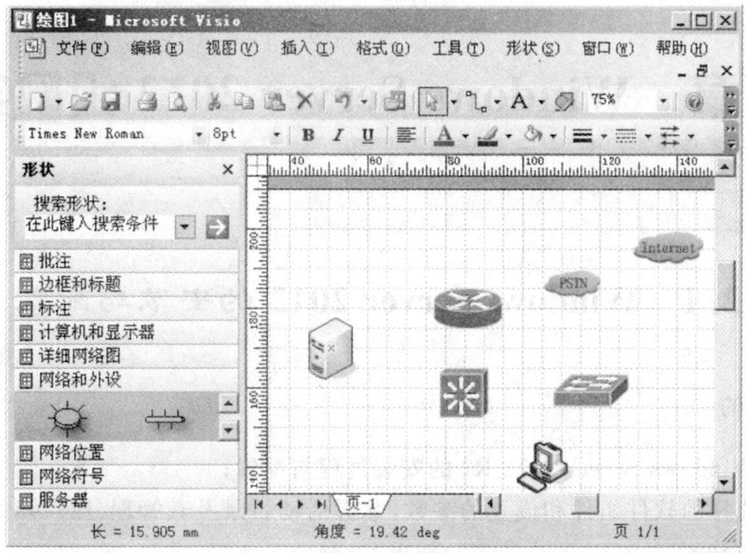

图 1.21　打开模具图标中网络

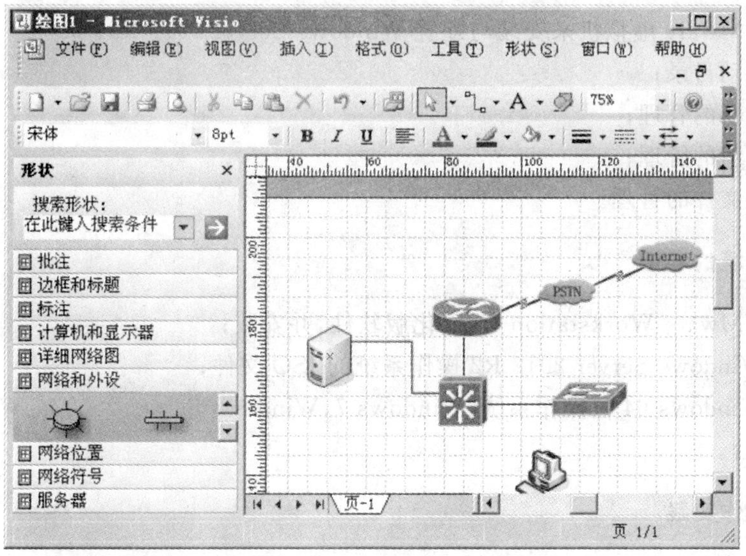

图 1.22　进行设备图标连线

第 2 章　Windows Server 2012 组网实验

2.1　Windows Server 2012 的安装与配置

一、实训目的

(1) 掌握 Windows Server 2012 R2 的安装过程与配置；

(2) 理解选择的软件组件和设置的参数，掌握活动目录及其管理、用户及组的管理、目录与文件的管理方法。

二、实训内容

(1)利用 VMware 虚拟机来安装与配置 Windows Server 2012 R2；

(2)安装活动目录；

(3)域控制器的管理；

(4)用户及组的管理；

(5)目录与文件的管理。

三、实训环境的准备

(1)准备 VMware Workstation 10 汉化版软件，并安装；

(2)准备 Windows Server 2012 R2 操作系统的 ISO 文件；

(3)安装 Windows 64 位操作系统(Windows 7，Windows Server 2003 或 Windows Server 2008)的 PC 1 台。

四、实训操作实践

1. 利用 VMware 虚拟机来安装 Windows Server 2012 R2 Standard Evaluation (带有 GUI 核心安装)

(1)启动 VMware 虚拟机，如图 2.1 所示。

(2)单击“创建新的虚拟机”，出现“新建虚拟机向导”对话框，如图 2.2 所示。

(3)单击“下一步”，出现“安装客户机操作系统”对话框，如图 2.3 所示，选择“安装程序光盘映像文件(iso)”，单击“浏览(R)”，选择 Windows Server 2012 操作系统的 ISO 文件，单击“下一步”。

(4)出现“选择客户机操作系统”对话框，如图 2.4 所示，客户机操作系统选择“默认”，版本选择“Windows Server 2012”，单击“下一步”。

(5)出现“命名虚拟机”对话框，如图 2.5 所示，虚拟机名称选择“默认”，选择更改虚拟机的安装路径位置，这里注意虚拟机的安装目录需要 60G 的磁盘空间，单击“下一步”。

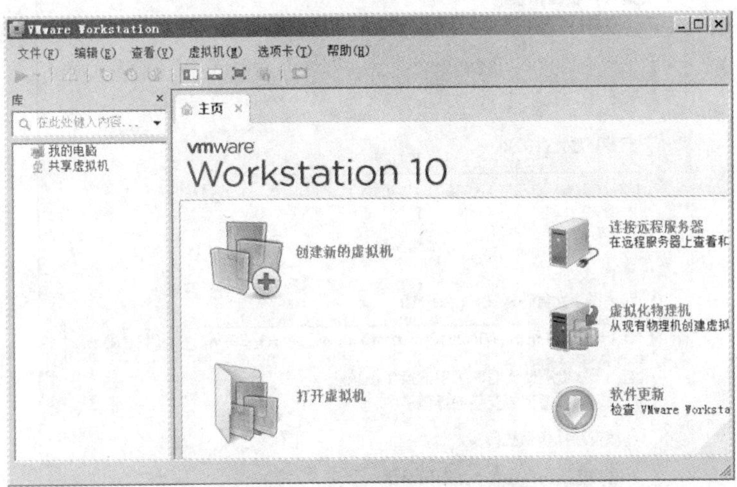

图 2.1　VMware 虚拟机主窗口

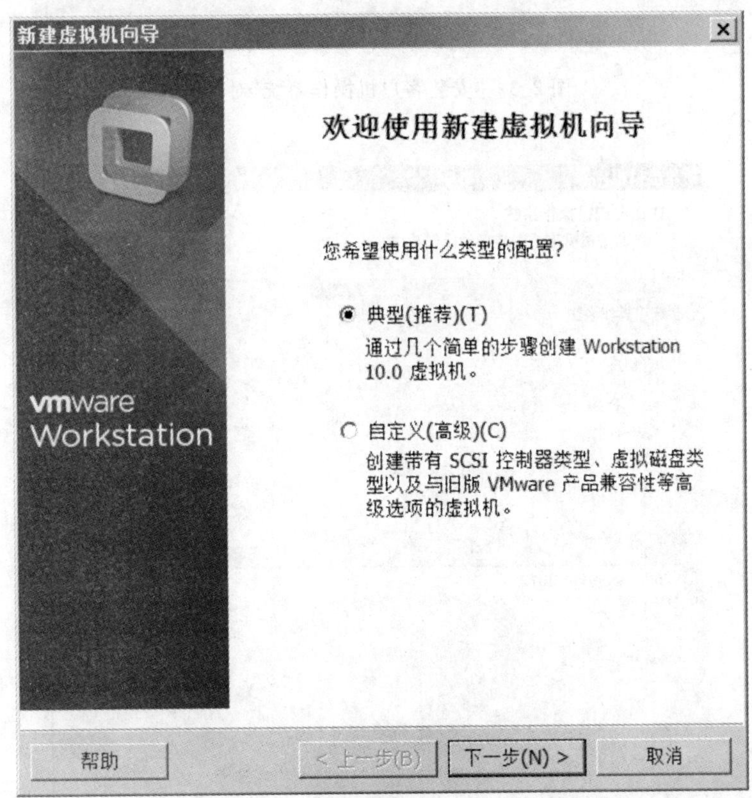

图 2.2　“新建虚拟机向导”对话框

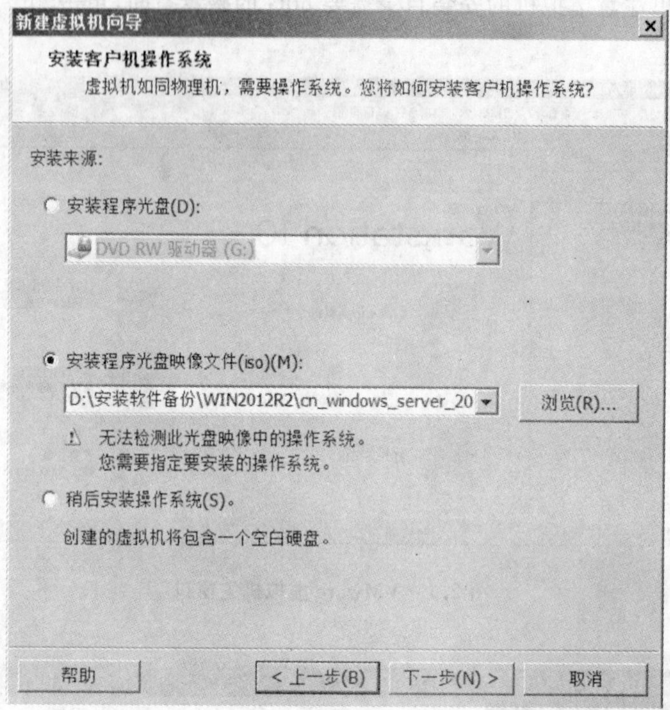

图 2.3 “安装客户机操作系统”对话框

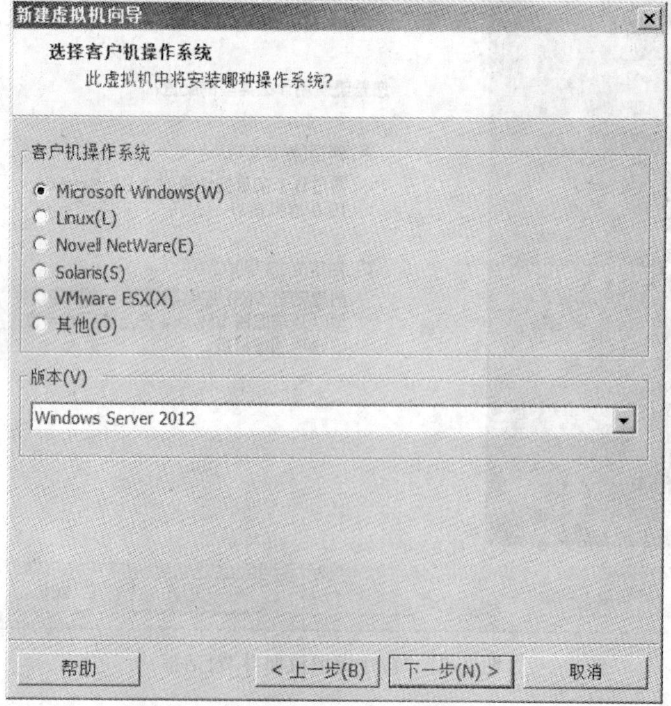

图 2.4 “选择客户机操作系统”对话框

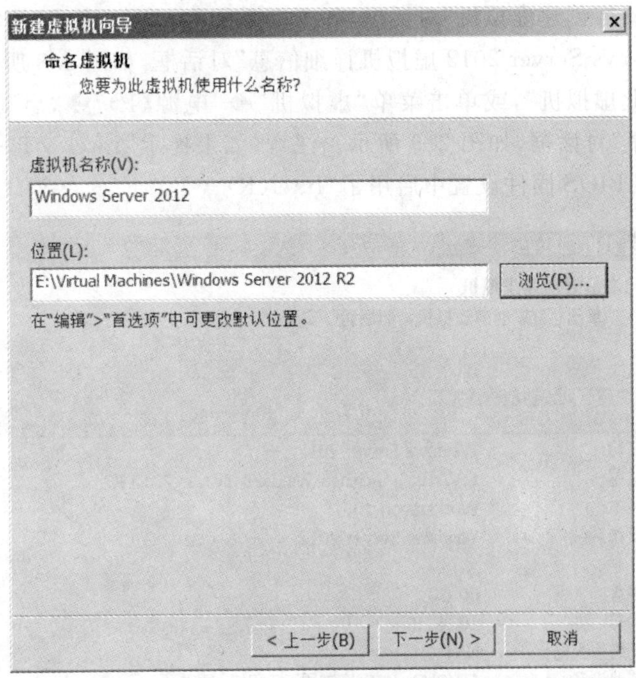

图 2.5　“命名虚拟机”对话框

(6)出现“指定磁盘容量”对话框,如图 2.6 所示,最大磁盘大小选择默认 60G,选择虚拟磁盘存储为单个文件,单击“下一步”。

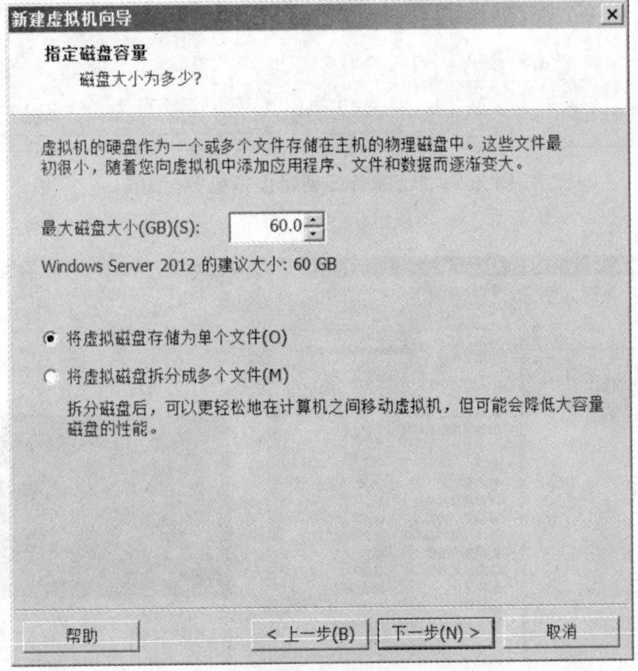

图 2.6　“指定磁盘容量”对话框

(7)出现“已准备好创建虚拟机”对话框,如图 2.7 所示,单击“完成”按钮。

(8)出现“Windows Server 2012 虚拟机详细信息”对话框,如图 2.8 所示。

(9)单击“开启此虚拟机”,或单击菜单“虚拟机”➔“电源(P)”➔“启动客户机(T)”,出现“Windows 安装程序”对话框,如图 2.9 所示。注意,如果提示“Intel VT-x 处于禁用状态”,则重启计算机,确认 BIOS 固件设置中启用了“Intel(R) VT”。

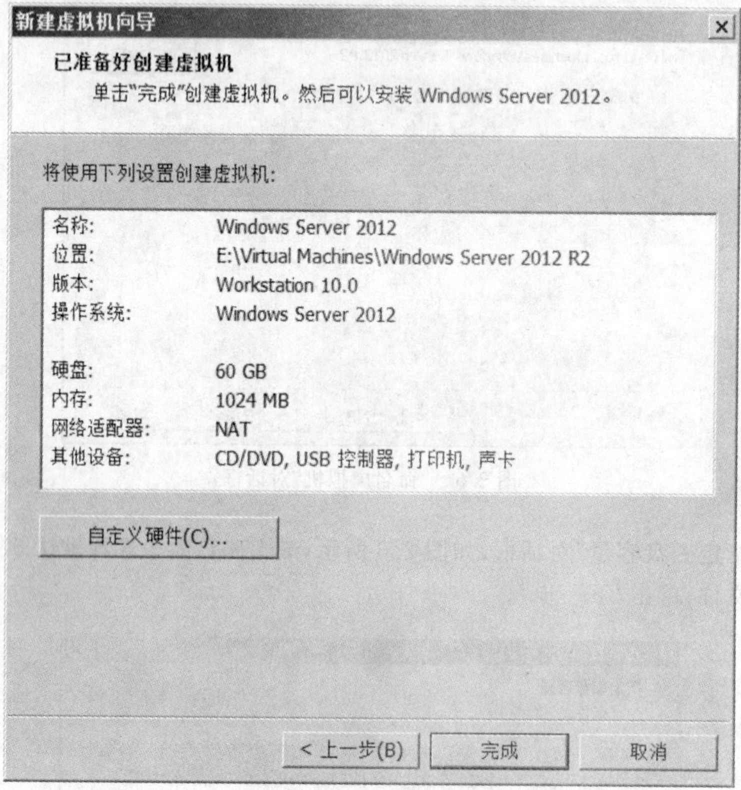

图 2.7 “已准备好创建虚拟机”对话框

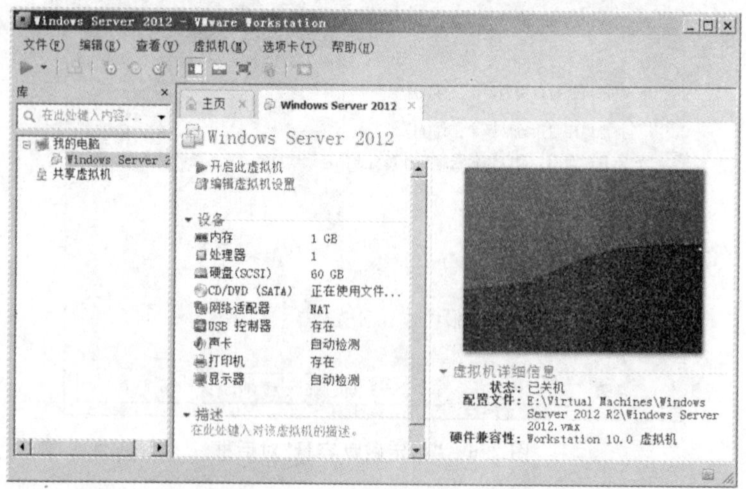

图 2.8 “Windows Server 2012 虚拟机详细信息”对话框

图 2.9　引导磁盘选项的设置

(10)安装语言、时间格式及输入法均选择默认，单击“下一步”，出现“现在安装”对话框，单击“现在安装”，出现“输入产品密钥”对话框，如图 2.10 所示，输入密钥，单击“下一步”。

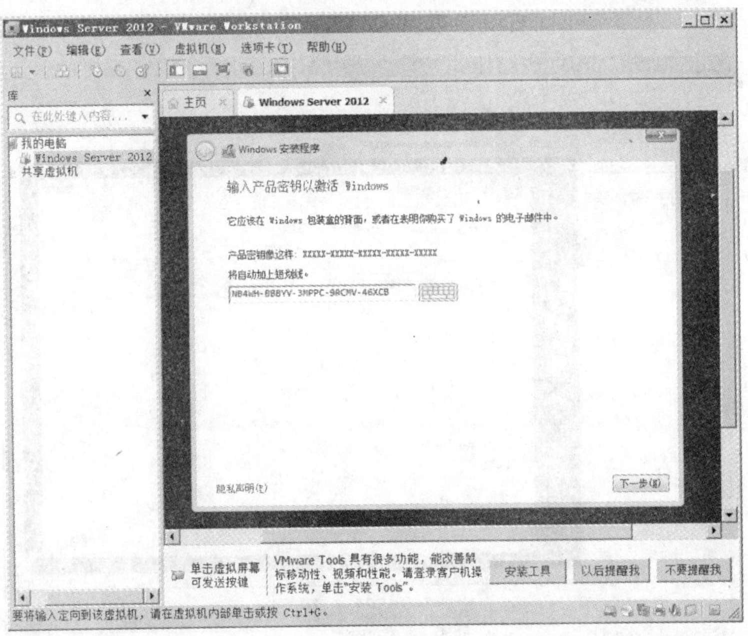

图 2.10　“输入产品密钥”对话框

(11)出现“选择要安装的操作系统”对话框，如图 2.11 所示，选择“Windows Server 2012 R2 Standard(带有 GUI 的服务器)”，单击“下一步”。

(12)出现“许可条款”对话框,选择“我接受许可条款”,单击“下一步”,出现“你想执行哪种类型的安装”对话框,选择“自定义安装”,出现“选择安装路径”对话框,如图 2.12 所示,单击“下一步”。

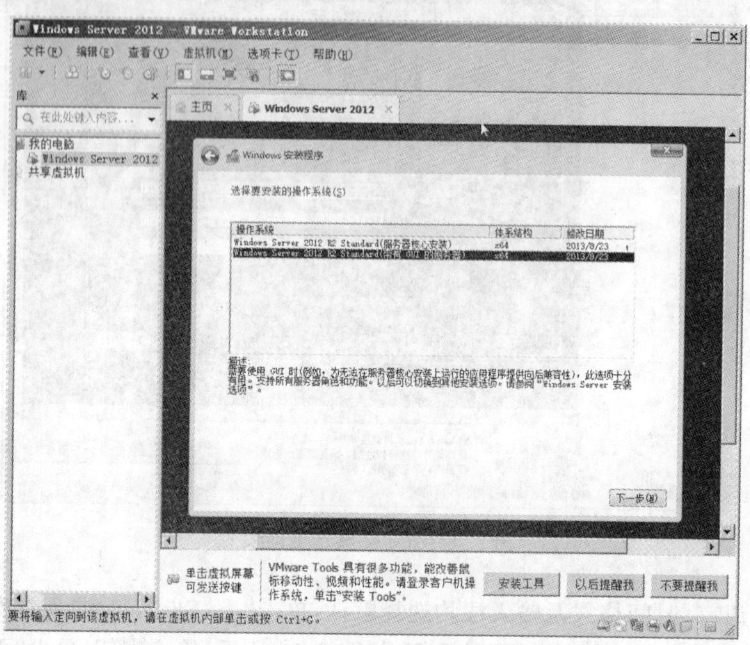

图 2.11 “选择要安装的操作系统”对话框

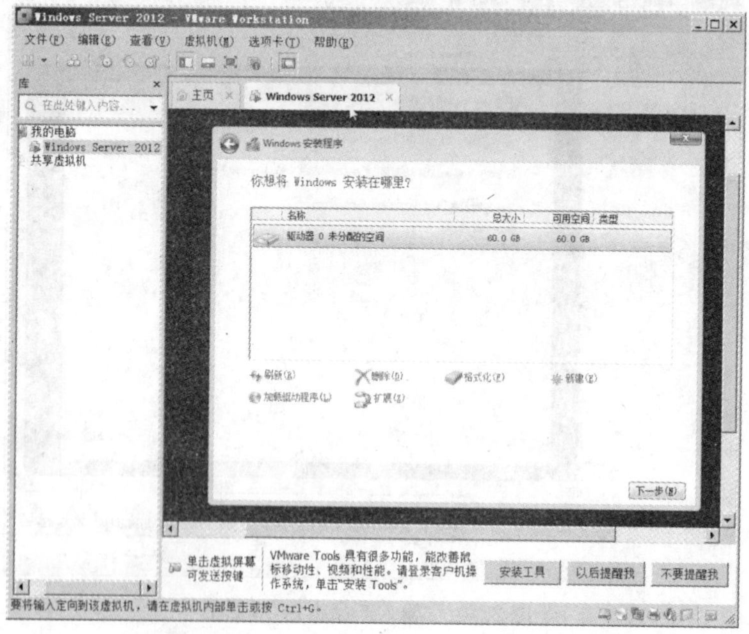

图 2.12 “选择安装路径”对话框

(13)出现“正在安装 Windows”对话框,如图 2.13 所示。

(14)出现“设置 Windows 密码”对话框，如图 2.14 所示，输入密码，注意输入密码时，密码组合要求具有字母、数字和 ASCII 码，单击“完成”按钮。

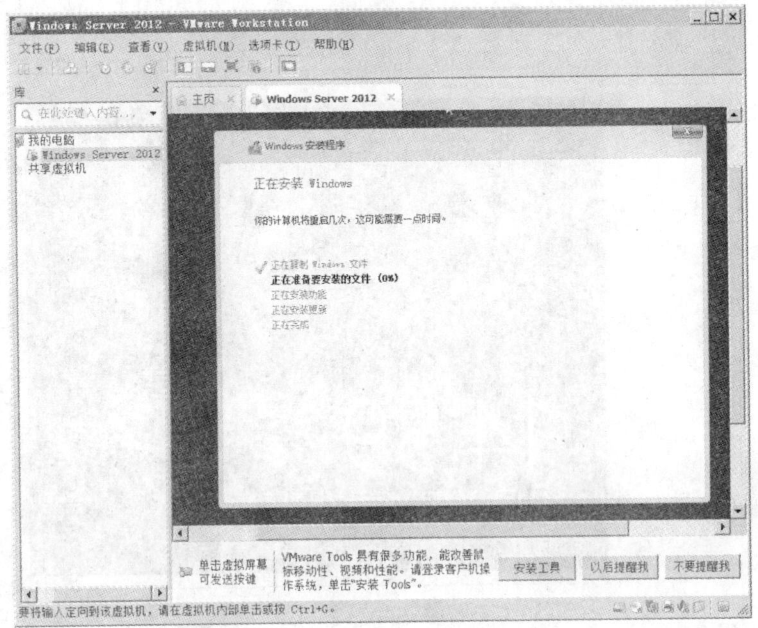

图 2.13　“正在安装 Windows”对话框

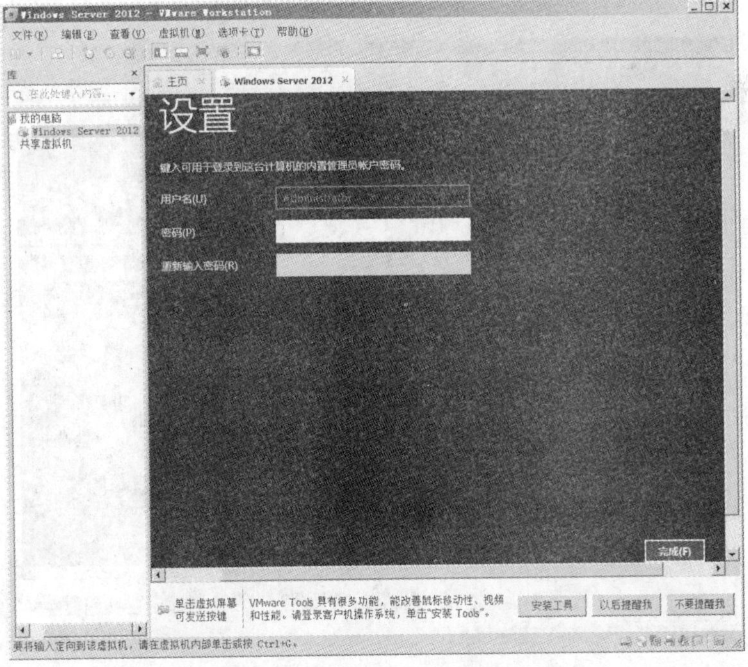

图 2.14　“设置 Windows 密码”对话框

(15)出现“按 Ctrl + Alt +Delete 登录”对话框，如图 2.15 所示。

(16)单击菜单“虚拟机”➔“发送 Ctrl ＋ Alt ＋Delete(E)”,出现“输入密码”对话框,输入密码,出现“服务器管理器. 仪表板”对话框,如图 2.16 所示。

图 2.15 “按 Ctrl ＋ Alt ＋Delete 登录”对话框

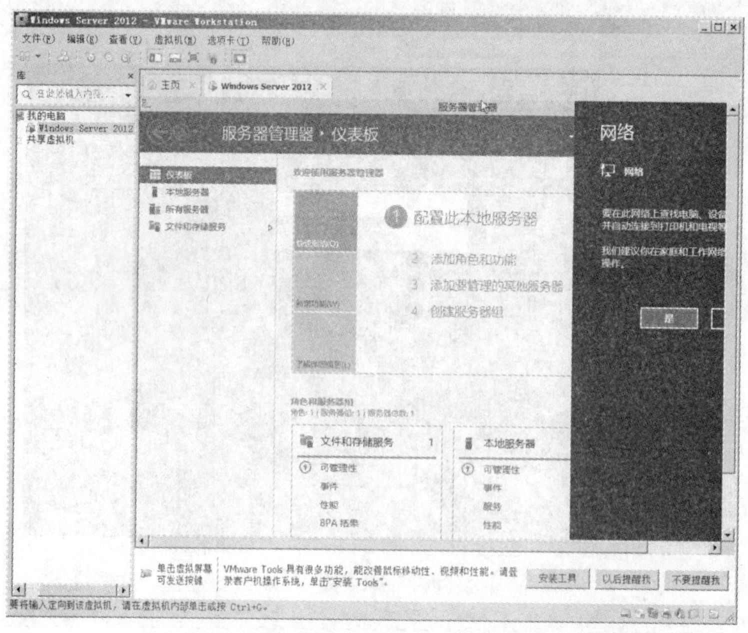

图 2.16 “服务器管理器. 仪表板”对话框

(17)单击“配置此本地服务器”,出现“服务器管理器. 本地服务器”对话框,如图 2.17 所示。

(18)关闭"服务器管理器.本地服务器"对话框,进入 Windows Server 2012 R2 的开机界面,如图 2.18 所示,至此安装完成。

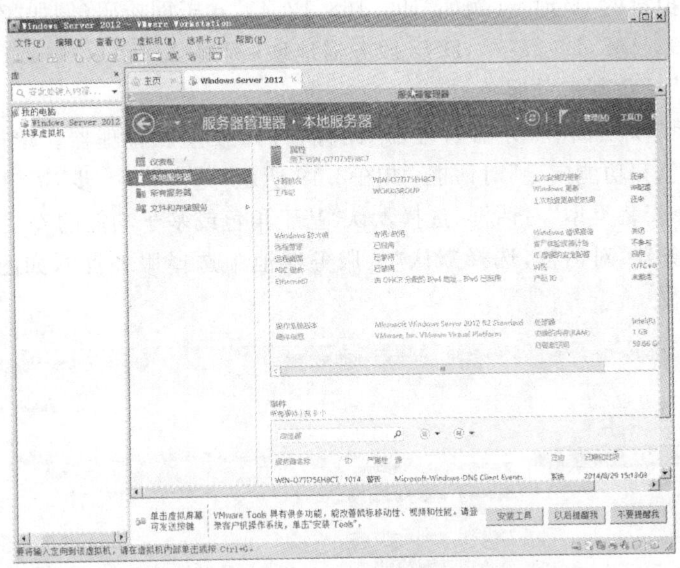

图 2.17　"服务器管理器.本地服务器"对话框

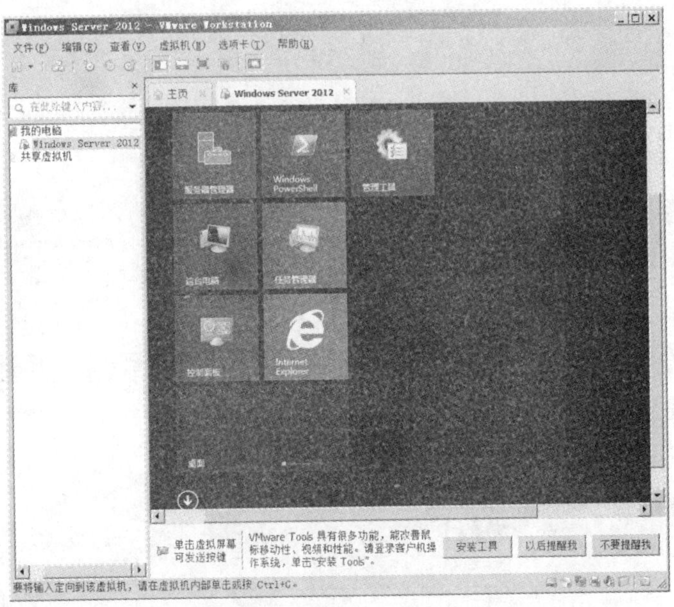

图 2.18　Windows Server 2012 R2 的开机界面

2. *安装活动目录*

使用 Active Directory(R)域 服务(AD DS)服务器,可以创建用于用户和资源管理的可伸缩、安全及可管理的基础架构,并可以提供对启用目录的应用程序的支持。

活动目录域服务器提供了一个分布式数据库,该数据库存储了有关网络对象的信息(并且让管理员和用户能够轻松地查找和使用这些信息),以及启用了目录的应用程序中特定于应用程序的数据。运行活动目录域服务器称为域控制器。管理员可以使用活动目录域服务器将网络环境各个组成要素的标识和关系(如用户、计算机和其他设备)整理到层次内嵌结构。内嵌层次结构包括 Active Directory 林、林中的域以及每个域中的组织单位。

(1)配置好虚拟机的 IP 地址(例如“192.168.12.41”)、子网掩码(例如“255.255.255.0”)、默认网关(例如“192.168.12.254”)、DNS 服务器地址(例如“114.114.114.114”),更改计算机名称(例如 DC),然后重新启动服务器。

(2)单击“开始”→桌面“服务器管理器”图标,打开服务器管理器。单击“添加角色和功能”,出现“添加角色和功能向导”对话框,如图 2.19 所示,单击“下一步”按钮。

(3)出现“选择安装类型”对话框,选择默认“基于角色或基于功能的安装”,单击“下一步”,出现“选择目标服务器”对话框,选择默认“从服务器池中选择服务器”,如图 2.20 所示,单击“下一步”。

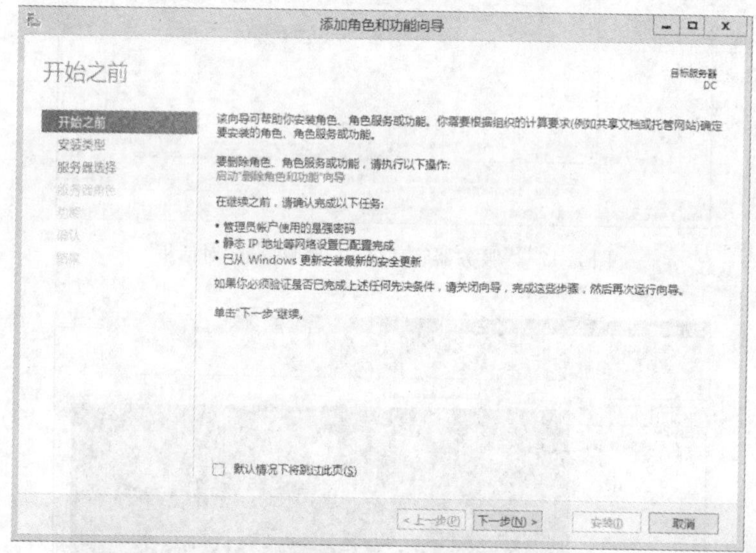

图 2.19 “添加角色和功能向导”对话框

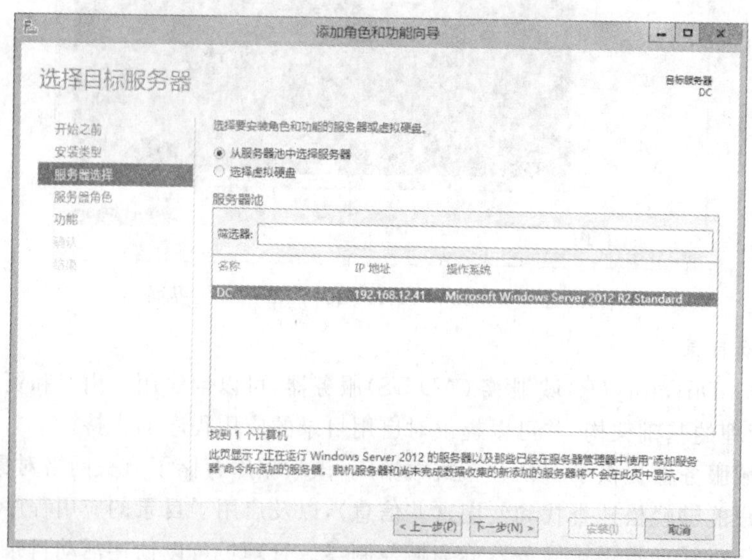

图 2.20 “选择目标服务器”对话框

(4)出现“选择服务器角色”对话框，如图 2.21 所示，角色选择“Active Directory 域 服务”，出现“添加 Active Directory 域 服务所需的功能”对话框，如图 2.22 所示，单击“添加功能”，返回“选择服务器角色”对话框，角色“Active Directory 域 服务”左边的方框内出现对钩，单击“下一步”。

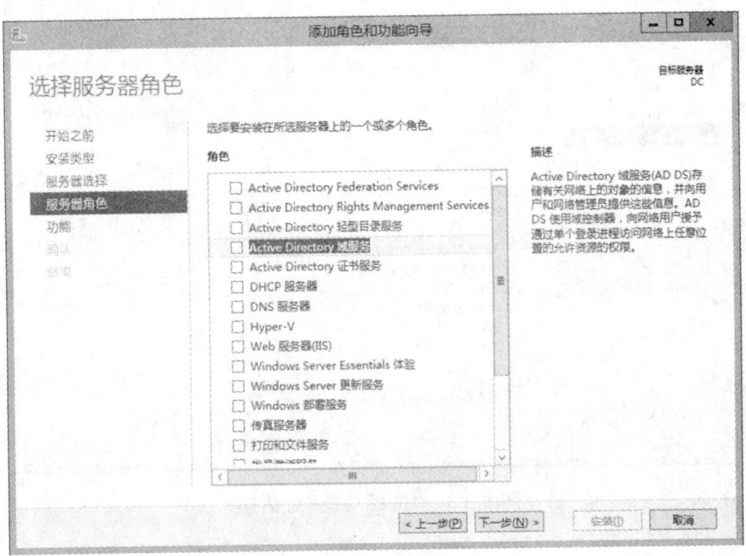

图 2.21　“选择服务器角色”对话框

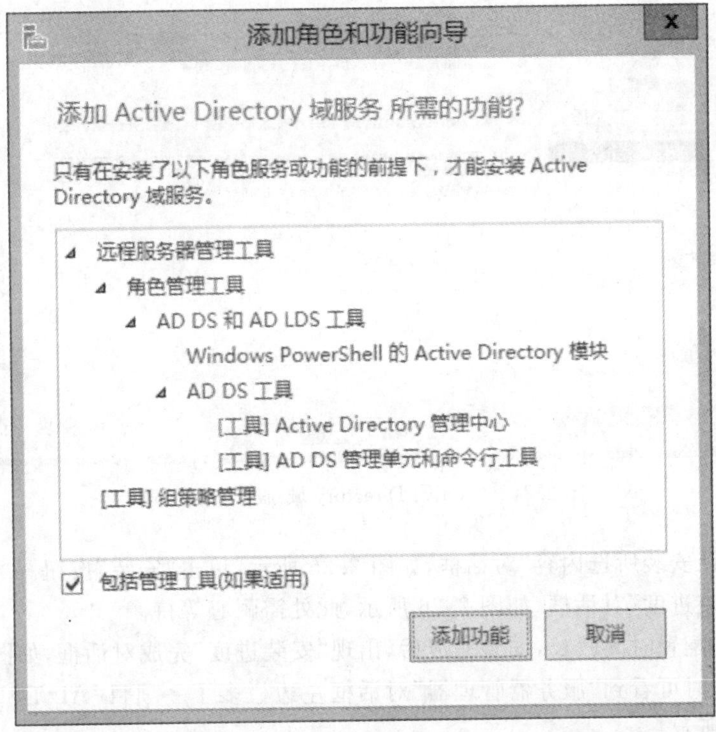

图 2.22　“添加 Active Directory 域 服务所需的功能”对话框

(5)出现“选择功能”对话框,如图 2.23 所示,默认选择,单击“下一步”,出现“Active Directory 域 服务”对话框,如图 2.24 所示,单击“下一步”。

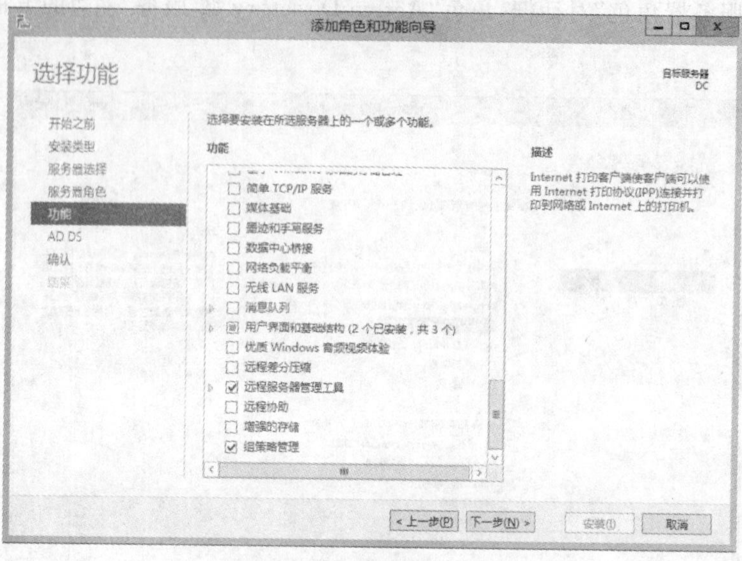

图 2.23 “选择功能”对话框

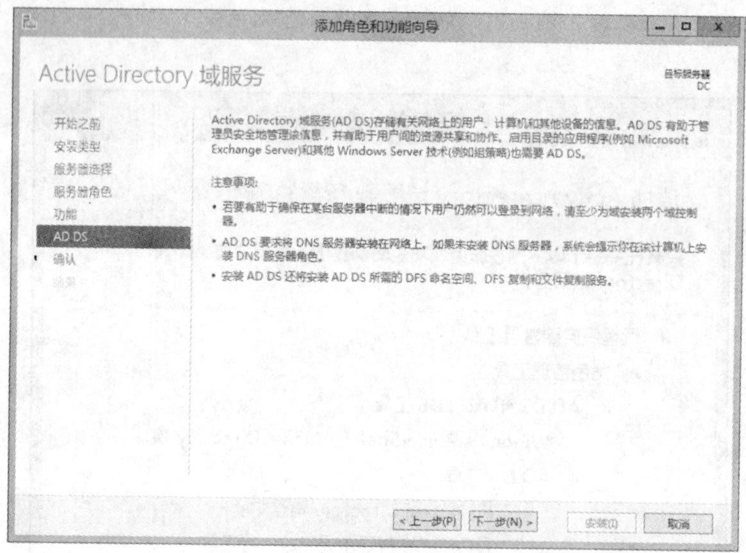

图 2.24 “Active Directory 域 服务”对话框

(6)出现“确认安装所选内容”对话框,如图 2.25 所示,单击“安装”按钮。

(7)出现“安装进度”对话框,如图 2.26 所示,此处需耐心等待。

(8)此过程的配置时间较长,安装完成后,出现“安装进度”完成对话框,如图 2.27 所示,单击“关闭”按钮,这时可看到“服务器管理器”对话框左边栏多了一项目“AD DS”活动目录域控制器,如图 2.28 所示。

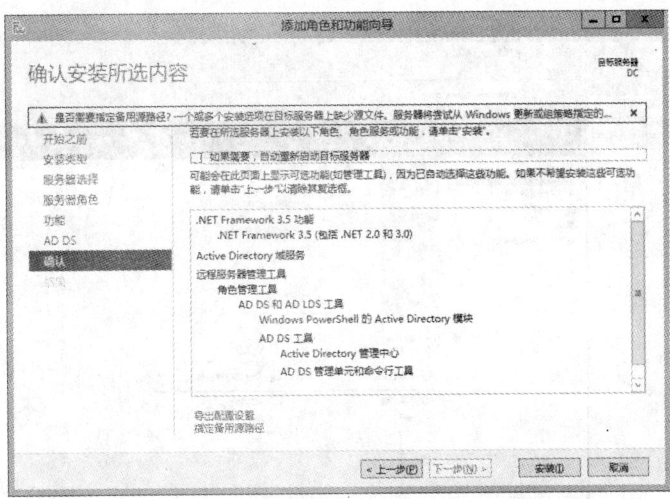

图 2.25　"确认安装所选内容"对话框

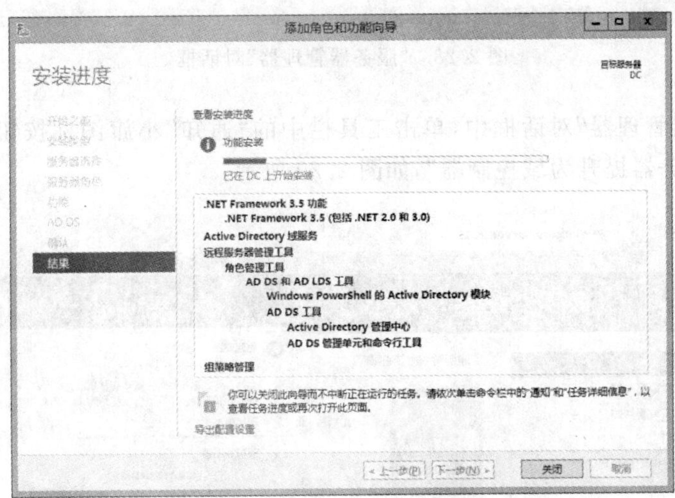

图 2.26　"安装进度"对话框

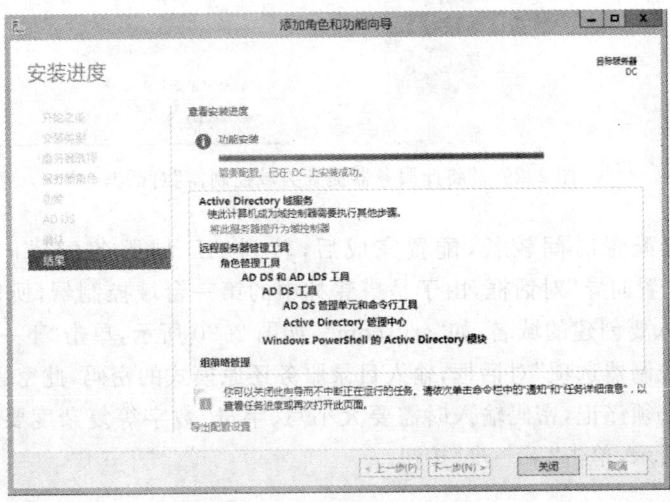

图 2.27　"安装进度"完成对话框

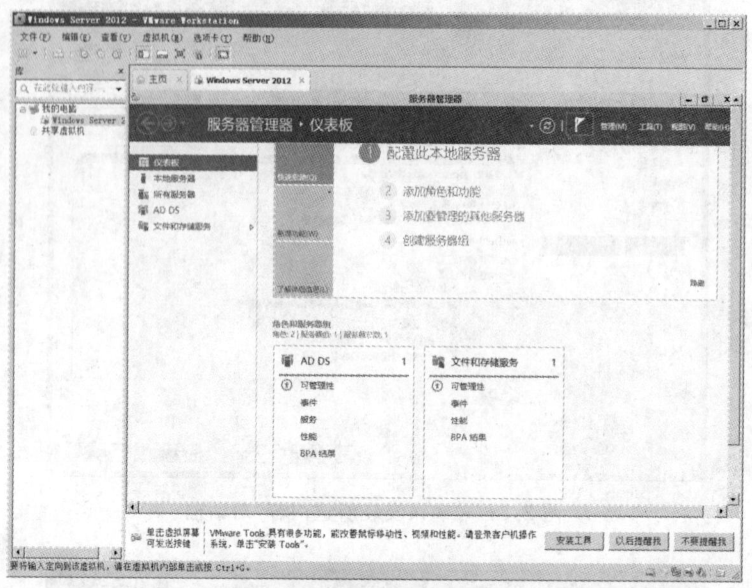

图 2.28 “服务器管理器”对话框

(9)在“服务器管理器”对话框中，单击工具栏中的“通知”小旗图标按钮，选择“部署后配置”，单击“将此服务器提升为域控制器”，如图 2.29 所示。

图 2.29 “将此服务器提升为域控制器”对话框

(10)此过程的配置时间较长，配置完成后，转到 AD 域服务配置向导，出现“Active Directory 域服务配置向导”对话框，由于是搭建林中的第一台域控制器，所以选择“添加新林(F)”，在根域名输入要创建的域名，如“srv. com”，如图 2.30 所示，单击“下一步”按钮。

(11)出现“域控制器选项”对话框，输入目录服务还原模式的密码，此密码是在还原域控状态时使用的密码，必须谨记，密码输入时需要大小写、字母、数字等复杂度要求，如“Admin410@#”，如图 2.31 所示，单击“下一步”按钮。

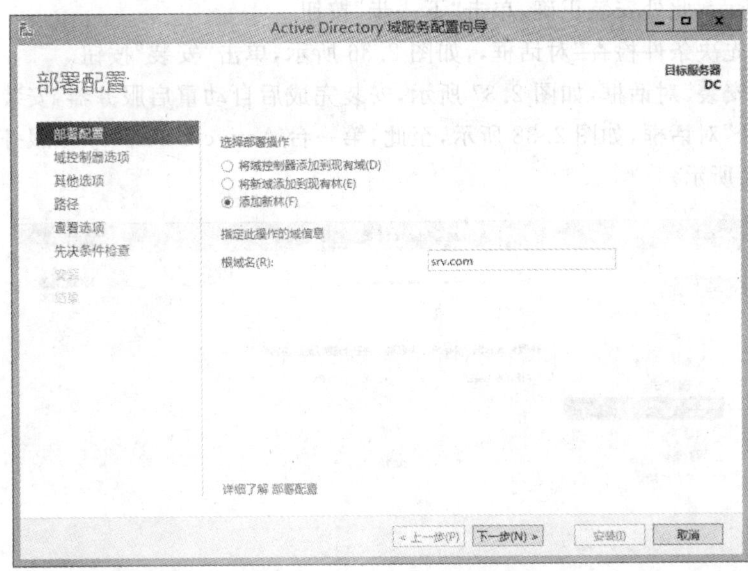

图 2.30　“Active Directory 域服务配置向导”对话框

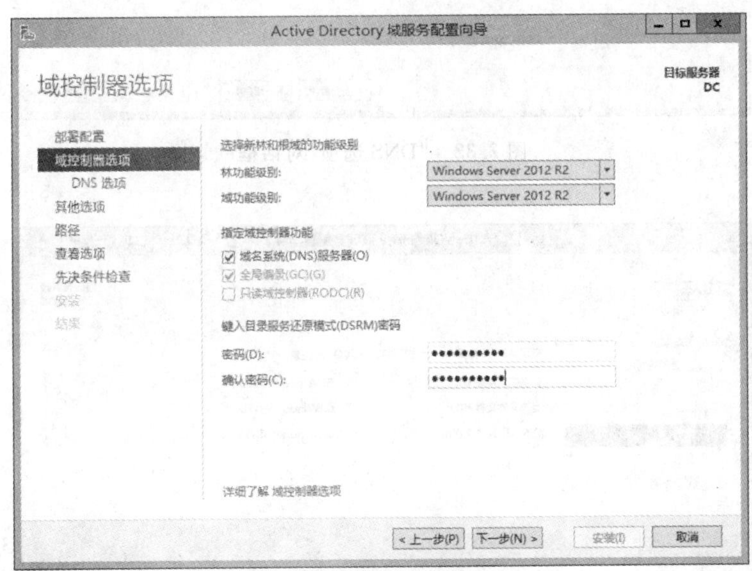

图 2.31　“域控制器选项”对话框

(12)出现“DNS 选项”对话框，还出现关于 DNS 警告，是由于我们的服务器中还没有安装 DNS 服务，不用理会，在下面的安装过程中会自动安装，单击“下一步”按钮。出现“其他选项”对话框，在 NetBIOS 域名中保持默认“SRV”，如图 2.32 所示，单击“下一步”按钮。

(13)出现“路径”对话框，在路径选择页面可以指定数据库文件、日志文件和 SYSVOL 文件的存放位置，由于是测试环境，一般选择保持默认，如图 2.33 所示，单击“下一步”按钮。

(14)出现“查看选项”对话框，在摘要界面如果没有问题，可以选择下一步，否则，可以返回上一步修改，如图 2.34 所示。单击右下角“查看脚本(V)”按钮，将配置导出为 PowerShell 脚本，如图 2.35 所示，此处安装正确，单击“下一步”按钮。

(15)出现“先决条件检查”对话框，，如图 2.36 所示，单击“安装”按钮。

(16)出现“安装”对话框，如图 2.37 所示，安装完成后自动重启服务器，安装好后，出现“使用域管理员登录”对话框，如图 2.38 所示，至此，第一台 Active Directory 域服务配置就部署完成了，如图 2.39 所示。

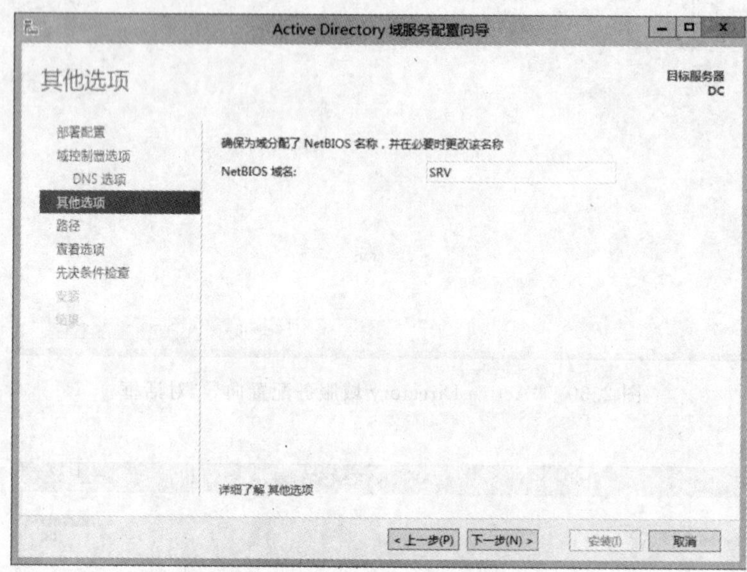

图 2.32 “DNS 选项”对话框

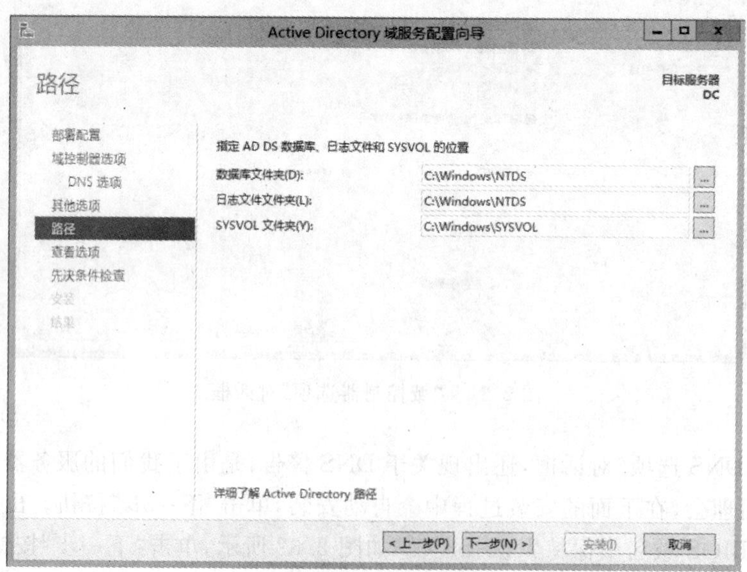

图 2.33 “路径”对话框

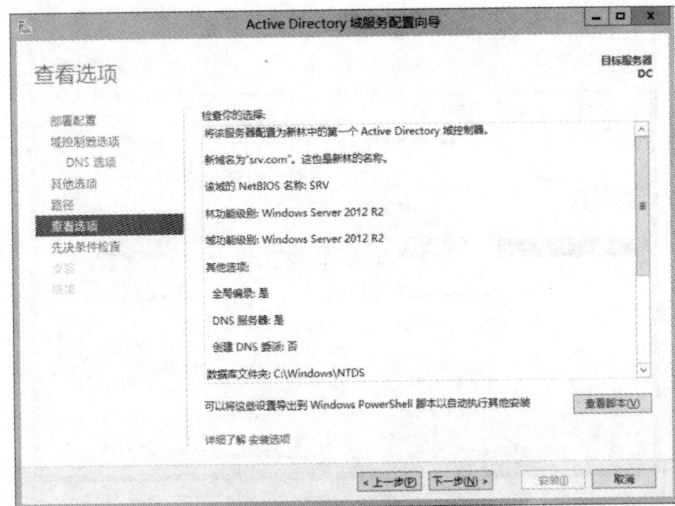

图 2.34　"查看选项"对话框

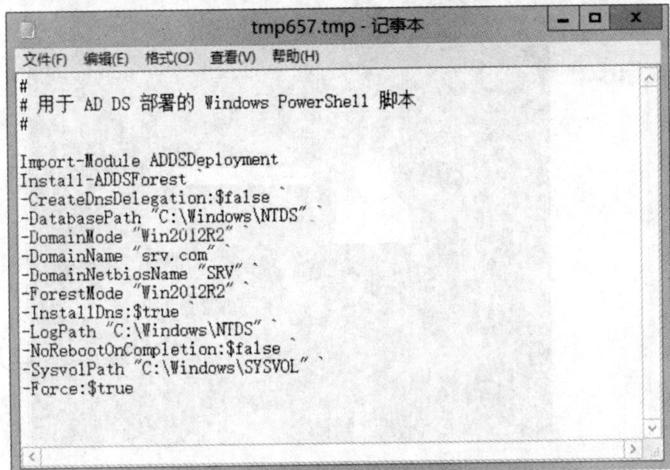

图 2.35　配置导出为 PowerShell 脚本

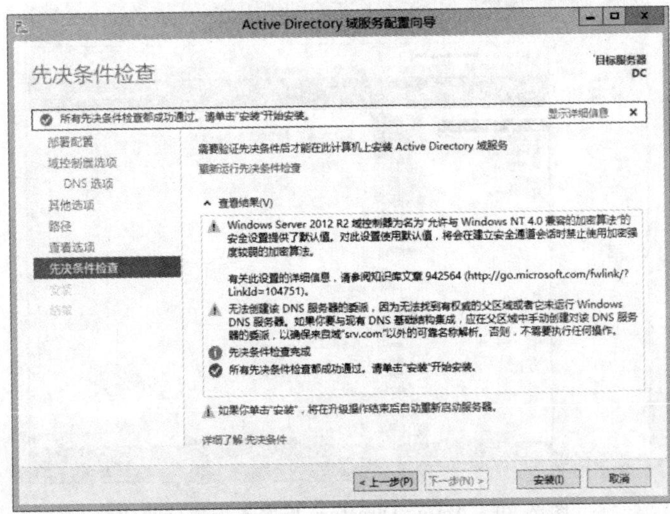

图 2.36　"先决条件检查"对话框

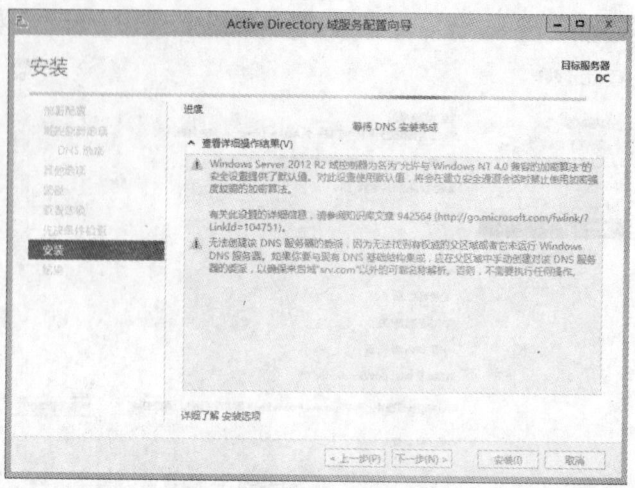

图 2.37　“安装”对话框

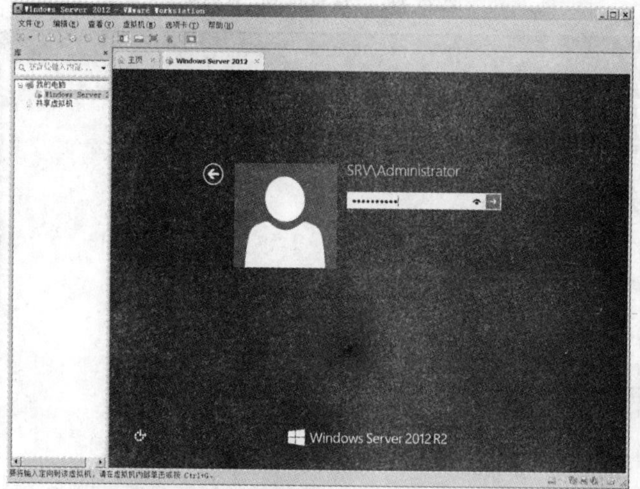

图 2.38　“使用域管理员登录”对话框

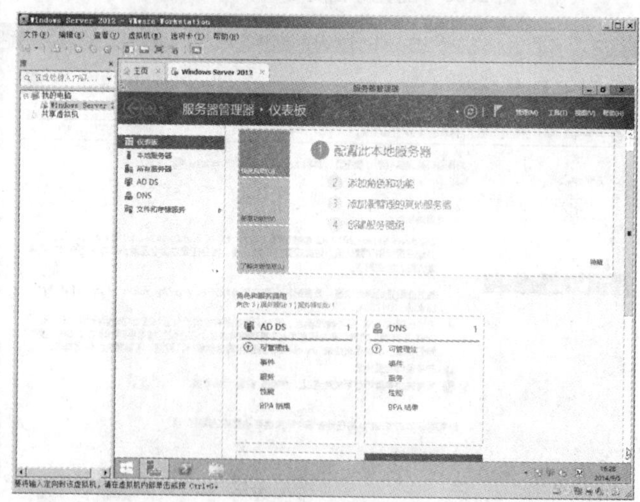

图 2.39　Active Directory 域服务配置已完成

3. 用户及组的管理

(1) 单击“开始”→桌面“管理工具”图标，打开“管理工具”对话框中，单击“Active Directory 用户和计算机”，打开“Active Directory 用户和计算机”对话框，在左边栏中单击“srv. com”，如图 2.40 所示。

(2)用户及组的创建。

1)打开“Active Directory 用户和计算机”对话框，在左侧控制台目录树中，双击“域名 srv. com”，单击“Users”容器，右单击“Users”→“新建”→“用户”，出现“新建对象-用户”对话框，如图 2.41 所示。

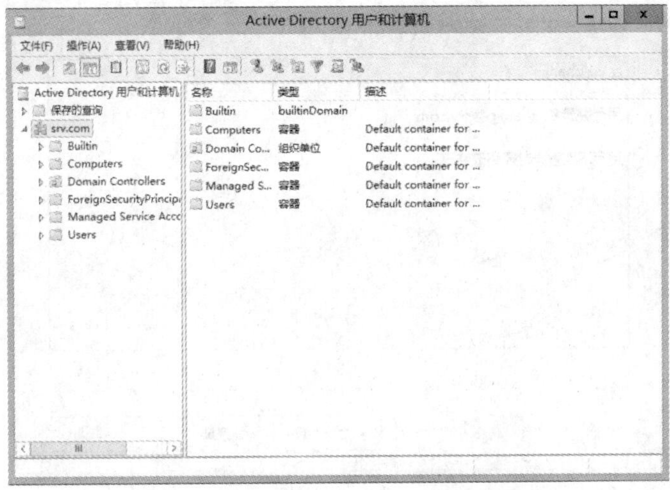

图 2.40　“Active Directory 用户和计算机”对话框

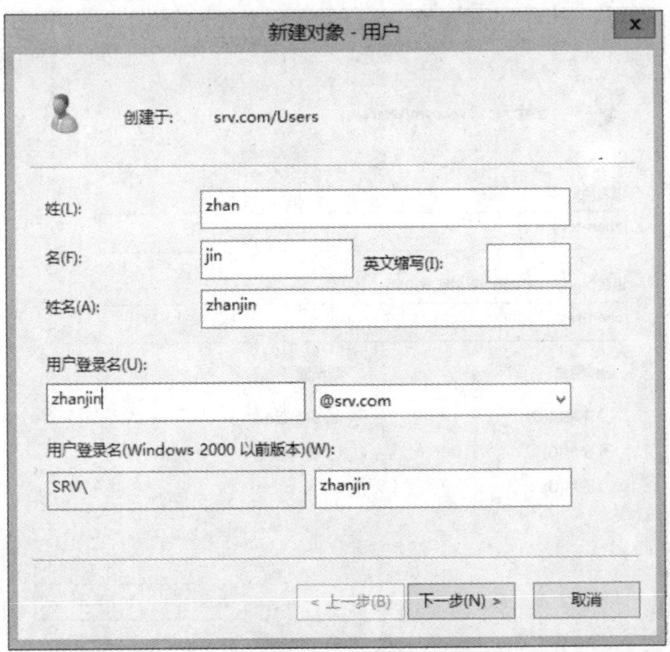

图 2.41　“新建对象-用户”对话框

2)单击“下一步”,输入密码,选择密码的许可配置,单击“下一步”,出现如图 2.42 所示的新建用户信息窗口。确认无误后,单击“完成”按钮。

3)单击“Users”容器,右单击“Users”→“新建”→“组”,出现“新建对象-组”对话框,如图 2.43 所示。输入组名,默认选择“组作用域”和“组类型”,单击“确定”按钮。

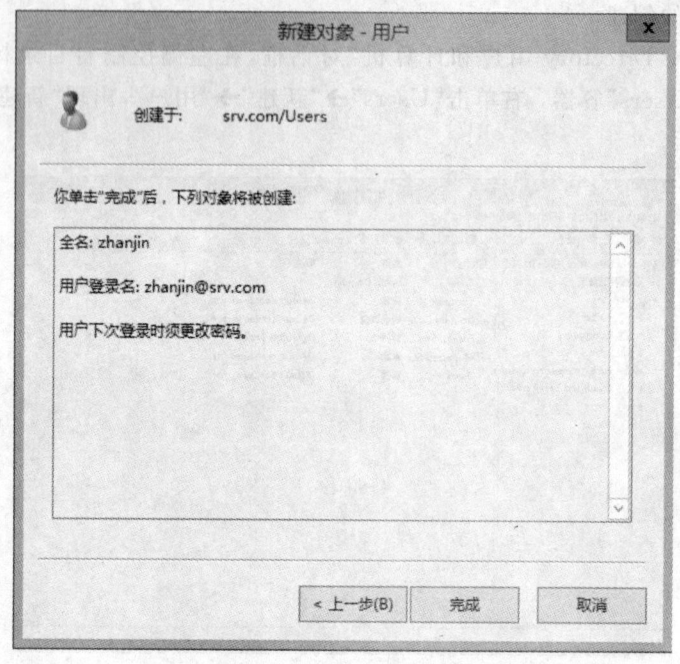

图 2.42 “新建对象-用户”信息窗口

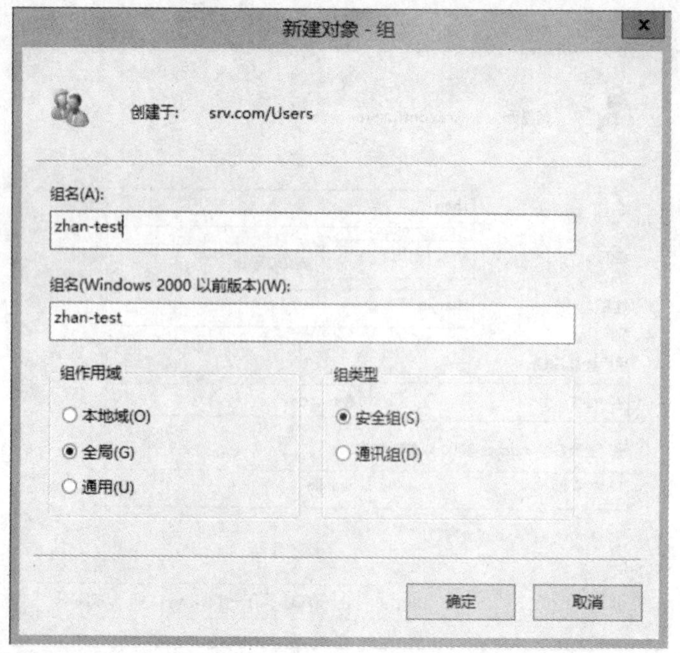

图 2.43 “新建对象-组”对话框

(3)管理用户账户。管理用户账户主要包括启用与停用账户，账户的删除、移动与重设密码，账户属性的修改等。

1)启用“Active Directory 用户与计算机”窗口，单击“Users”容器，右单击选中的用户，如“zhanjin”➔“属性”，出现“zhanjin 属性”对话框，如图 2.44 所示。

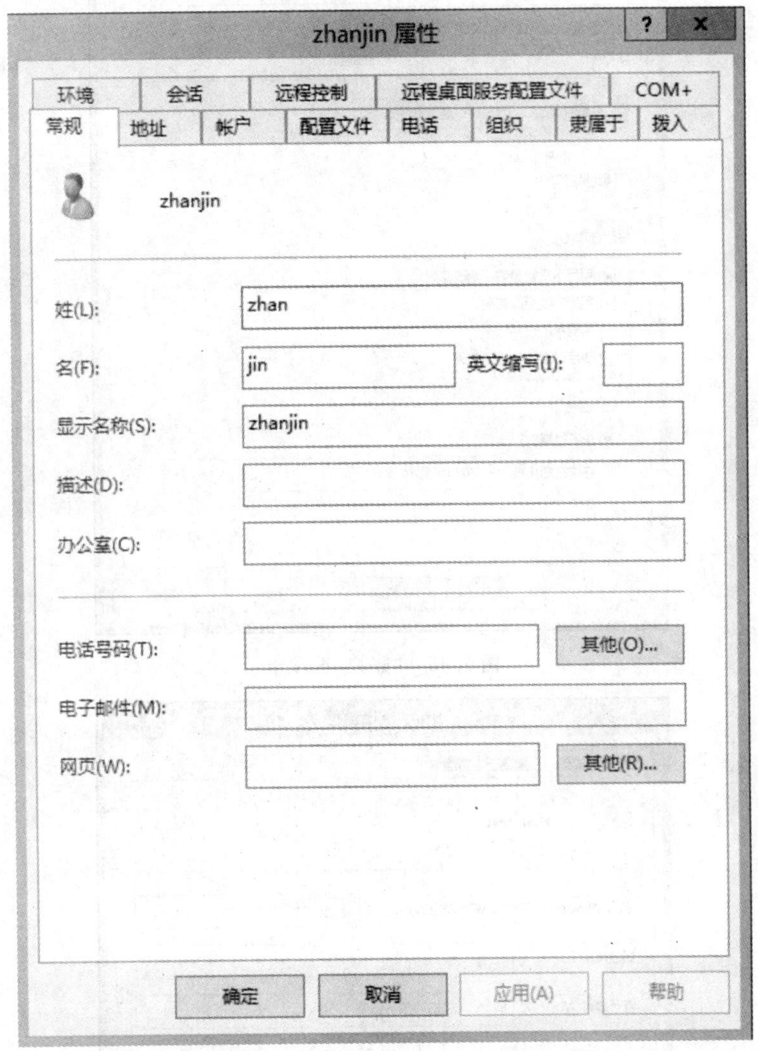

图 2.44　“zhanjin 属性”对话框

2)单击“账户”标签进入该选项卡，如图 2.45 所示，可对登录时间、登录到域、账号选项与账号有效期进行修改和设置。

(4)管理组。修改组的属性。启用“Active Directory 用户与计算机”窗口，单击“Users”容器，右单击选中的用户，如“zhan-test” ➔“属性”，出现“zhan-test 属性”对话框，如图 2.46 所示。

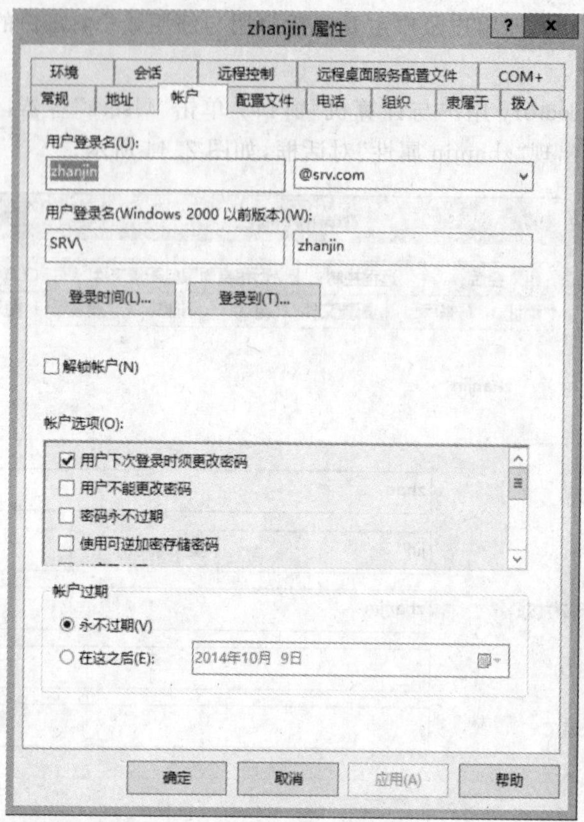

图 2.45 “账户”选项卡

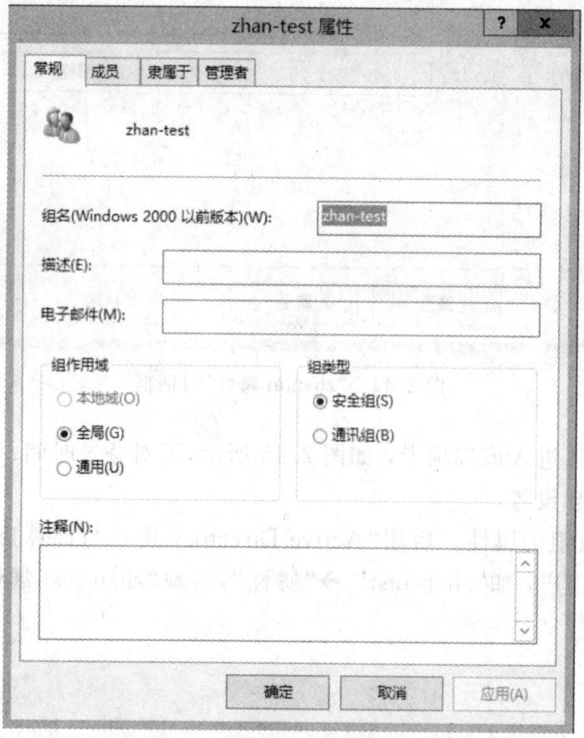

图 2.46 “zhan-test 属性”对话框

4. Active Directory 证书服务安装

(1)单击“开始”→桌面“服务器管理器”图标,打开“服务器管理器”对话框中,单击“添加角色和功能”,打开“添加角色和功能向导”对话框,单击“下一步”,单击“下一步”,单击“下一步”,出现“选择服务器角色”对话框,角色选择“Active Directory 证书服务”,单击“添加功能”,返回“选择服务器角色”对话框,角色“Active Directory 证书 服务”左边的方框内出现对勾,如图 2.47 所示,单击“下一步”。

(2)出现“选择功能”对话框,单击“下一步”,出现“AD CS”对话框,单击“下一步”,出现“角色服务”对话框,角色选择“联机响应程序”,出现“添加角色和功能向导”对话框,单击“添加功能”,返回“角色服务”对话框,角色选择“网络设备注册服务”,出现“添加角色和功能向导”对话框,单击“添加功能”,返回“角色服务”对话框,角色选择“证书颁发机构 Web 注册”,出现“添加角色和功能向导”对话框,单击“添加功能”,返回“角色服务”对话框,角色选择“证书注册 Web 服务”,出现“添加角色和功能向导”对话框,单击“添加功能”,出现“选择角色服务”对话框,角色选择“证书注册策略 Web 服务”,如图 2.48 所示,单击“下一步”。

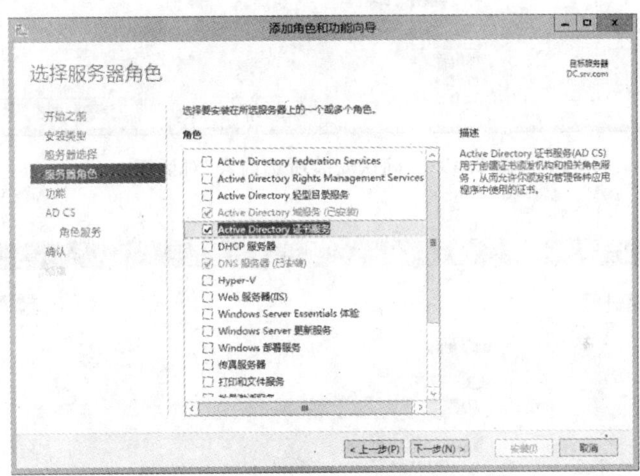

图 2.47　“选择服务器角色”对话框

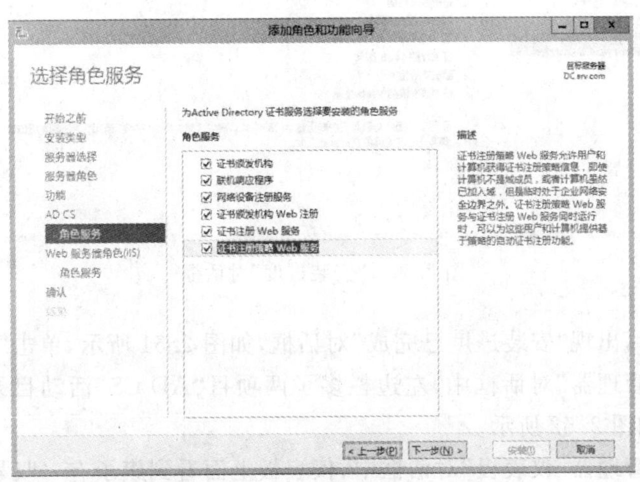

图 2.48　“选择角色服务”对话框

(3)出现“Web 服务器角色”对话框,单击“下一步”,出现“角色服务”对话框,单击“下一步”,出现“确认安装所选内容”对话框,如图 2.49 所示,单击“安装”。

(4)出现“安装进度”对话框,如图 2.50 所示。

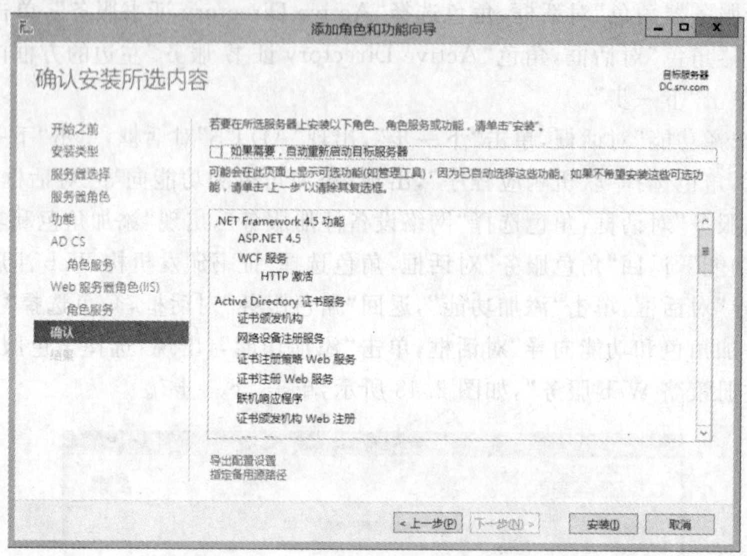

图 2.49 “确认安装所选内容”对话框

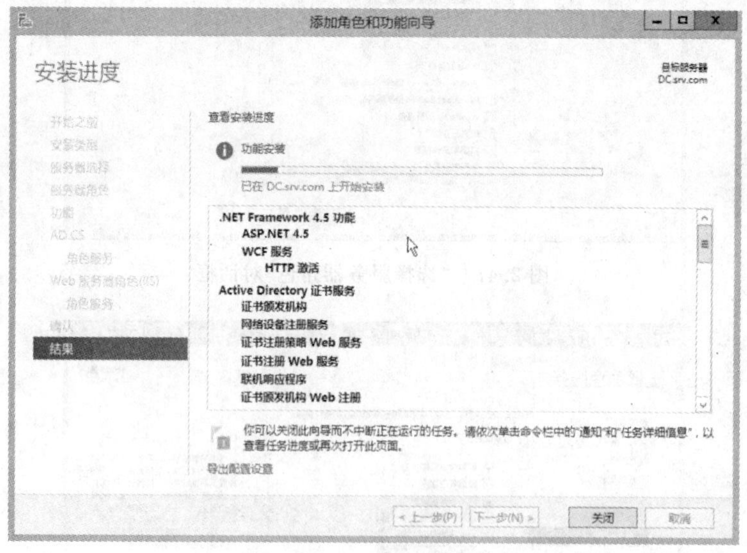

图 2.50 “安装进度”对话框

(5)安装完成后,出现“安装进度已完成”对话框,如图 2.51 所示,单击“关闭”按钮。

(6)在“服务器管理器”对话框中,左边栏多了两项目“AD CS”活动目录证书服务和“IIS”互联网信息服务,如图 2.52 所示。

(7)在“服务器管理器. 仪表板”对话框中,仪表板上面看到旗子有一叹号,表示有任务要继续。单击工具栏中的“通知”小旗图标按钮,选择“部署后配置”,单击“配置目标服务器上的

Active Directory 证书服务”，如图 2.53 所示。

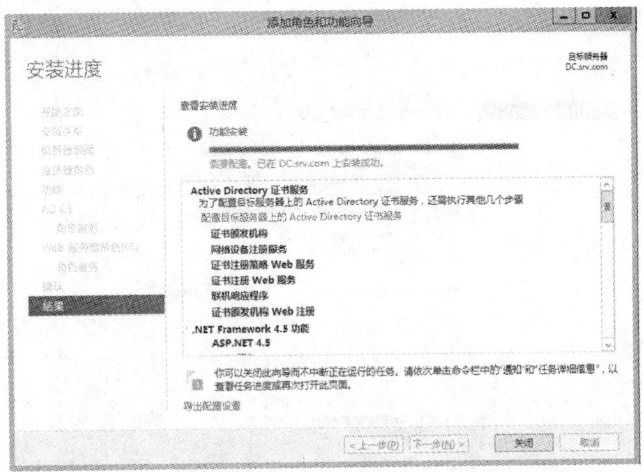

图 2.51　“安装进度已完成”对话框

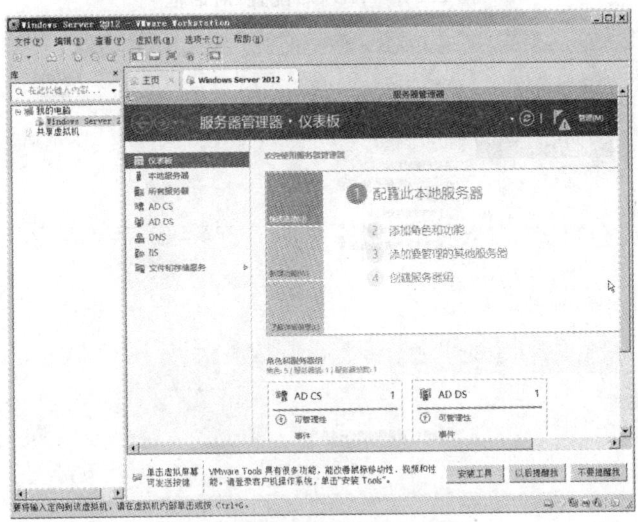

图 2.52　“服务器管理器”对话框

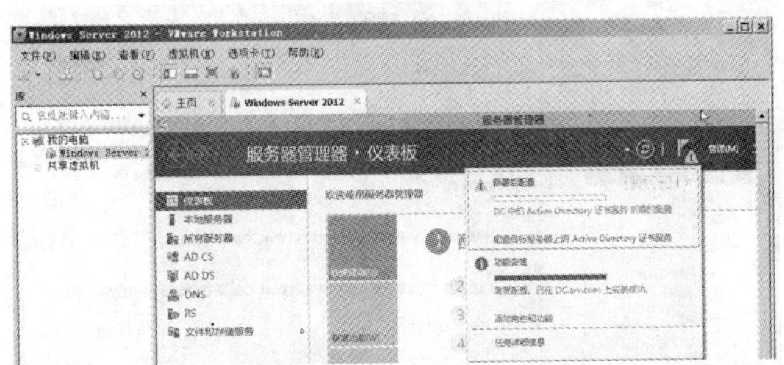

图 2.53　“配置目标服务器上的 Active Directory 证书服务”对话框

(8)出现“AD CS 配置”对话框，如图 2.54 所示，单击“下一步”。

(9)出现“角色服务”对话框，角色选择“证书颁发机构”，“证书颁发机构 Web 注册”，“联机响应程序”，“证书注册策略 Web 服务”，其余角色无法选择，如图 2.55 所示，单击“下一步”。

(10)出现“设置类型”对话框，默认选择“企业 CA”，如图 2.56 所示，单击“下一步”。

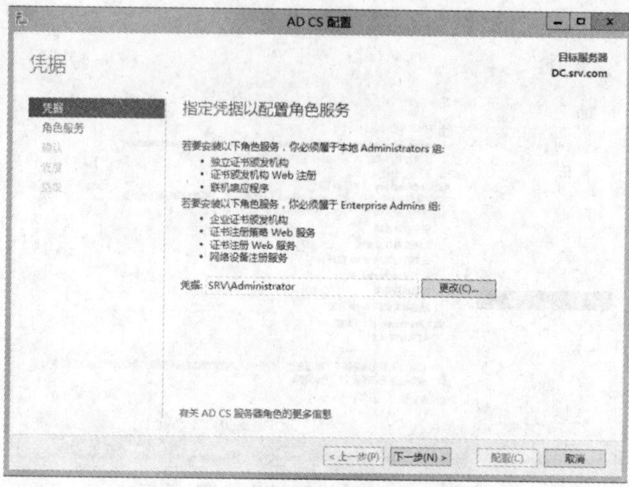

图 2.54 “AD CS 配置”对话框

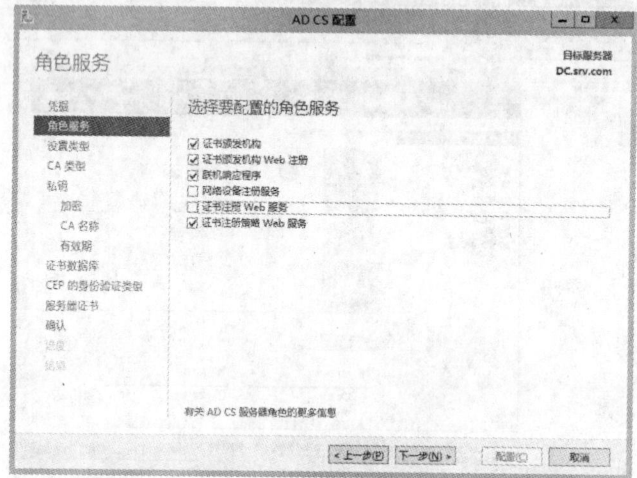

图 2.55 “角色服务”对话框

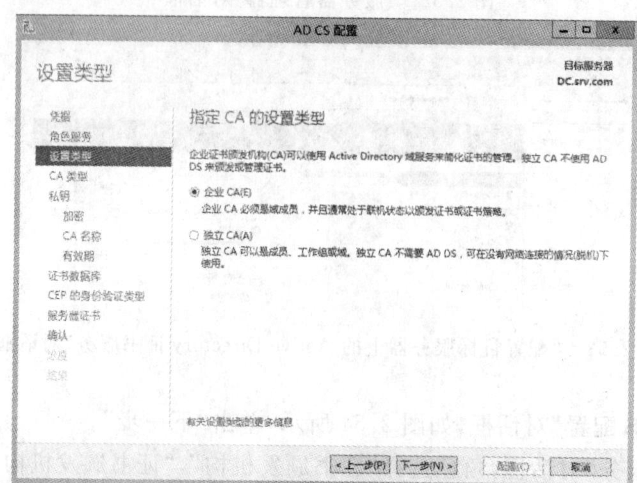

图 2.56 “设置类型”对话框

(11)出现“CA 类型”对话框，默认选择“根 CA”，如图 2.57 所示，单击“下一步”。

(12)出现“私钥”对话框，默认选择“创建新的私钥”，如图 2.58 所示，单击“下一步”。

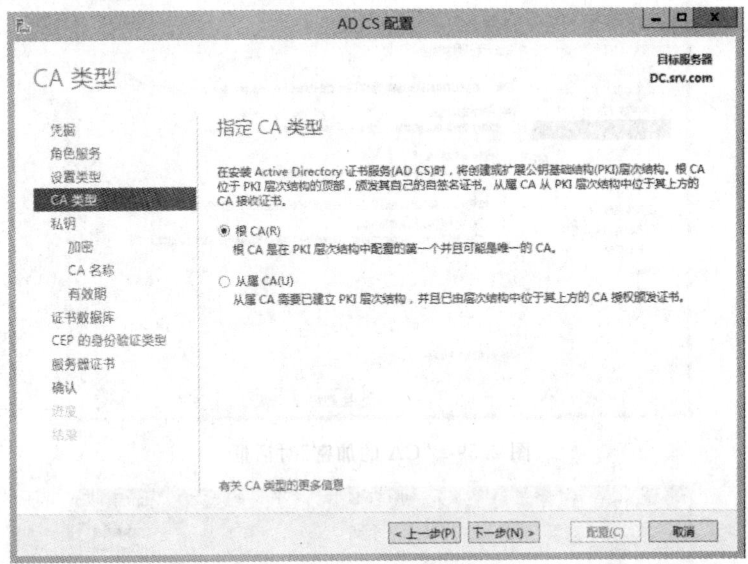

图 2.57　“CA 类型”对话框

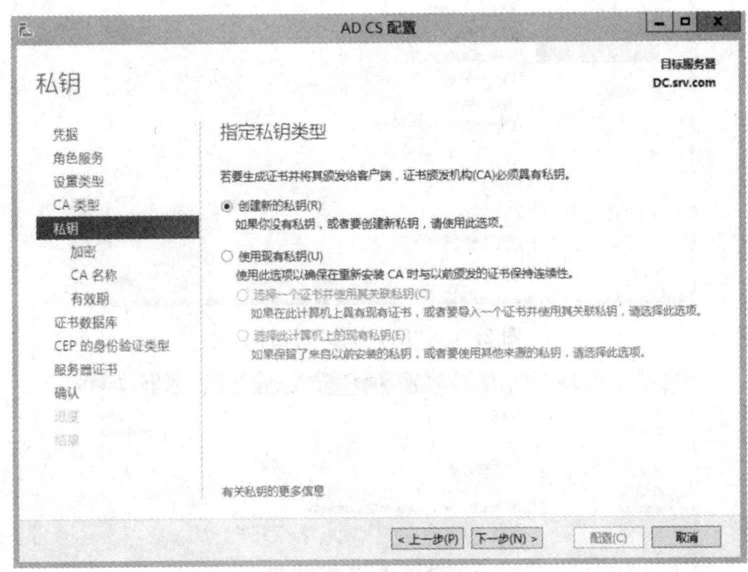

图 2.58　“私钥”对话框

(13)出现“CA 的加密”对话框，默认选择，如图 2.59 所示，单击“下一步”。

(14)出现“CA 名称”对话框，默认选择，如图 2.60 所示，单击“下一步”。

(15)出现“有效期”对话框，默认选择，如图 2.61 所示，单击“下一步”。

(16)出现“CA 数据库”对话框，默认选择，如图 2.62 所示，单击“下一步”。

(17)出现“CEP 的身份验证类型”对话框，选择“客户端证书身份验证”，如图 2.63 所示，单击“下一步”。

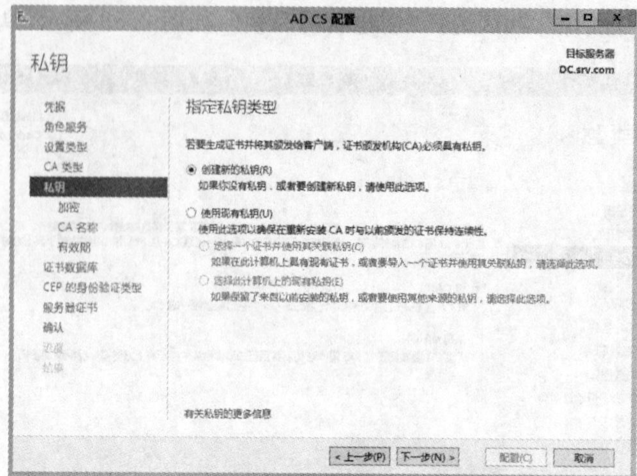

图 2.59 “CA 的加密”对话框

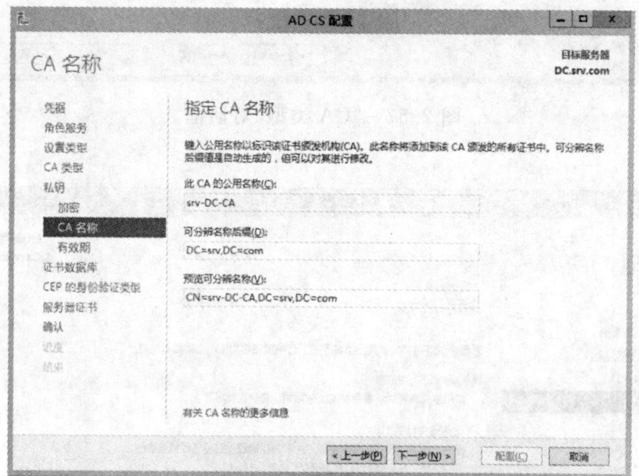

图 2.60 “CA 名称”对话框

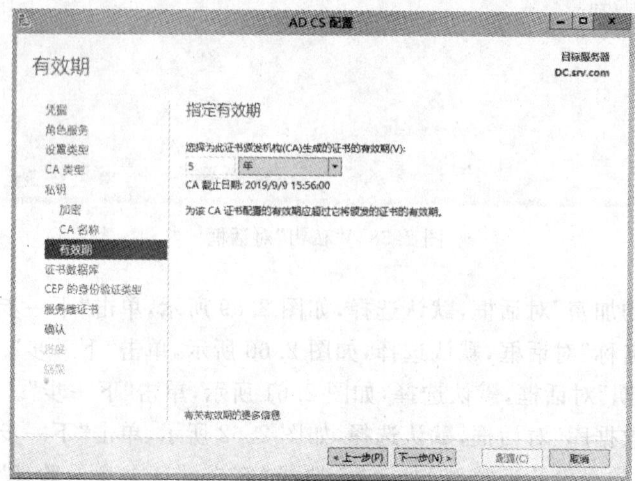

图 2.61 “有效期”对话框

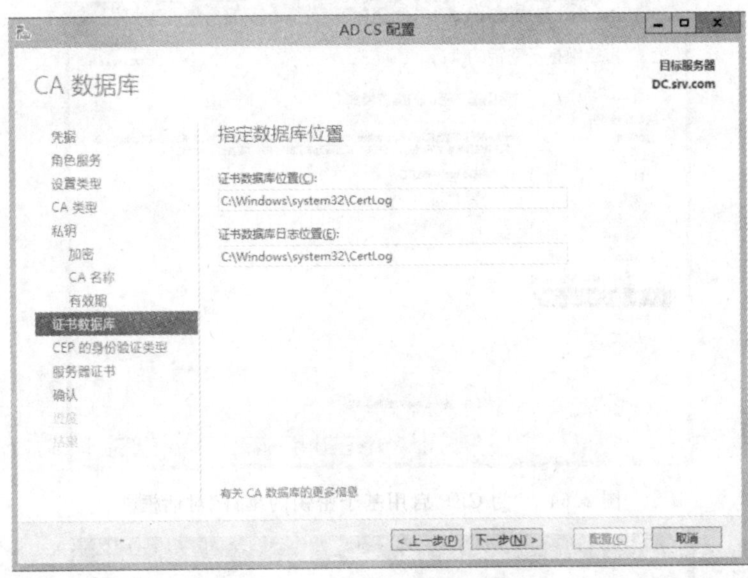

图 2.62　“CA 数据库”对话框

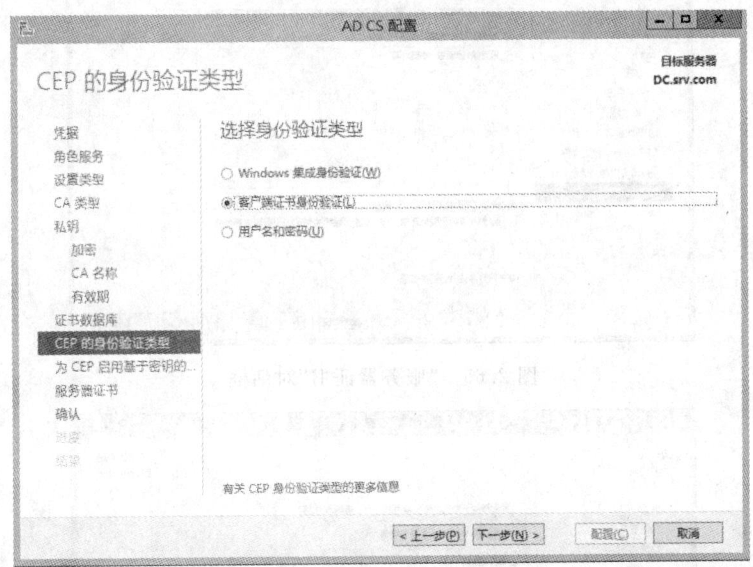

图 2.63　“CEP 的身份验证类型”对话框

(18)出现“为 CEP 启用基于密钥的续订”对话框，如图 2.64 所示，单击“下一步”。

(19)出现“服务器证书”对话框，选择“选择证书并稍后为 SSL 分配(S)”，如图 2.65 所示，单击“下一步”。

(20)出现“确认”对话框，如图 2.66 所示，单击“配置”。

(21)出现“结果”对话框，证书服务安装成功，如图 2.67 所示，单击“关闭”按钮，弹出“是否要配置其他角色服务?”对话框。单击“否”按钮。

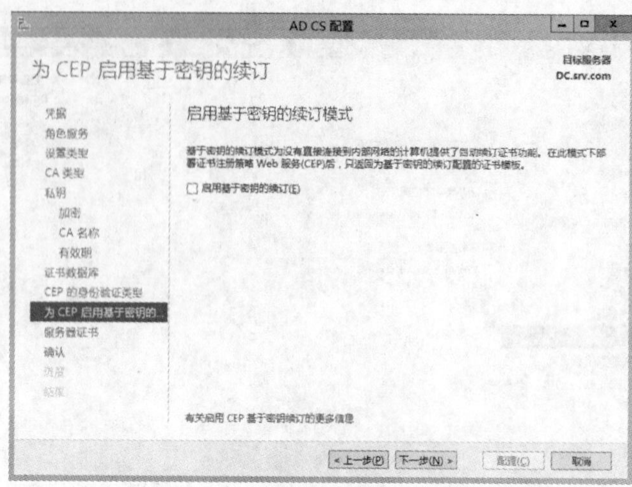

图 2.64 “为 CEP 启用基于密钥的续订”对话框

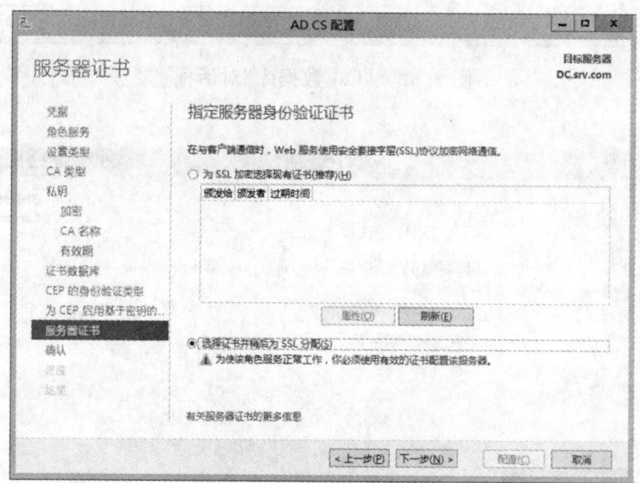

图 2.65 “服务器证书”对话框

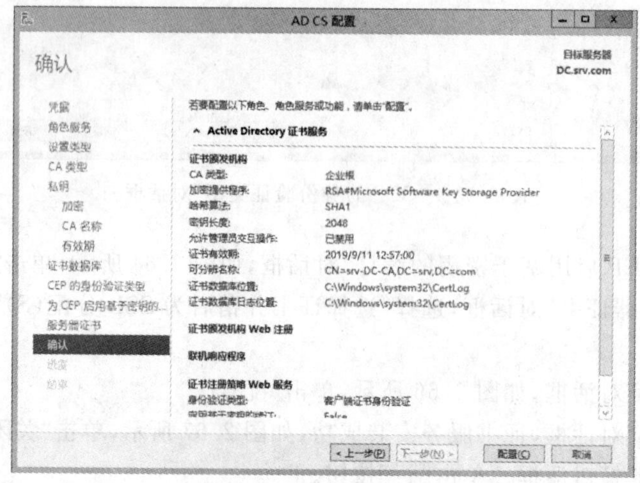

图 2.66 “确认”对话框

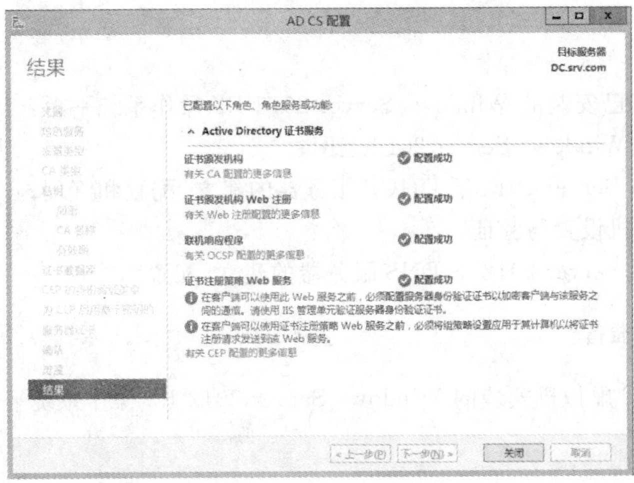

图 2.67　“结果”对话框

(22)单击“开始”→桌面“管理工具”图标，打开“管理工具”对话框，单击“证书颁发机构”，打开“certsrv -[证书颁发机构(本地)]”对话框，在左边栏中单击“srv - DC - CA”，可以查看已安装成功的证书，如图 2.68 所示。

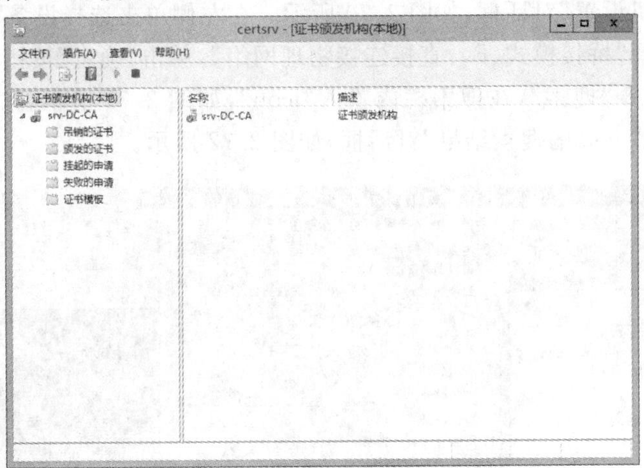

图 2.68　“certsrv -[证书颁发机构(本地)]”对话框

2.2　在 Windows Server 2012 下配置 DHCP 和 DNS 服务器

一、实训目的

(1)掌握在 Windows Server 2012 下 DHCP 和 DNS 服务器的建立、配置和管理；
(2)理解如何从客户机测试 DHCP 服务；
(3)理解如何使用工具软件测试 DNS。

二、实训内容

利用 PC 虚拟机已安装的 Windows Server 2012 R2 操作系统平台：

(1)配置虚拟机 Windows Server 2012 上网；

(2)在 Windows Server 2012 下 DHCP 服务器的建立、配置和管理；

(3)DHCP 客户机设置与验证；

(4)在 Windows Server 2012 下 DNS 服务器的建立、配置和管理。

三、实训环境的准备

(1)准备好用 PC 虚拟机安装的 Windows Server 2012 R2 操作系统平台；

(2)PC 1 台。

四、实训操作实践

1. 配置虚拟机 Windows Server 2012 上网

(1)打开 Windows Server 2012 R2 虚拟机，单击虚拟机菜单“虚拟机”➔“设置”，如图 2.69 所示。

(2)出现“虚拟机设置”对话框，如图 2.70 所示。在左侧单击选择设备“网络适配器”，在右侧“网络连接”中选择“桥接模式(B)：直接连接物理网络”，单击“确定”按钮。

(3)单击“开始”➔“搜索”，在搜索栏内输入“icon”，如图 2.71 所示。注意别按回车键，单击“搜索”图标，出现“icon 的搜索结果”对话框，如图 2.72 所示。

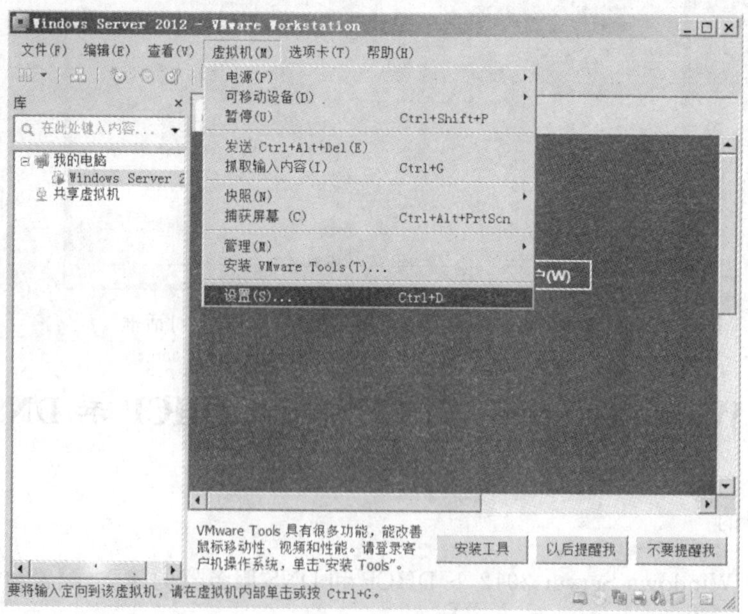

图 2.69 打开“虚拟机”

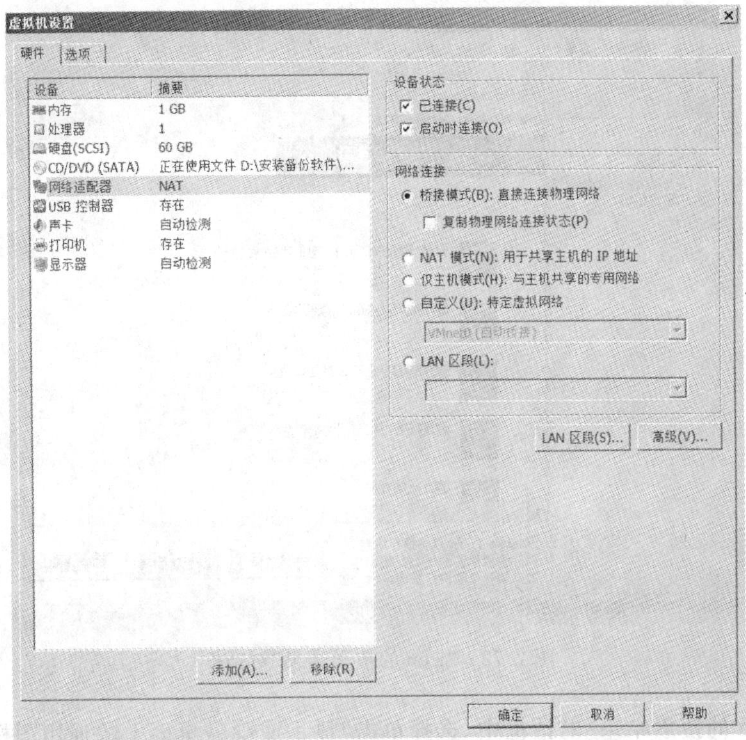

图 2.70　“虚拟机设置”对话框

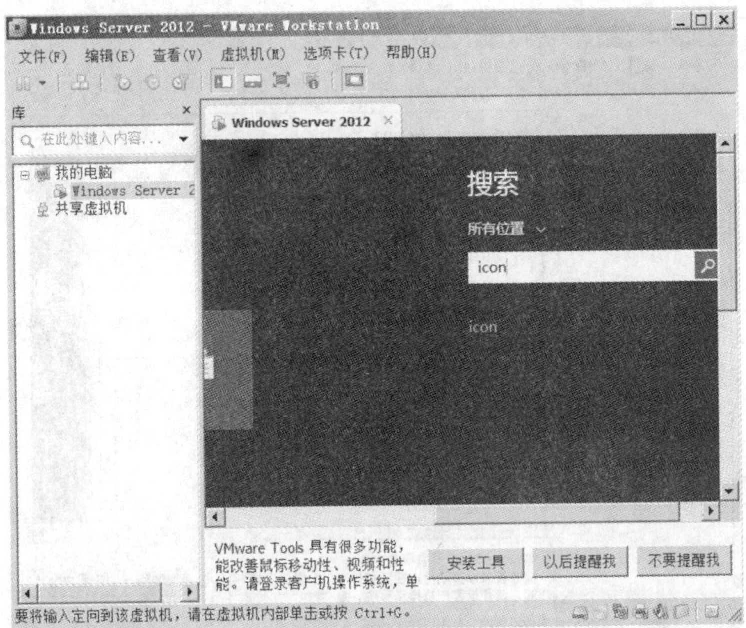

图 2.71　搜索“icon”

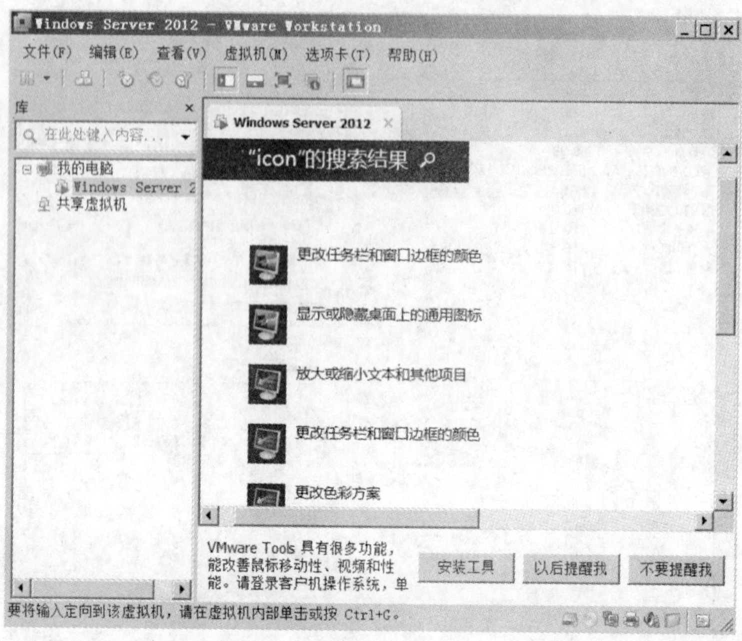

图 2.72 “icon 的搜索结果”对话框

(4)在“icon 的搜索结果”对话框中，选择单击“显示或隐藏桌面上的通用图标”，出现“桌面图标设置”对话框，如图 2.73 所示。在“桌面图标”中选择要在桌面上显示的图标，单击“确定”按钮。

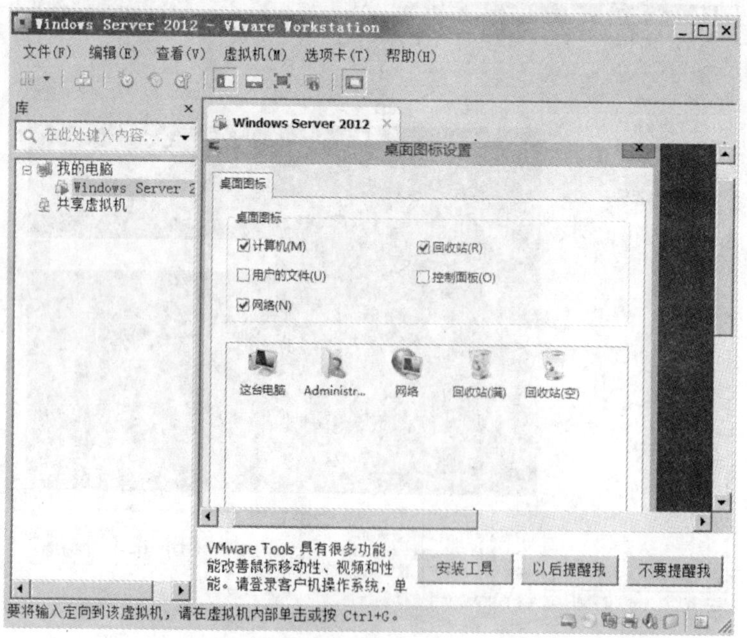

图 2.73 “桌面图标设置”对话框

(5)在桌面单击图标“网络”➔“属性”，出现“网络和共享中心”对话框，如图 2.74 所示。单击右侧的图标“Ethern”，出现“Ethernet0 状态”对话框。单击“属性”按钮，出现“Ethernet0 属性”对话框。单击选择“Internet 协议版本 4(TCP/IPv4)”，单击“属性”按钮，出现“Internet 协议版本 4(TCP/IPv4)属性”对话框，如图 2.75 所示。设置虚拟机的 IP 地址、子网掩码、默认网关和 DNS，单击“确定”按钮。

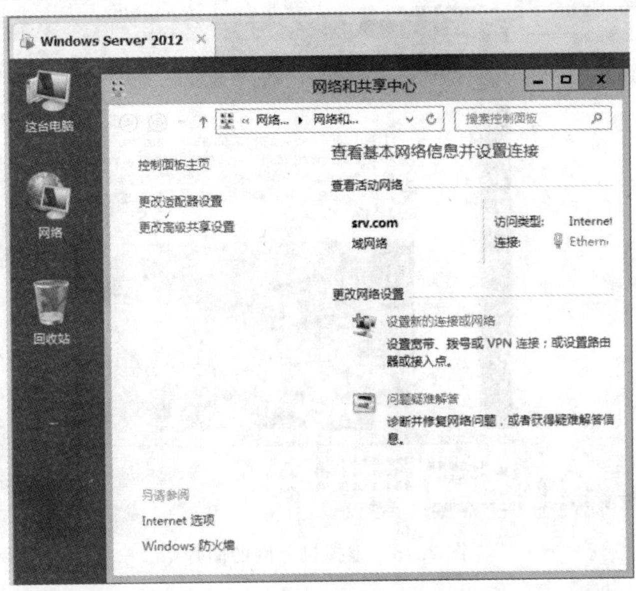

图 2.74　“网络和共享中心”对话框

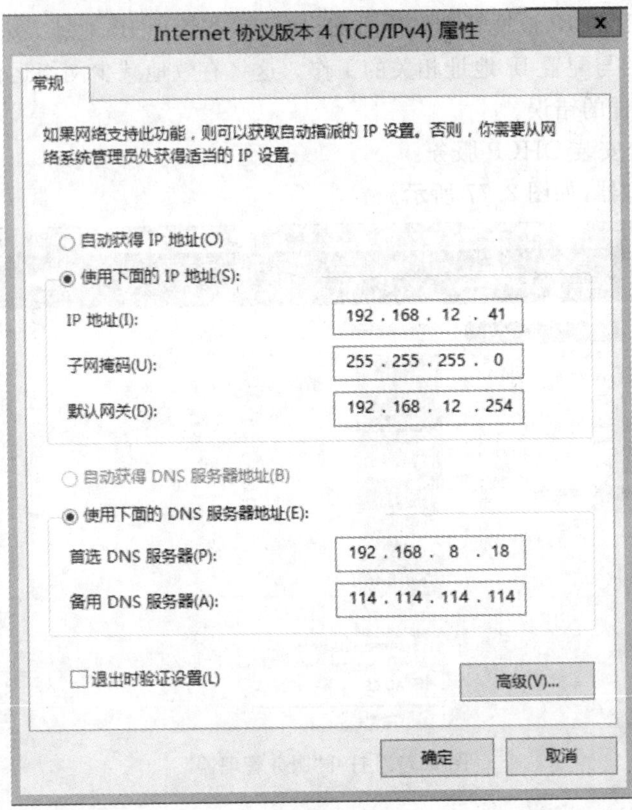

图 2.75　“Internet 协议版本 4(TCP/IPv4)属性”对话框

(6)单击“开始”,选择单击桌面图标“e 浏览器”,输入 URL 网址,如输入 http://money.msn.com.cn,出现“理财- MSN 中文网”的网页,如图 2.76 所示。可见虚拟机也可上网。

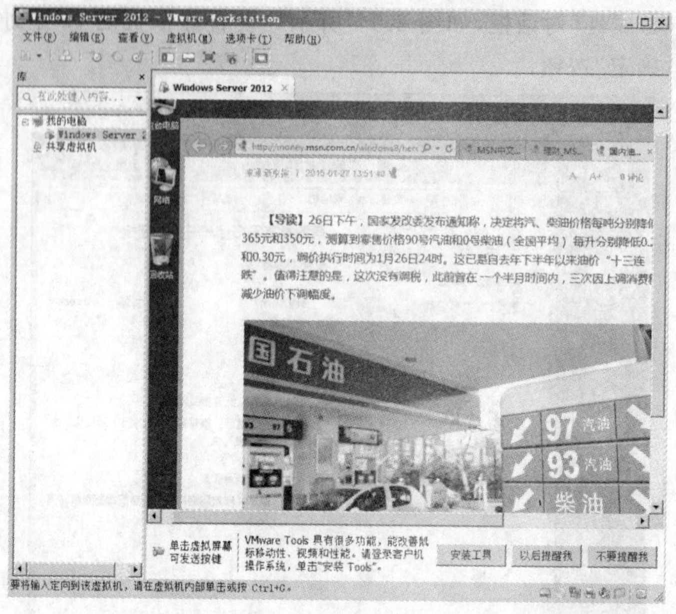

图 2.76 虚拟机上网的图片

2. DHCP(动态主机配置协议)服务器的建立、配置和管理

采用基于 DHCP 的 IP 地址管理解决方案,实现动态管理 IP 地址,从而自动处理大部分由于网络变化引起的与配置 IP 地址相关的工作。这将有效地减少网络运营费用,同时避免发生像 IP 地址重复这样的错误。

(1) 在服务器上安装 DHCP 服务。

1)打开服务管理器,如图 2.77 所示。

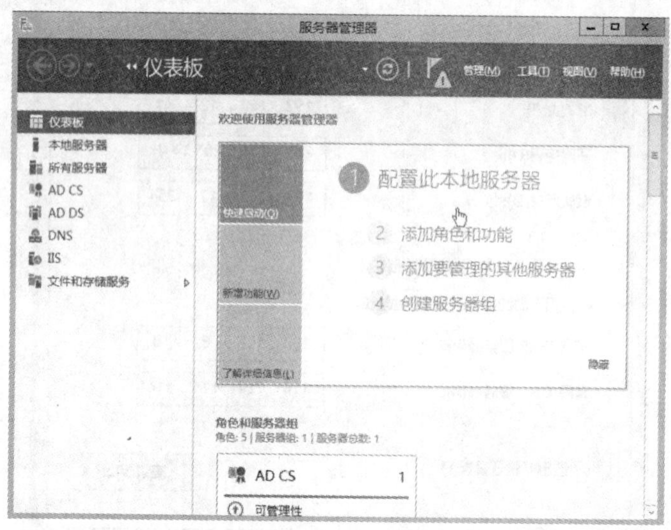

图 2.77 打开“服务管理器”

2）单击“添加角色和功能”，单击“下一步”，出现“选择安装类型”对话框。选择默认，单击“下一步”，出现“服务器选择”对话框。选择默认“从服务器池中选择服务器”，单击“下一步”，出现“选择服务器角色”对话框。在选择角色列表中勾上“DHCP 服务器”选项，系统提示要安装 DHCP 服务器工具，如图 2.78 所示。单击“下一步”，进入功能选择窗口，这里是对角色的配置，功能可以不管，直接单击“下一步”，出现“DHCP 服务器”对话框，单击“下一步”，出现“确认安装所选内容”对话框，如图 2.79 所示。单击“安装”按钮，出现“安装进度”对话框，如图 2.80 所示，安装完成后，单击“关闭”按钮。

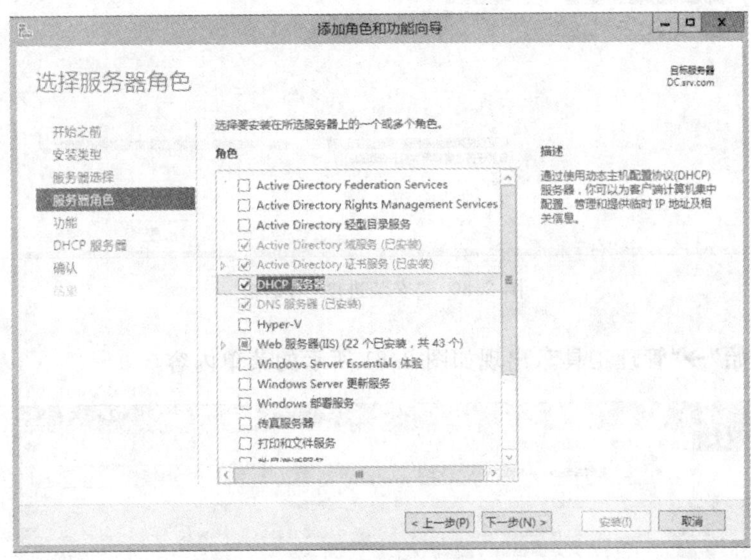

图 2.78　“选择服务器角色”对话框

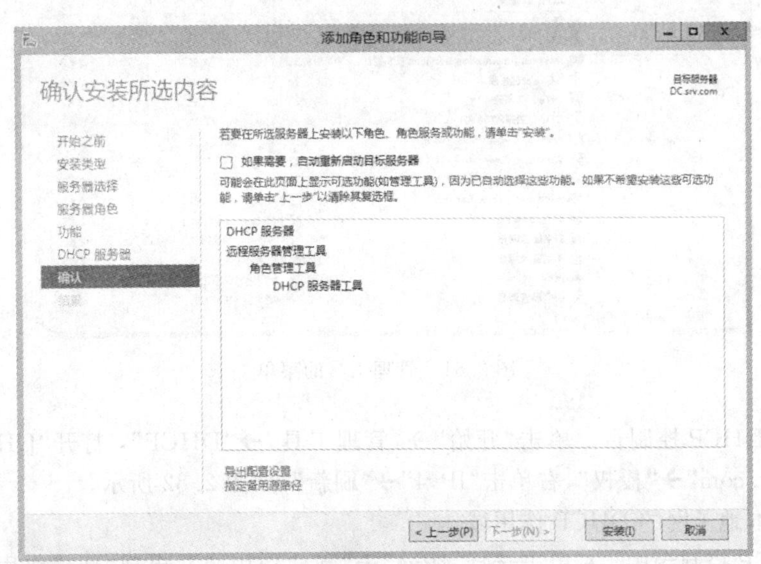

图 2.79　“确认安装所选内容”对话框

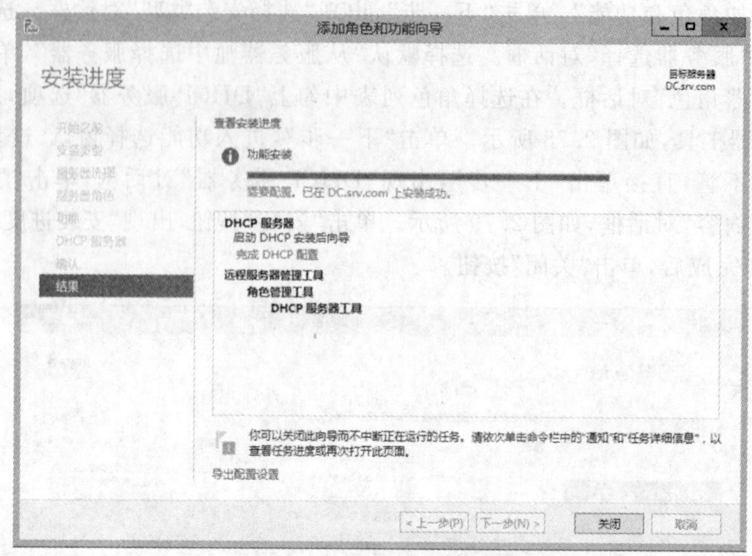

图 2.80 "安装进度"对话框

3)单击"开始"➔"管理工具",出现如图 2.81 所示的菜单内容。

图 2.81 管理工具的菜单

(2) 启动 DHCP 控制台。单击"开始"➔"管理工具"➔"DHCP"，打开"DHCP 控制台"，右单击"dc. srv. com"➔"授权",右单击"IPv4"➔"刷新",如图 2.82 所示。

(3) 创建本地子网的 DHCP 作用域。

1)在 DHCP 控制台中，右单击选择"IPv4"➔"新建作用域",出现"新建作用域向导"对话框。单击"下一步"按钮，出现"新建作用域向导-作用域名称"对话框。输入作用域的名称和描述，如作用域的名称输入为"192. 168. 12. 140 - 180"。单击"下一步",出现"新建作用域向导- IP 地址范围"对话框。输入此作用域的起始 IP 地址和结束 IP 地址。如输入起始 IP 地址为“192.168.12.140”，输入结束 IP 地址为“192.168.12.180”，如图 2.83 所示。

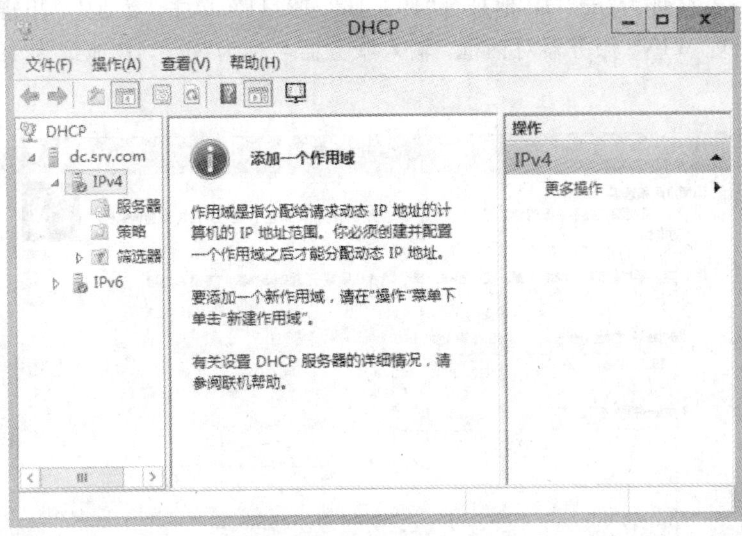

图 2.82　DHCP 控制台

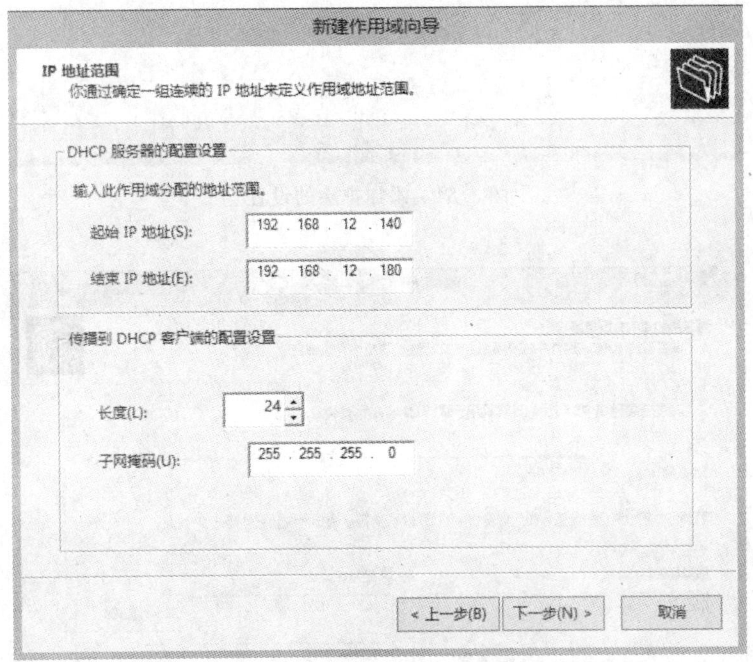

图 2.83　IP 地址范围的设置

2）单击“下一步”，出现“添加排除和延迟”选项，如图 2.84 所示。若在作用域地址范围内某些 IP 被指定为静态地址，则这些 IP 地址必须从作用域中排除。输入 IP 地址，单击“添加”，单击“下一步”按钮，出现“新建作用域向导-租用期限”对话框。单击“下一步”按钮，出现“新建作用域向导-配置 DHCP 选项”对话框。选择“是，我想现在配置这些选项”。

3）单击“下一步”按钮，出现路由器(默认网关)，输入 IP 地址为 192.168.12.254，单击

“添加”，单击“下一步”按钮，出现“新建作用域向导-域名称和DNS服务器”选项，如图2.85所示。输入服务器名称为“dc”,IP地址为“192.168.12.41”,单击“添加”，出现DNS验证,单击“下一步”，出现WINS服务器对话框，输入服务器名称为“dc”,IP地址为192.168.12.41,单击“添加”。

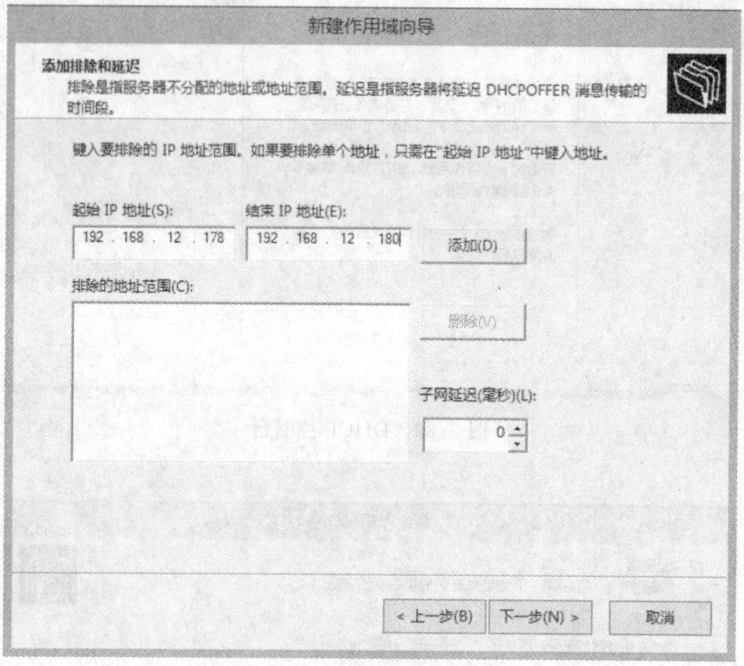

图2.84　添加排除的设置

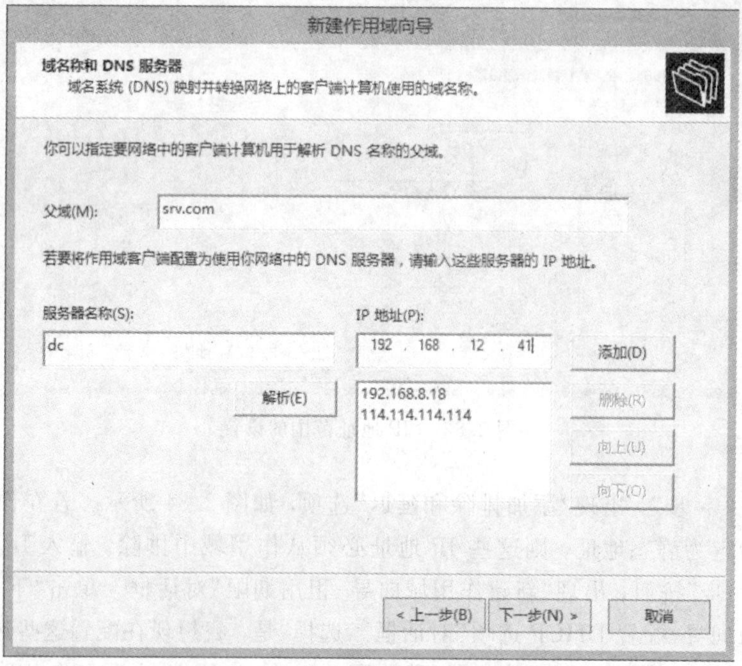

图2.85　“域名称和DNS服务器”对话框

4）单击“下一步”按钮，出现“激活作用域”选项，如图 2.86 所示。选择“是，我想现在激活此作用域”，单击“下一步”按钮，出现“正在完成新建作用域向导”对话框，单击“完成”。如果“IPv4”的图标是“蓝色小感叹号”，右单击“IPv4”➔“刷新”，这时“IPv4”的图标由“蓝色小感叹号”变成“绿色小对勾”，单击“作用域”，使其展开。再单击“地址池”，可以看到 DHCP 设置的作用域 IP 地址范围和排除 IP 地址范围，如图 2.87 所示。

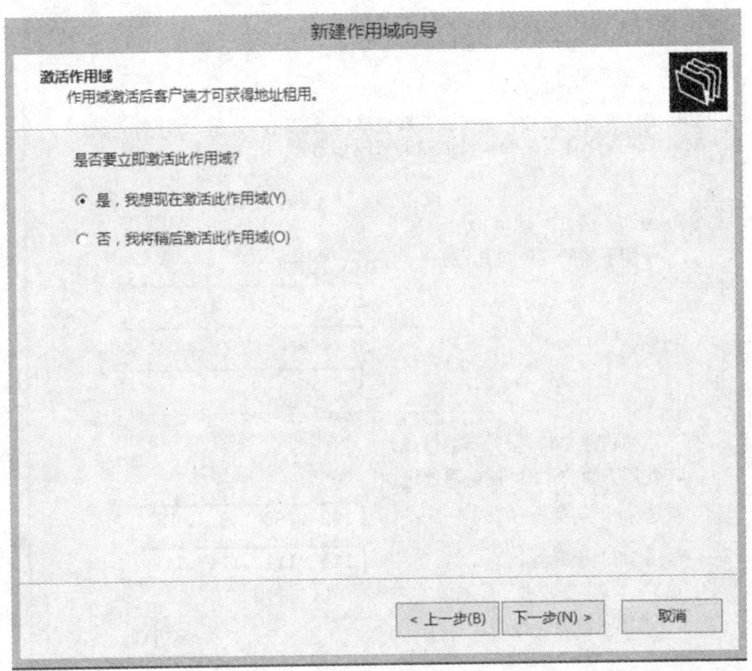

图 2.86　激活作用域的设置

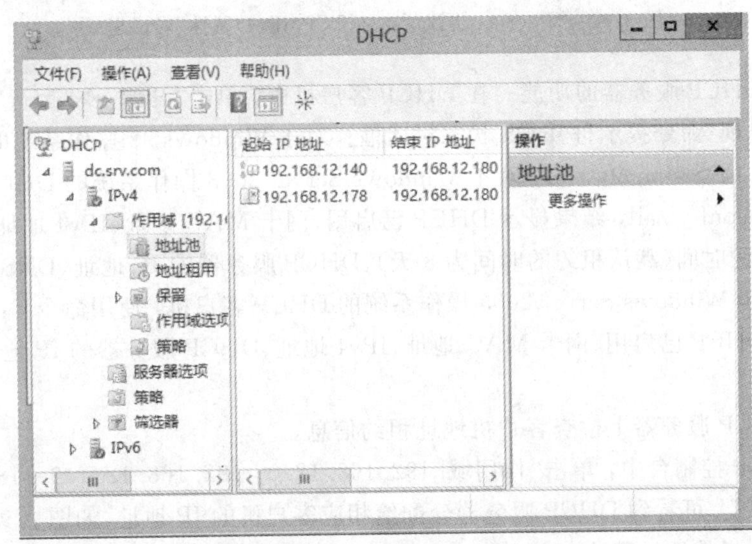

图 2.87　新建的作用域 IP 作用范围

3. DHCP 客户机的设置与验证

(1)检查 DHCP 客户机的 TCP/IP 属性设置。右单击“网上邻居”➔“属性”，右单击“本地连接”➔“属性”，选择“Internet 协议版本 4 (TCP/IP v4)”组件，单击 “属性”，出现“Internet 协议版本 4(TCP/IPv4)属性”对话框，如图 2.88 所示。在常规选项卡中，选择“自动获得 IP 地址”。

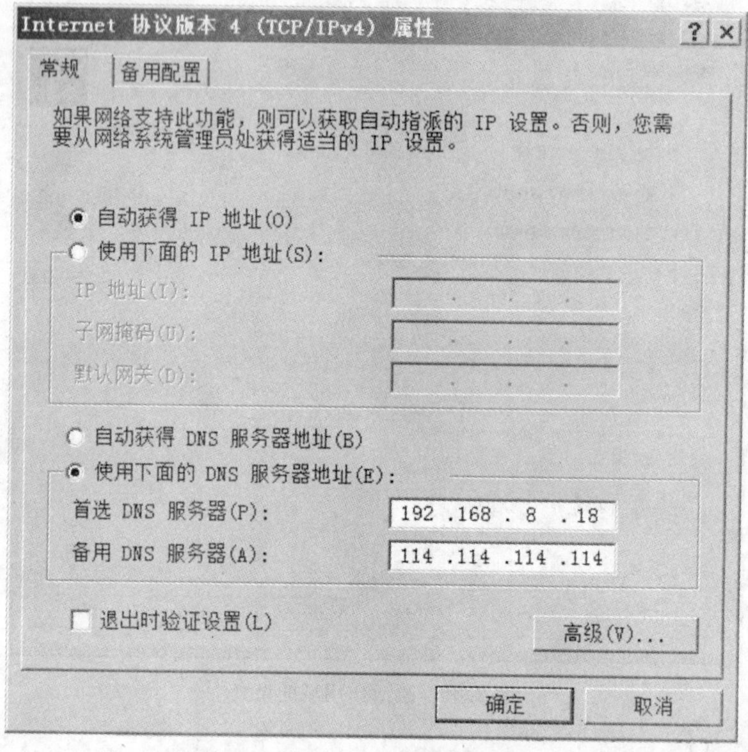

图 2.88 “Internet 协议版本 4(TCP/IPv4)属性”对话框

(2) 测试 DHCP 服务器的功能。在 DHCP 客户机中，单击“开始”➔“运行”，输入 CMD，单击“确定”，出现“命令提示符”DOS 状态对话框。对于 Windows 98 操作系统的 DHCP 客户机，使用命令 C:\>winipcfg /all；对于 Windows Server 2008 操作系统的 DHCP 客户机，使用命令 C:\>ipconfig /all，结果显示 DHCP 已启用、网卡 MAC 地址、IPv4 地址、获得租约的时间、租约过期的时间(默认租约的时间为 8 天)、DHCP 服务器的 IP 地址、DNS 服务器，如图 2.89 所示。对于 Windows Server 2003 操作系统的 DHCP 客户机，使用命令 C:\>ipconfig /all，结果显示 DHCP 已启用、网卡 MAC 地址、IPv4 地址、DHCP 服务器的 IP 地址、DNS 服务器。

(3) 在 DHCP 服务器上检查客户机地址租约信息。

1) 在 DHCP 控制台中，单击“作用域[192.168.12.0] 192.168.12.140－180”，单击“地址租用”➔“刷新”，可看到 DHCP 服务器分配给相应客户机的 IP 地址，如图 2.90 所示。

2)删除客户机的地址租约。

①在 DHCP 服务器上，如要删除客户机的地址租约，右单击“选择要删除的客户机 IP 地址”➔“删除”。

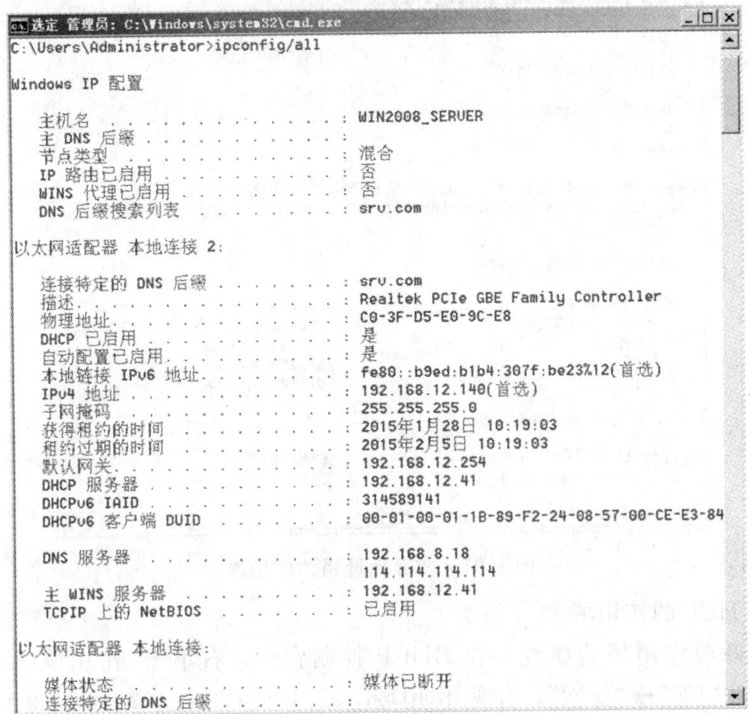

图 2.89　在 Windows Server 2008 操作系统的 DHCP 客户机上测试 MAC 和 IP 地址

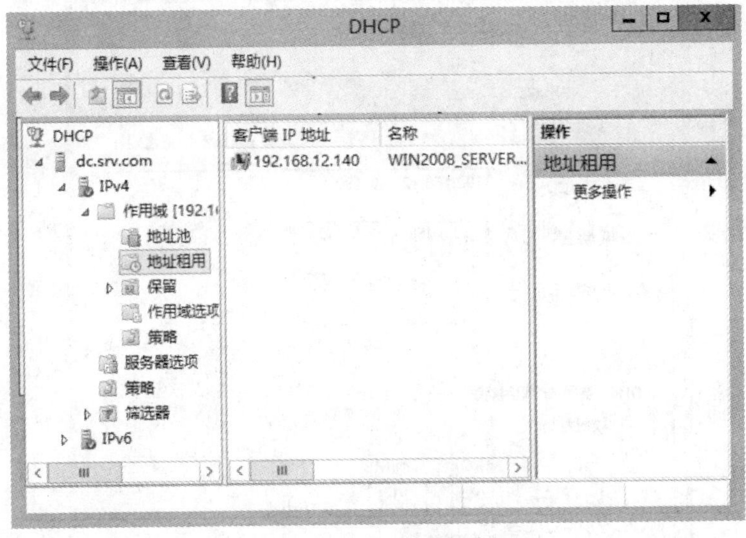

图 2.90　客户地址租约信息

②在 Windows Server 2008 操作系统的 DHCP 客户机上，如要强制具有租约的客户放弃租约，在“命令提示符”DOS 状态对话框中，使用命令 C:\>ipconfig/release ；如要强制更新地址租约，使用命令 C:\>ipconfig/renew，如图 2.91 所示。

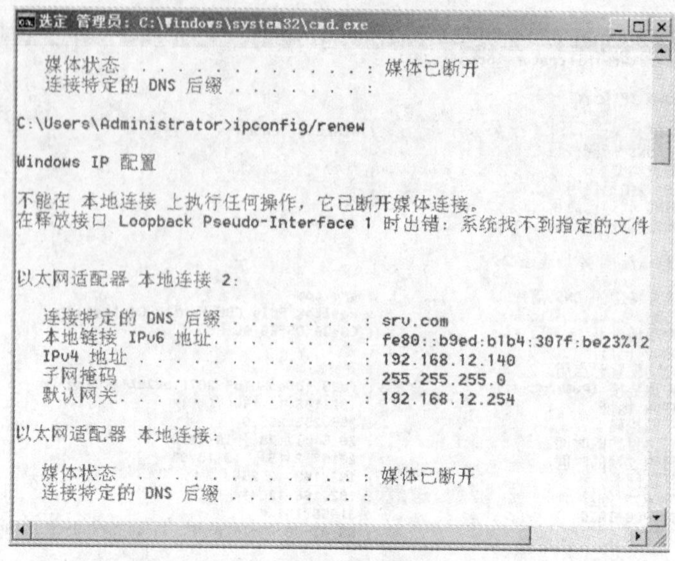

图 2.91　放弃地址租约的操作

(4) 管理 DHCP 的作用域。

1) 查看或修改作用域的属性。在 DHCP 控制台中，右单击"作用域[192.168.12.0] 192.168.12.140－180"➔"属性"，出现"作用域[192.168.12.0] 192.168.12.140－180"对话框，如图 2.92 所示。

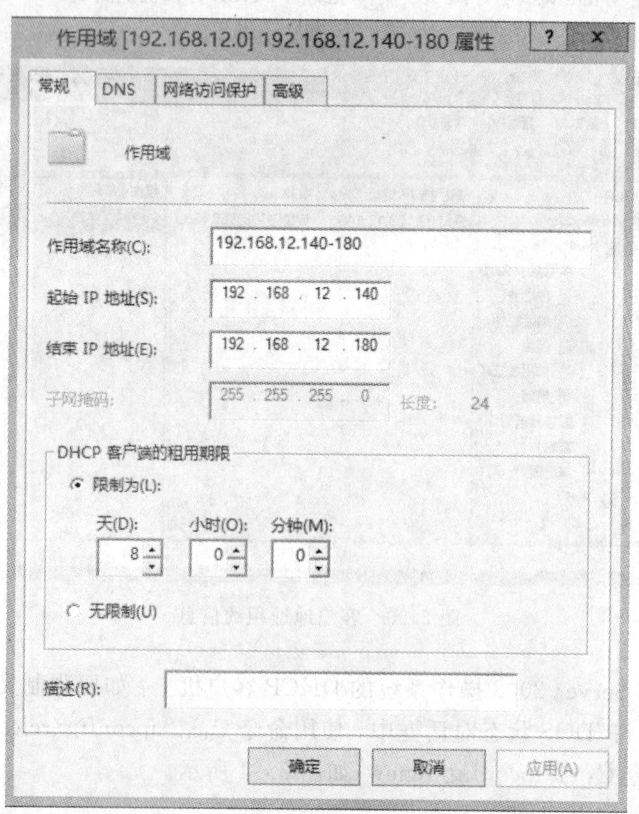

图 2.92　"作用域[192.168.12.0] 192.168.12.140－180 的属性"对话框

2)删除作用域。在 DHCP 控制台中，右单击“作用域[192.168.12.0] 192.168.12.140-180”➔“删除”。注意,这里并非要求去删除新建的作用域。

3)停用作用域。在 DHCP 控制台中，右单击“作用域[192.168.12.0] 192.168.12.140-180”➔“停用”。

4) 新建排除域。在 DHCP 控制台中，单击“作用域[192.168.12.0] 192.168.12.140-180”，右单击“地址池”➔“新建排除范围”，出现“添加排除”对话框,如图 2.93 所示。输入起始 IP 地址和结束 IP 地址,单击“添加”。

5)配置作用域选项。在 DHCP 控制台中，单击“作用域[192.168.12.0] 192.168.12.140-180”，单击“作用域选项”，在右列表框中可看到 003 路由器,006DNS 选项名等。右单击“作用域选项”➔“配置选项”，出现“作用域选项”对话框,如图 2.94 所示。在可用选项中选择要添加的选项前打钩，单击“确定”，在右列表框中就可看到所添加的选项名。

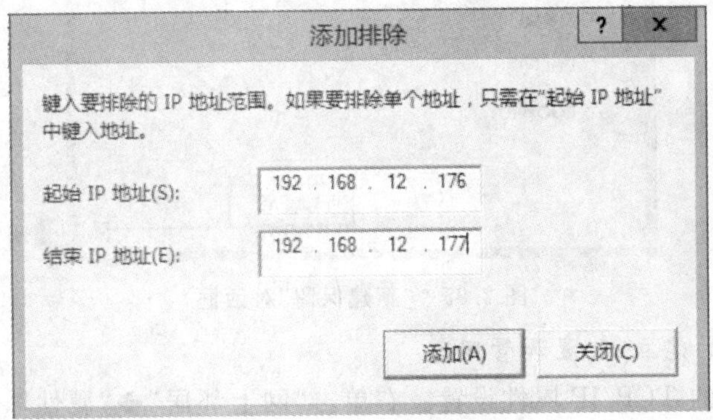

图 2.93 “添加排除”对话框

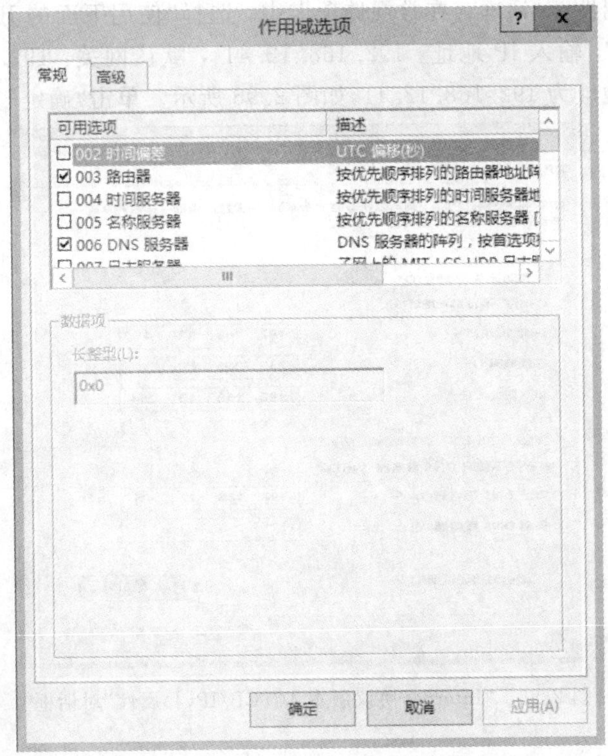

图 2.94 “作用域选项”对话框

6)添加用户保留。在DHCP控制台中，单击“作用域[192.168.12.0] 192.168.12.140－180”，右单击“保留”➔“新建保留”，出现“新建保留”对话框，如图2.95所示。输入保留名称、IP地址和MAC地址，单击“添加”。

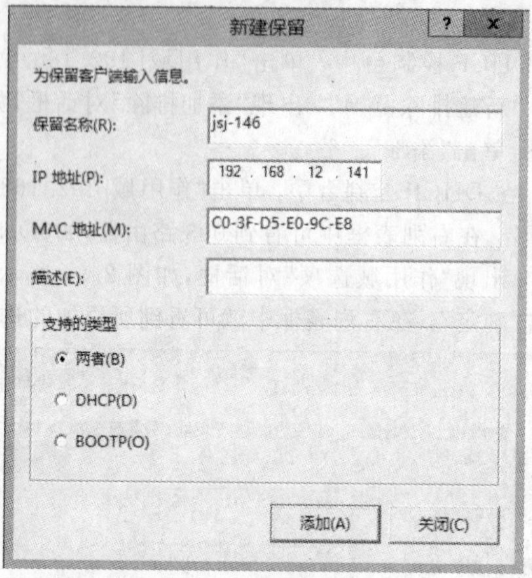

图2.95 “新建保留”对话框

4. DNS服务器的建立、配置和管理

(1)DNS服务器的TCP/IP属性设置。右单击“网上邻居”➔“属性”，右单击“本地连接”➔“属性”，选择“Internet协议版本4（TCP/IP v4)”组件，单击“属性”，出现“Internet协议版本4(TCP/IPv4)属性”对话框。在常规选项卡中，选择“使用下面的IP地址”和“使用下面的DNS服务器地址”，输入IP地址：192.168.12.41，默认网关：192.168.12.254，“首选DNS服务器”的IP地址为192.168.12.41,如图2.96所示。单击“确定”。

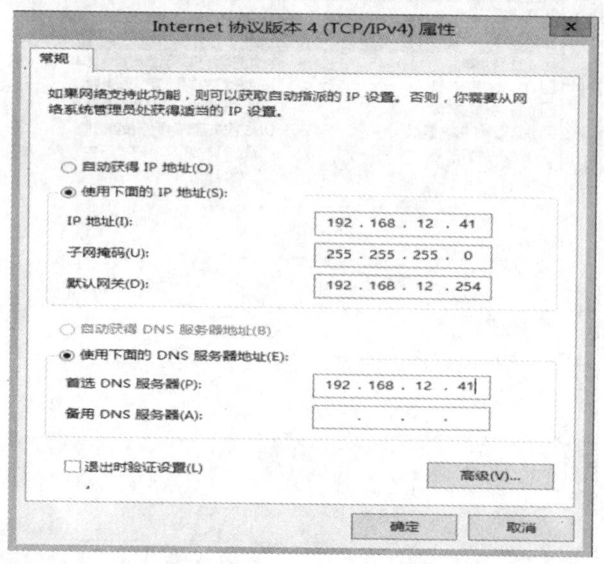

图2.96 “Internet协议版本4(TCP/IPv4)属性”对话框

(2)启动 DNS 控制台。单击“开始”➔“管理工具”➔“DNS”，打开“DNS 管理器”，打开 DNS 管理器，如图 2.97 所示。

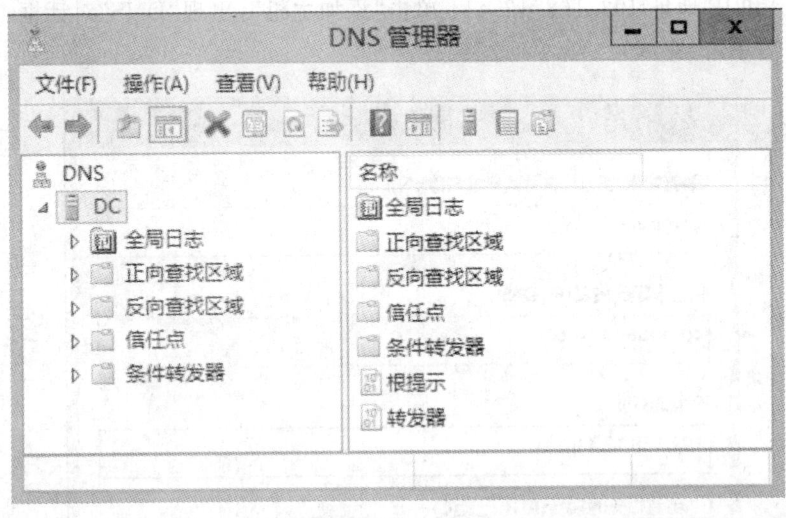

图 2.97　DNS 管理器

(3)建立正向搜索区域。右单击服务器“DC”➔“新建区域”，出现“新建区域向导”对话框。单击“下一步”按钮，出现“区域类型”选项，选择“主要区域”，并去掉“在 Active Directory 中存储区域”的前面小方块内的钩，单击“下一步”按钮，出现“正向或反向查找区域”对话框，选择“正向查找区域”，单击“下一步”按钮，出现“区域名称”对话框，输入区域名称，如：test. com，单击“下一步”按钮，出现“区域文件”对话框，单击“下一步”按钮，出现“动态更新”对话框，选择“不允许动态更新”，单击“下一步”按钮，出现如图 2.98 所示的完成新建区域向导。单击“完成”。

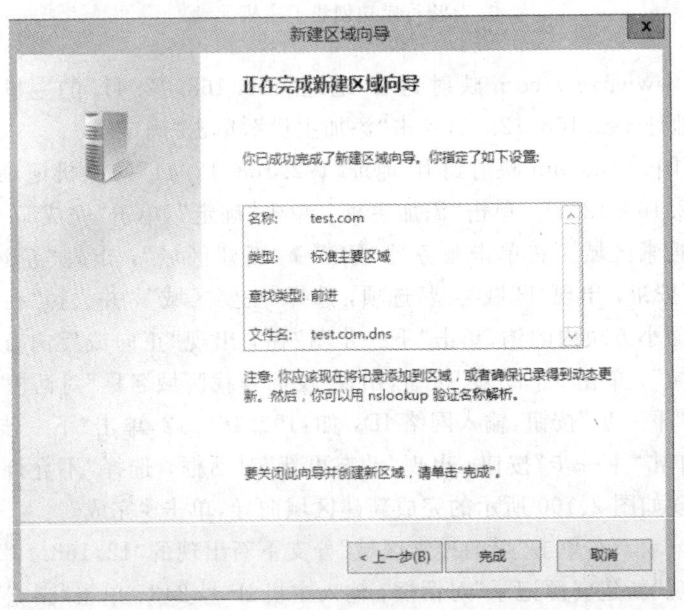

图 2.98　完成正向新建区域向导

(4)建立域名 computer. test. com 映射到 IP 地址“192. 168. 12. 41”的主机记录。右单击“正向搜索区域”分支下新出现的“test. com”➔“新建主机”,出现“新建主机”对话框,输入名称(如:computer)和 IP 地址 192. 168. 12. 41,单击“添加主机”,出现“DNS”对话框,如图 2.99 所示,单击“确定”,单击“完成”。

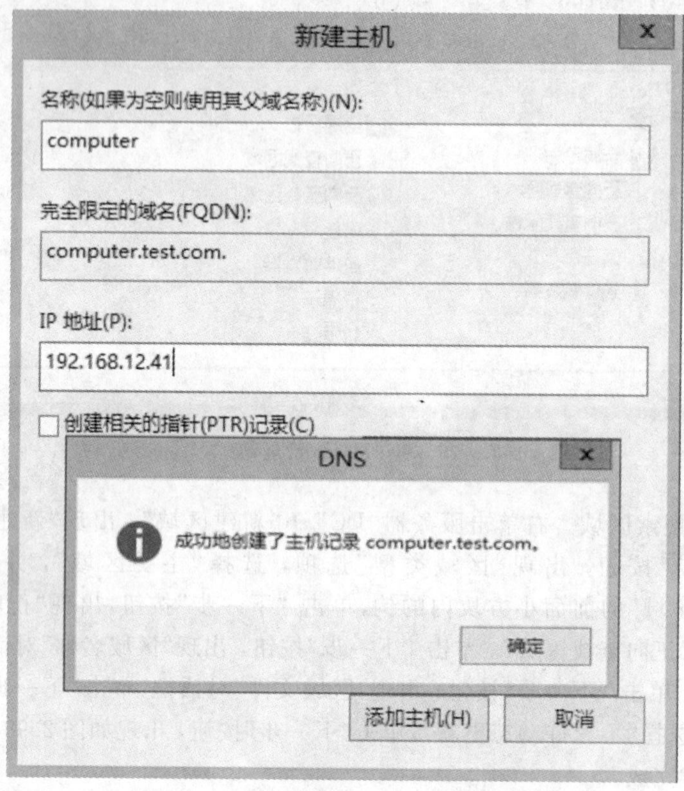

图 2.99　成功创建了主机记录

(5)建立域名 www. test. com 映射到 IP 地址“192. 168. 12. 41”的主机记录。输入名称(如:www)和 IP 地址 192. 168. 12. 41,单击“添加主机”,单击“确定”

(6)建立域名 ftp. test. com 映射到 IP 地址“192. 168. 12. 41”的主机记录。输入名称(如:ftp)和 IP 地址 192. 168. 12. 41,单击“添加主机”,单击“确定”,单击“完成”。

(7)建立反向搜索区域。右单击服务器“DC”➔“新建区域”,出现“新建区域向导”对话框,单击“下一步”按钮,出现“区域类型”选项,选择“主要区域”,并去掉“在 Active Directory 中存储区域”的前面小方块内的钩,单击“下一步”按钮,出现“正向或反向查找区域”对话框,选择“反向查找区域”,单击 “下一步”按钮,出现“反向查找区域名称”对话框,选择“IPv4 反向查找区域”,单击 “下一步”按钮,输入网络 ID,如:192. 168. 12,单击“下一步”按钮,出现“区域文件”对话框,单击“下一步”按钮,出现“动态更新”对话框,选择“不允许动态更新”,单击“下一步”按钮,出现如图 2.100 所示的完成新建区域向导,单击 “完成”。

(8)增加指针记录。右单击“反向搜索区域”分支下新出现的“12. 168. 192. in - addr. arpa”➔“新建指针”,出现“新建资源记录”对话框,输入主机 IP 号 243,单击“浏览”,出现“浏览”对话框,选择“DC”,单击“确定”,选择“正向搜索区域”,单击“确定”,选择“test. com”,单击

“确定”，选择“computer”，单击“确定”。同样，可选择增加“www”和“ftp”的指针记录。如图 2.101 所示。

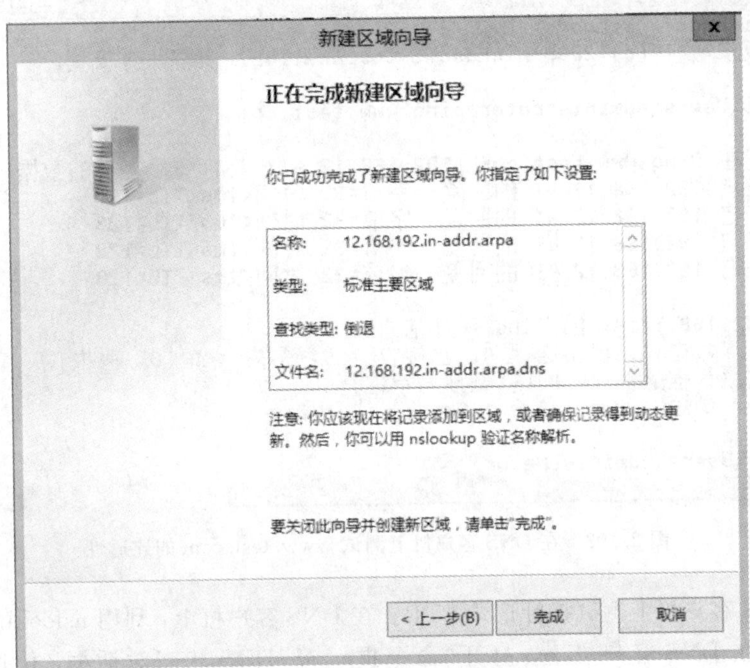

图 2.100　完成反向新建区域向导

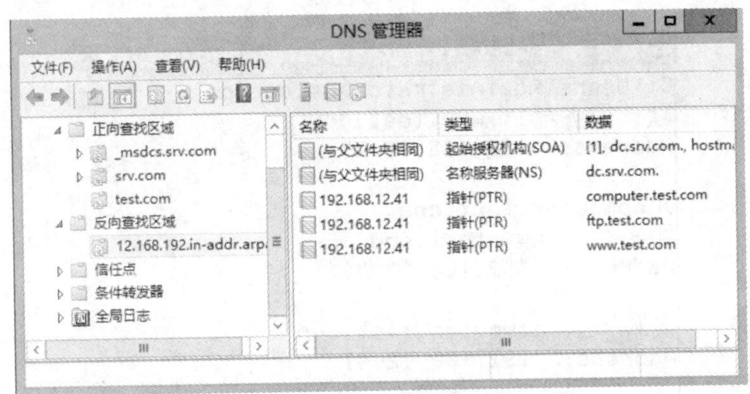

图 2.101　DNS 的配置结果

(9) DNS 客户机设置与验证。

1) 检查 DNS 客户机的 TCP/IP 属性设置。右单击“网上邻居”➔“属性”，右单击“本地连接”➔“属性”，选择“Internet 协议版本 4 (TCP/IP v4)”组件，单击“属性”，出现“Internet 协议版本 4(TCP/IPv4)属性”对话框。在常规选项卡中，选择“自动获得 IP 地址”和“使用下面的 DNS 服务器地址”，输入“首选 DNS 服务器”的 IP 地址：192.168.12.41，单击“确定”。

2) 在 DNS 客户机上测试主机记录 www.test.com 的连通性。在 DNS 客户机上，打开“命令提示符”DOS 状态对话框，使用命令 C:\>ping www.test.com。结果表明，域名

www. test. com 的解释是成功的。如图 2.102 所示。

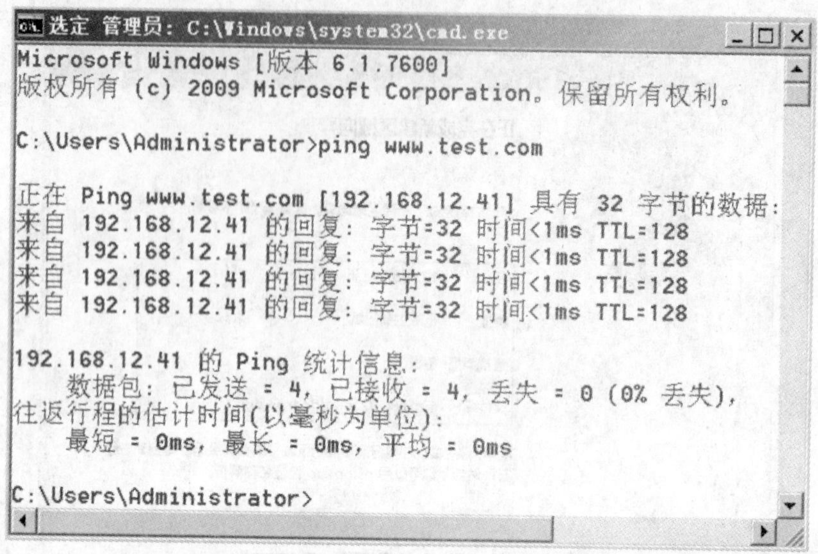

图 2.102 在 DNS 客户机上测试 www. test. com 的连通性

3）在 DNS 客户机上测试指针记录 PTR。在 DNS 客户机上，利用 nslookup 来测试 DNS 的解释响应。在 DNS 客户机上，打开“命令提示符”DOS 状态对话框，使用命令 C:\> nslookup。分别输入> computer test. com、>ftp. test. com 和> www.. test. com。结果表明，DNS 域名 computer. test. com 的解释是成功的，如图 2.103 所示。

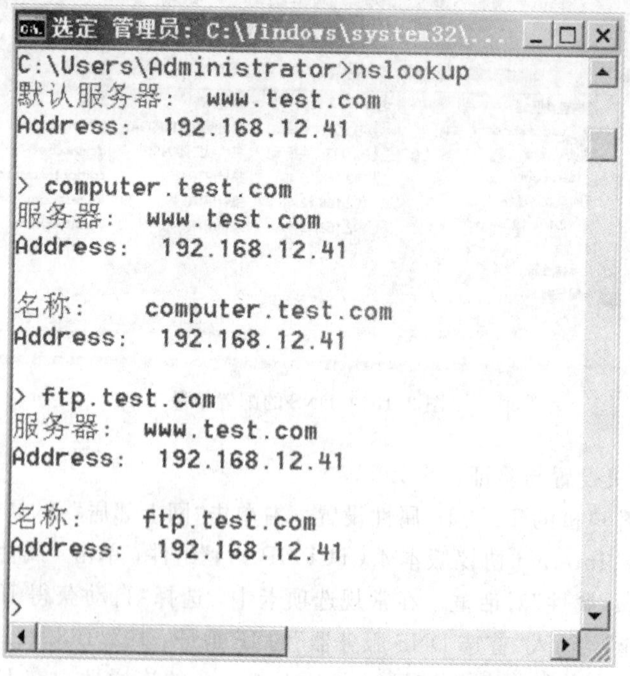

图 2.103 利用 nslookup 在 DNS 客户机上验证指针记录 PTR

(10) DNS 服务器的验证。在 DNS 服务器上测试指针记录 PTR。在 DNS 服务器上，利用 nslookup 来测试 DNS 的解释响应。在 DNS 服务器上，打开“命令提示符”DOS 状态对话框，使用命令 C:\>nslookup。分别输入> computer. test. com、>ftp. test. com 和> www. test. com。结果

表明，DNS 服务器把域名 computer. test. com 正确解释为 IP 地址为 192. 168. 12. 41，如图 2. 104 所示。

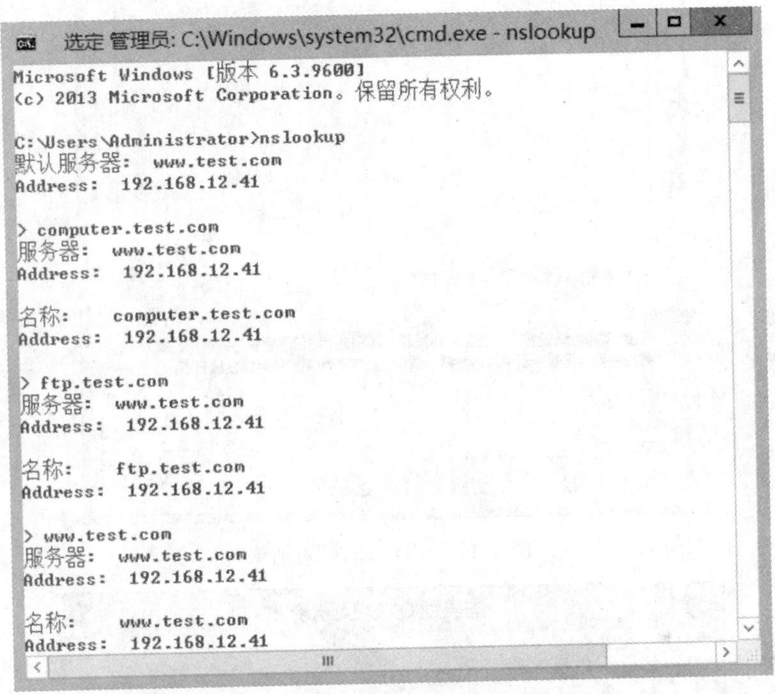

图 2. 104　利用 nslookup 在 DNS 服务器上验证指针记录 PTR

(11) 管理 DNS。

1)在 DNS 服务器上设置转发器或条件转发。当客户端查询所有其他域(或某一其他域)时，DNS 服务器将查询请求转发其他 DNS 服务器，可以设置转发器到某一外网 DNS 服务器。这样就能使用局域网的计算机去访问互联网了。

2) 设置转发器。打开 DNS 控制台，右单击“DC”➔“属性”，出现“DC 属性”对话框，单击转发器选项卡，选择单击 IP，单击“编辑”按钮，单击 IP 地址，修改 IP 地址，如：221. 11. 1. 67，单击“确定”按钮，单击“应用”按钮，单击“确定”按钮，如图 2. 105 所示。

3)连接服务器。打开 DNS 控制台，右单击根目录“DNS”➔“连接到计算机”，出现“选择目标计算机”对话框，如图 2. 106 所示。选择 “下列计算机”，输入计算机的 IP 地址或名称，或选择“这台计算机”，单击“确定”。

4)删除 DNS 服务器。打开 DNS 控制台，右单击“选择要删除的 DNS 服务器”➔“删除”，出现“DNS”对话框，单击“确定”即可删除。注意，一般情况不要随便删除 DNS 服务器。

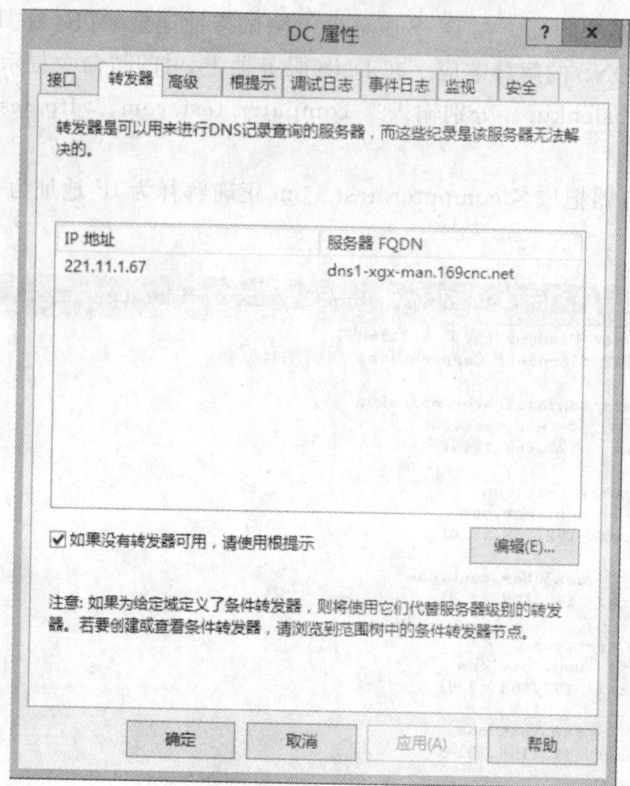

图 2.105 “DC 属性”对话框

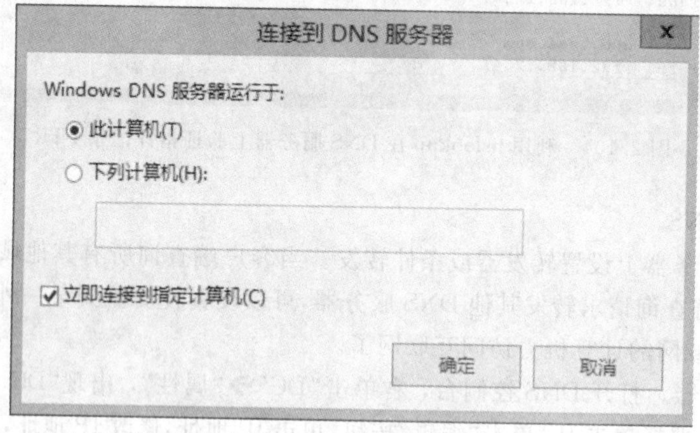

图 2.106 选择目标计算机

2.3 在 Windows Server 2012 下配置 WWW 和 FTP 服务器

一、实训目的

(1)掌握在 Windows Server 2012 下 WWW 和 FTP 服务器的建立、配置和管理；

(2)理解 Web 站点、虚拟主机和设置的参数，掌握 Web 站点的建立与配置；

(3)理解 FTP 站点、虚拟目录和设置的参数，掌握 FTP 站点的配置与管理。

二、实训内容

利用 PC 虚拟机已安装的 Windows Server 2012 操作系统平台：

(1)在 Windows Server 2012 下 WWW 服务器的建立和配置；

(2)在 Windows Server 2012 下 FTP 服务器的建立、配置和管理。

三、实训环境的准备

(1)准备好用 PC 虚拟机安装的 Windows Server 2012 操作系统平台；

(2)PC 1 台。

四、实训操作实践

1. WWW 服务器的建立和配置

(1) 设置 Web 站点。利用 IIS 的默认值建立站点。

1)制作好自己的主页文件 default1. htm。

2)把上述主页文件 default1. htm 复制到 c:\inetpub\wwwroot 目录下，如图 2.107 所示。

图 2.107　c:\inetpub\wwwroot 目录下的 default1. htm 文件

3)单击“开始”→“管理工具”→“Internet Information Services(IIS)管理器”，打开“Internet Information Services(IIS)管理器”控制台，如图 2.108 所示。双击“DC”，展开 DC 服务的分支。

4)打开浏览器，在地址栏输入：

①虚拟机 IP 地址，如:http://192.168.12.41，如图 2.109 所示。测试结果表明:Web 服务器成功安装。

②利用 Windows Server 2012 下配置 DNS 服务器时所建立的域名 www. test. com ，如 http://www. test. com，测试 Web 服务器是否成功安装，如图 2.110 所示。

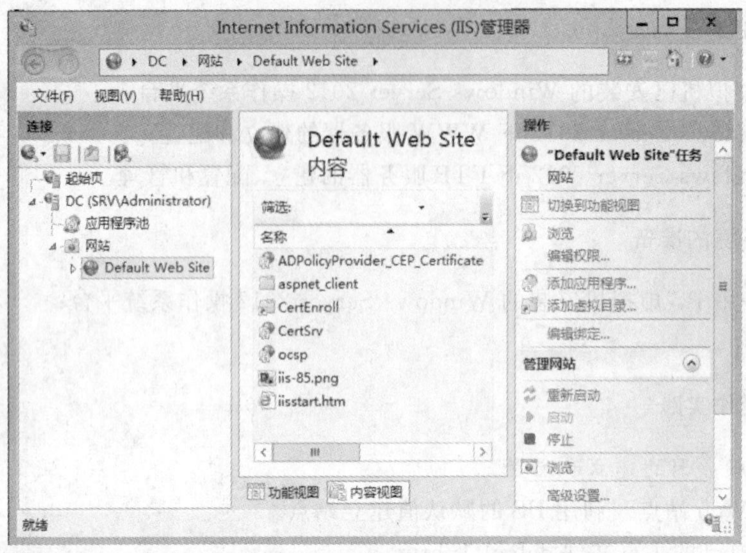

图 2.108 “Internet Information Services(IIS)管理器”控制台

部门	职称	职业	日期
计算机系	副教授	教师	2015.2.30

图 2.109 测试 Web 服务器是否成功安装

部门	职称	职业	日期
计算机系	副教授	教师	2015.2.30

图 2.110 测试 Web 服务器是否成功安装

(2) 新建 Web 虚拟目录。

1)在 C 盘新建虚拟目录 Vir,并制作好自己的一个主页文件 default.htm。

2)单击“开始”➔“管理工具”➔“Internet Information Services(IIS)管理器”，打开“Internet Information Services(IIS)管理器”。右单击“Default Web Site”➔“添加虚拟目录”，出现“添加虚拟目录”对话框，如图 2.111 所示。在“别名”栏中输入该新建虚拟目录的文字，如“Virtual”，以便于识别。在“物理路径”栏中选择 C:\Vir，单击“确定”按钮。

3)打开浏览器，在地址栏输入：http://192.168.12.41/Virtual，测试 Virtual 虚拟目录是否成功创建，如图 2.112 所示。

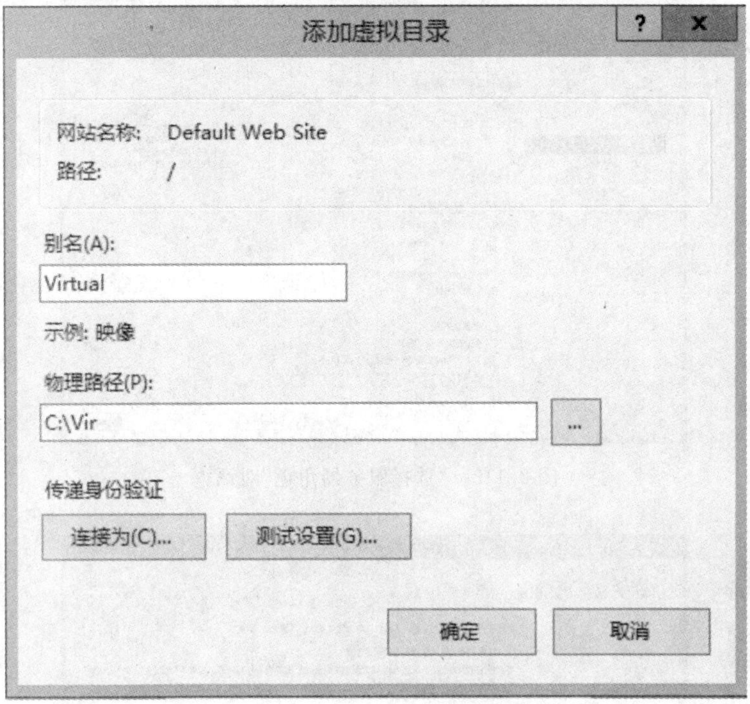

图 2.111　“添加虚拟目录”对话框

图 2.112　测试虚拟目录是否成功创建

2. FTP 服务器的建立、配置和管理

(1)安装默认 FTP 服务器。

1)打开服务管理器。

2)单击“添加角色和功能”，单击“下一步”，出现“选择安装类型”对话框。选择默认，单击“下一步”，出现“服务器选择”对话框。选择默认“从服务器池中选择服务器”，单击“下一步”，出现“选择服务器角色”对话框。在选择角色列表中单击“Web 服务器”选项，勾上“FTP 服务器”选项，如图 2.113 所示。单击“下一步”，进入功能选择窗口，这里是对角色的配置，功能可以不管，直接单击“下一步”，出现“FTP 服务器”对话框，单击“下一步”，出现“确认安装所选内容”对话框，如图 2.114 所示。单击“安装”按钮，出现“安装进度”对话框，如图 2.115 所示，安装完成后，单击“关闭”按钮。

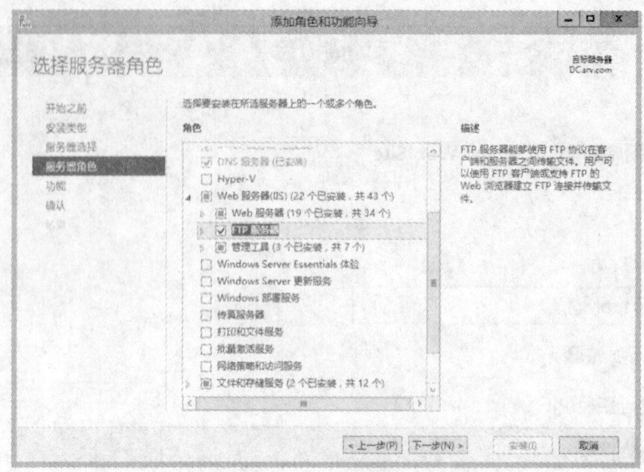

图 2.113 “选择服务器角色”对话框

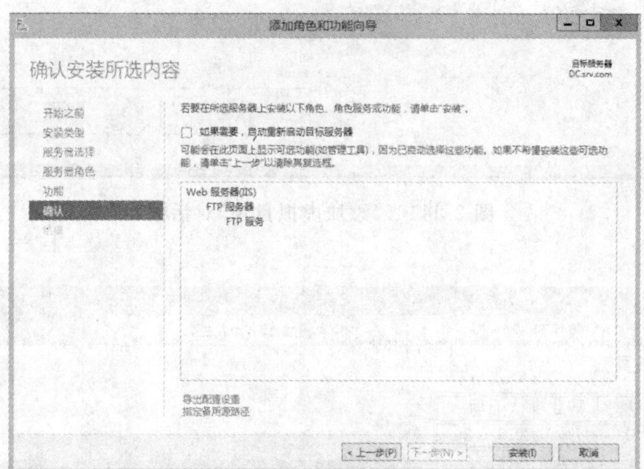

图 2.114 “确认安装所选内容”对话框

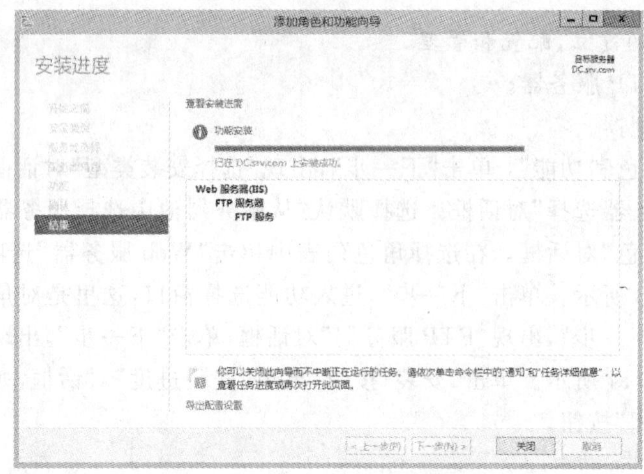

图 2.115 “安装进度”对话框

3)安装完成后，单击“开始”➔“管理工具”➔“Internet Information Services(IIS)管理器”，打开“Internet Information Services(IIS)管理器”对话框，如图 2.116 所示。单击“Default Web Site”展开其目录，在“DC 主页”上能够看到 FTP 信息内容。

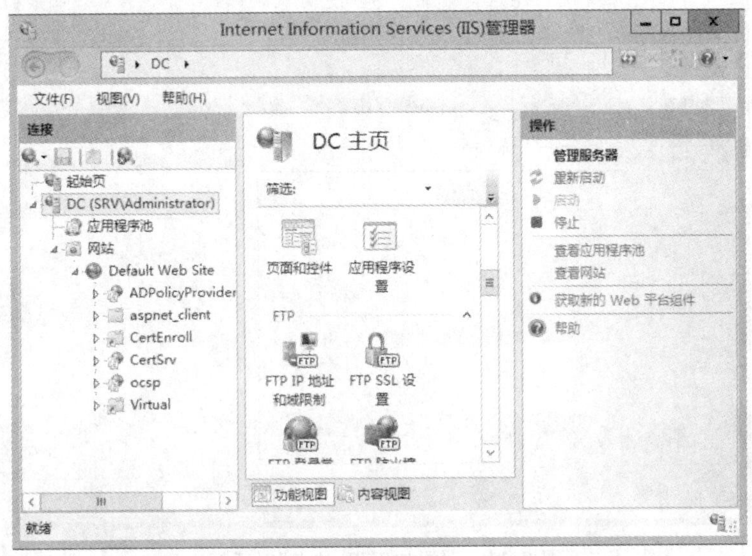

图 2.116　“Internet Information Services(IIS)管理器”对话框

(2)新建 FTP 虚拟站点。

1)打开“Internet Information Services(IIS)管理器”控制台。单击“FTP IP 地址和域限制”，出现“添加 FTP 站点”操作，如图 2.117 所示。单击“添加 FTP 站点”，出现“添加 FTP 站点”对话框。在“FTP 站点名称”栏中输入该新建 FTP 站点的名称，如：FTPNew，以便于识别。在“物理路径”栏中选择 C:\inetpub\ftproot，单击“确定”按钮，如图 2.118 所示。

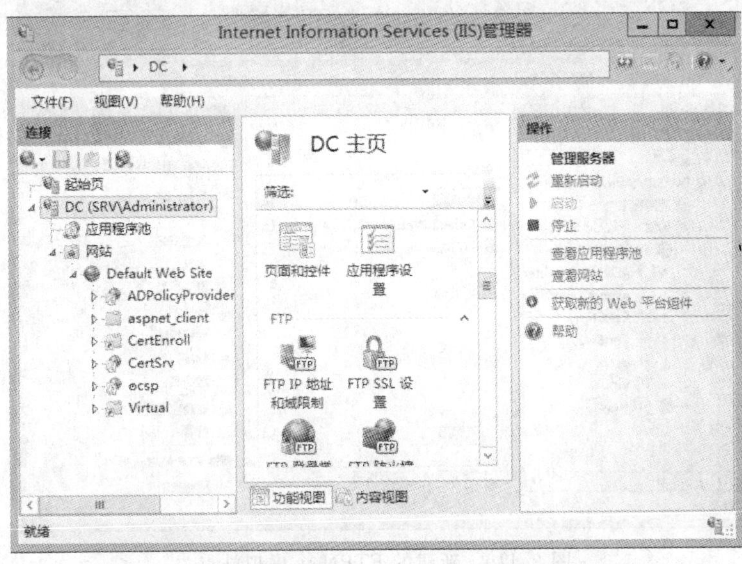

图 2.117　“Internet Information Services(IIS)管理器”控制台

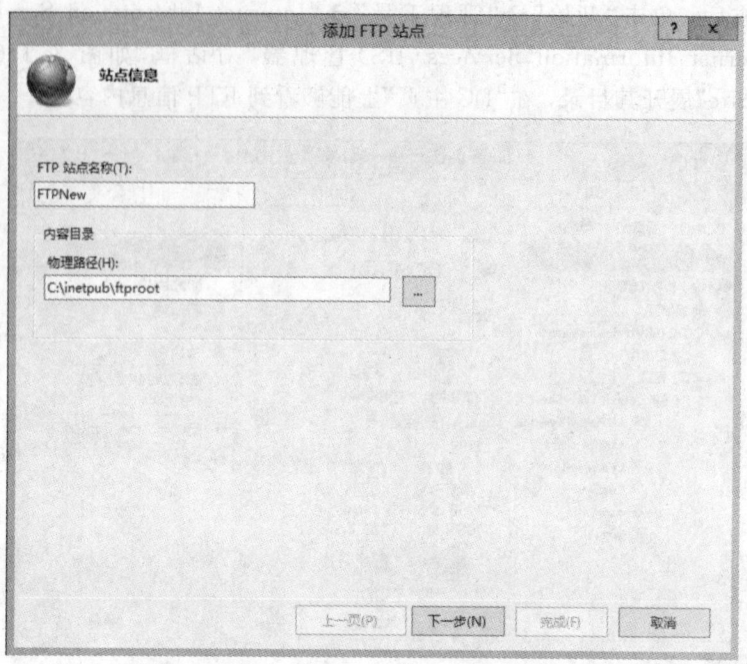

图 2.118 “添加 FTP 站点”对话框

2)单击“下一步”,出现“绑定和 SSL 设置”对话框,在“绑定 IP 地址”栏中输入 FTP 服务器的 IP 地址,如:192.168.12.41,在“SSL”中选择“无 SSL”验证,单击“下一步”按钮,出现“身份验证和授权信息”对话框,在“身份验证”栏中选择“匿名”和“基本”,在“允许访问”栏中选择“所有用户”,在“权限”栏中选择“读取”和“写入”,单击“完成”按钮,在“Internet Information Services(IIS)管理器”控制台,可看到新建 FTPNew 虚拟站点,如图 2.119 所示。

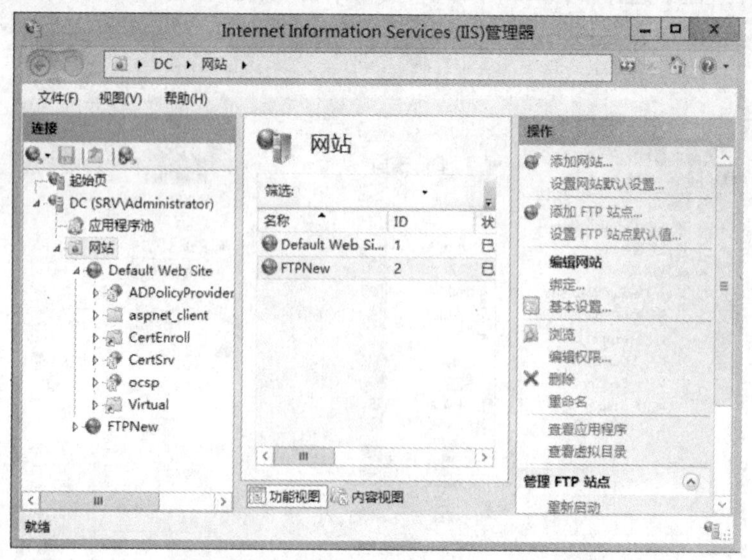

图 2.119 新建的 FTPNew 虚拟站点

(3)新建 FTP 虚拟目录。

1)在 C 盘新建虚拟目录 FTPVir,并制作好自己的一个主页文件 default. htm。

2)打开“Internet Information Services(IIS)管理器”控制台。右单击“FTPNew”➔“添加虚拟目录”,出现“添加虚拟目录”对话框。在“别名”栏中输入该新建虚拟目录的文字,如 FTPVirtual,以便于识别。在“物理路径”栏中选择 C:\FTPVir,单击“确定”按钮,如图 2.120 所示。

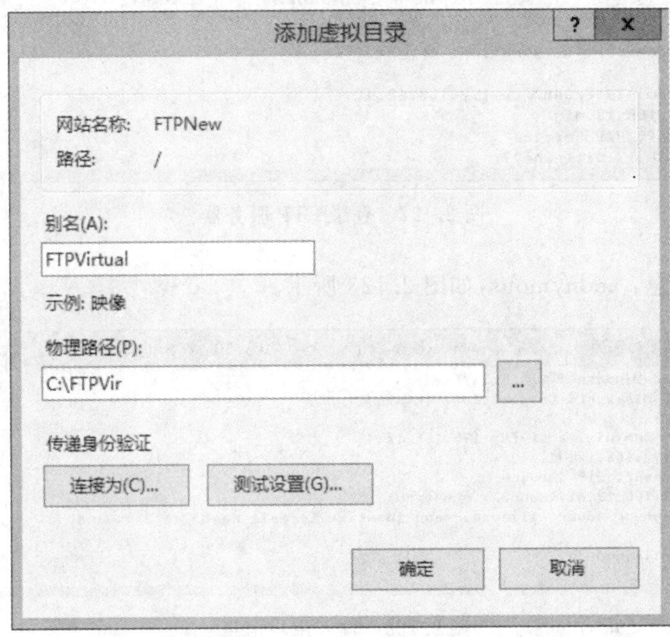

图 2.120　“添加虚拟目录”对话框

3)在“Internet Information Services(IIS)管理器”控制台,可看到新建的 FTPVirtual 虚拟目录,如图 2.121 所示。

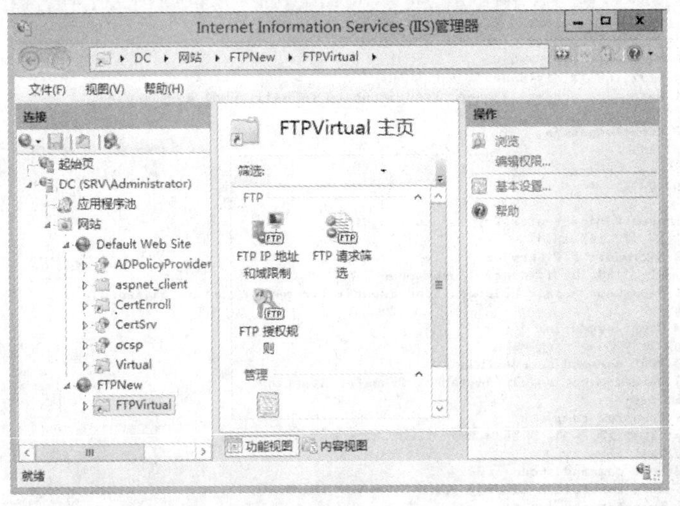

图 2.121　新建的 FTPVirtual 虚拟目录

(4)测试 FTP 服务器。

1)单击“开始”➔“ ”图标,单击“运行”图标,出现“运行”对话框,输入:cmd,打开“命令提示符”DOS 状态对话框。

2)登录 FTP 服务器,如图 2.122 所示。系统提示连接服务器,版本信息,并要求输入登录用户信息。如:使用命令 C:\>ftp 192.168.12.41。

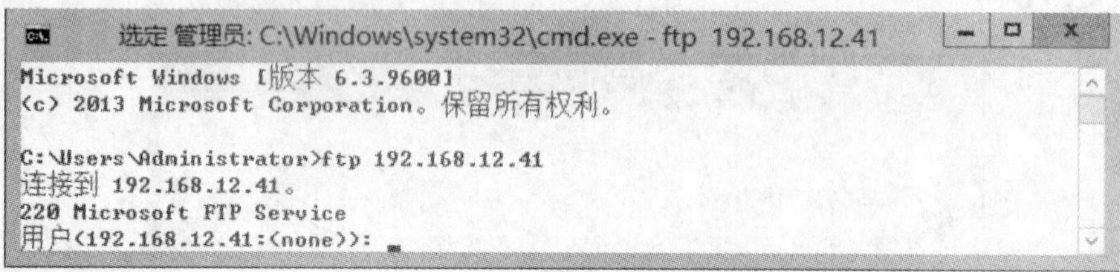

图 2.122 登录 FTP 服务器

3)输入用户信息:anonymous,如图 2.123 所示。

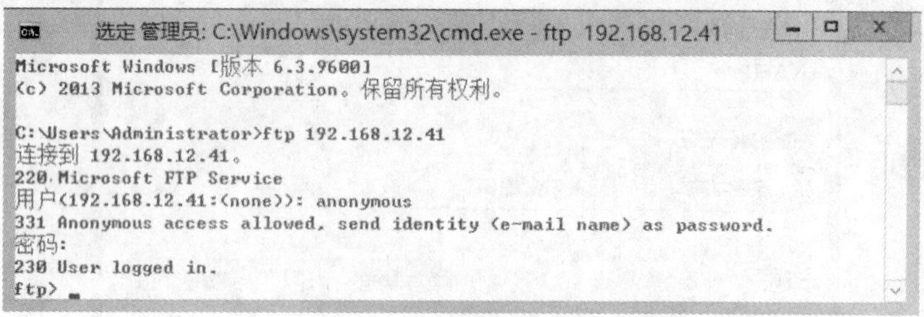

图 2.123 输入用户信息

4)下载文件。在 c:\inetPub\ftproot 目录下建立 zhan.txt 文本文件,显示 FTP 服务器默认目录下文件列表:ftp>ls。下载文件:ftp>get zhan.txt,如图 2.124 所示。

图 2.124 下载文件 zhan.txt

下载文件 zhan. txt 后，在本地计算机当前目录下可查到此 zhan. txt 文件，如 2. 125 所示。

图 2. 125　检查所下载的 zhan. txt 文件

5)上传文件。在 c 盘根目录下建立 zhan－1. txt 文本文件，将本地计算机当前目录下的 zhan－1. txt 文件上传到 FTP 服务器上，如图 2. 126 所示。上传文件：ftp>put zhan－1. txt。

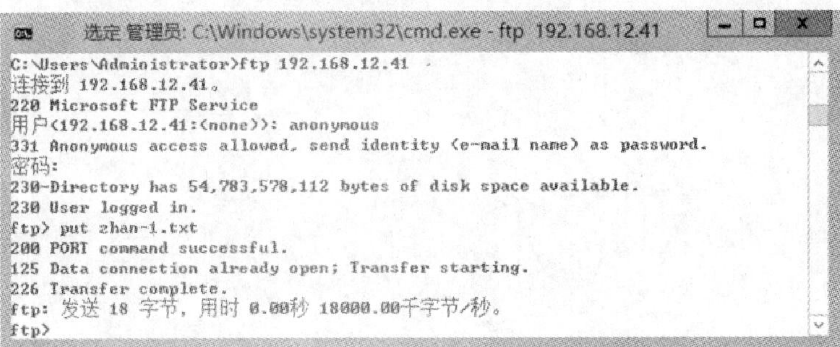

图 2. 126　上传 zhan－1. txt 文件

上传文件 zhan－1. txt 后，在 c:\InetPub\ftproot 目录下可查到此 zhan－1. txt 文件，如图 2. 127 所示。

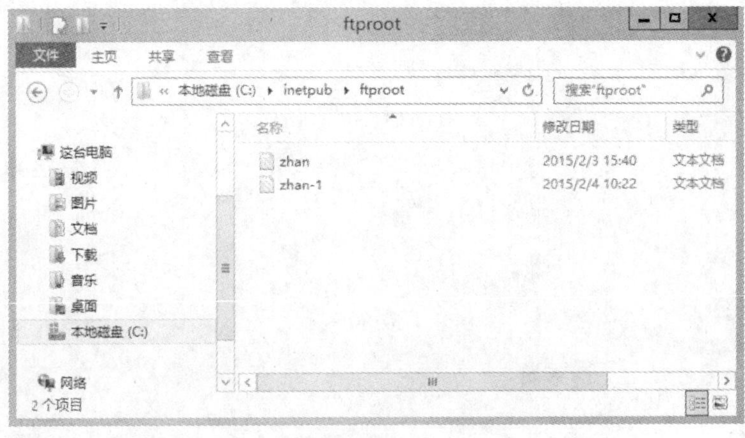

图 2. 127　检查所上传的 zhan－1. txt 文件

6)退出 FTP 程序。上传或下载文件结束后，取消连接命令，如图 2.128 所示。退出 FTP 程序命令：ftp＞close。返回 DOS 状态命令：ftp＞bye。

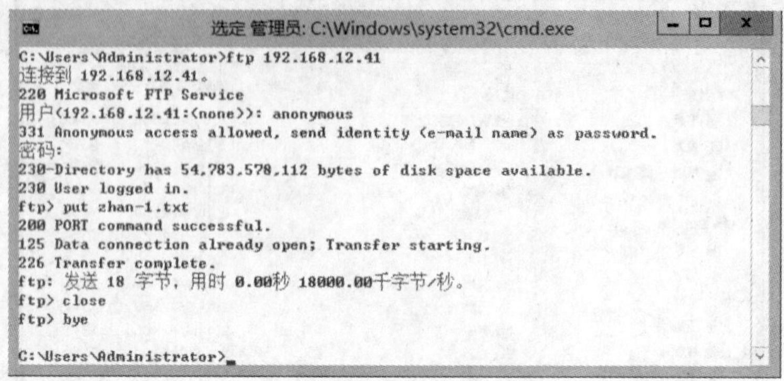

图 2.128　取消连接命令

第 3 章　Linux 网络配置与管理

3.1　SUSE Linux 的安装与配置

一、实训目的

(1)熟悉和掌握 SUSE Linux Enterprise Server 11 SP3 服务器的安装与配置；
(2)掌握 Linux 的基本命令使用和功能。

二、实训内容

(1)利用 PC 虚拟机来安装与配置 SUSE Linux Enterprise Server 11 SP3；
(2)完成安装配置后掌握一些界面及必要的 Linux 命令使用和功能。

三、实训环境的准备

(1)准备 VMware Workstation 10 汉化版软件，并安装 VMware Workstation 软件；
(2)准备 SUSE Linux Enterprise Server 11 SP3 操作系统的 ISO 镜像文件；
(3)PC 1 台。

四、实训操作实践

1. 利用 VMware Workstation 虚拟机来安装 SUSE Linux Enterprise Server 11 SP3

(1) 启动 VMware 虚拟机，如图 3.1 所示。

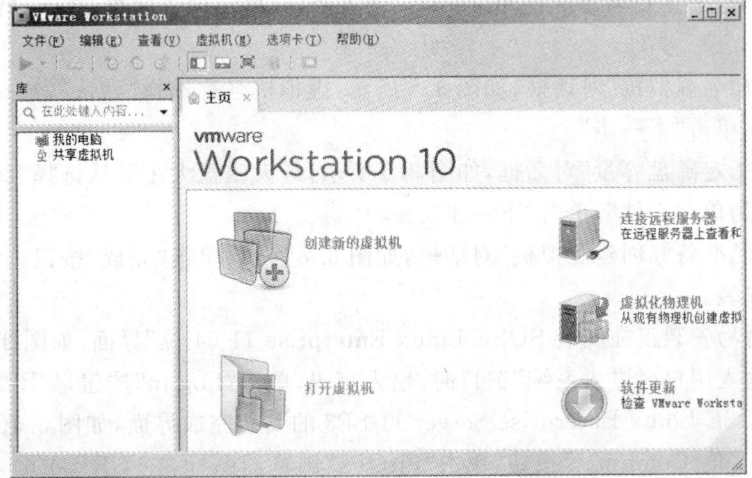

图 3.1　VMware 虚拟机主窗口

(2)单击“创建新的虚拟机”,出现“新建虚拟机向导”对话框,如图 3.2 所示。

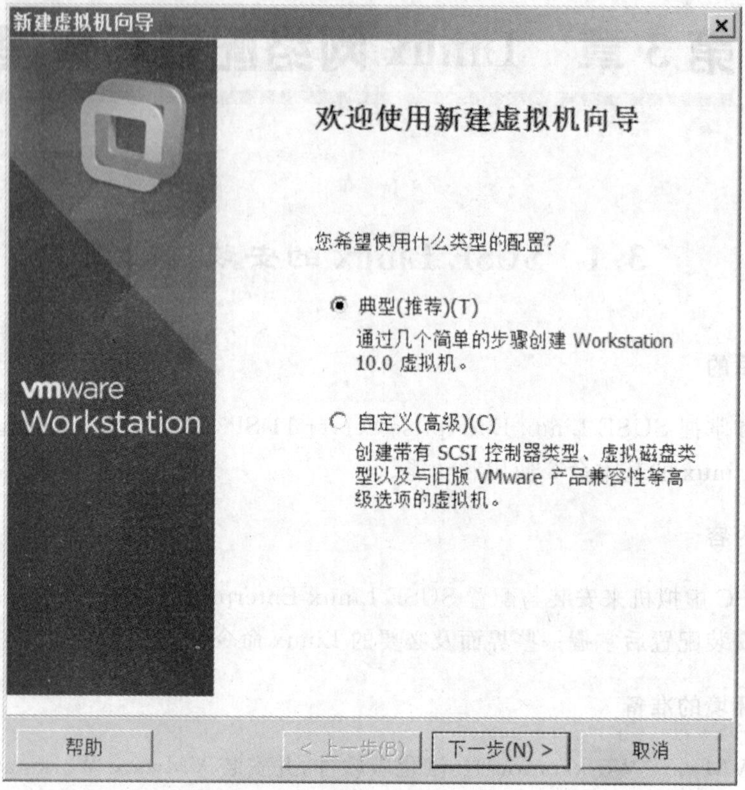

图 3.2 “新建虚拟机向导”对话框

(3)单击“下一步”,出现“安装客户机操作系统”对话框,如图 3.3 所示,选择“安装程序光盘映像文件(iso)”,单击“浏览(R)”,选择 SUSE Linux Enterprise Server 11 SP3 操作系统的 ISO 镜像文件 SLES - 11 - SP3 - DVD - x86_64 - GM - DVD1,单击“下一步”。

(4)出现“简易安装信息”对话框,输入个性化 Linux 全名,如“SLES - 11 - SP3”。输入用户名,如“test”,注意用户名不能使用“root”。输入密码(要求包含字母、数字、特殊字符),如图 3.4 所示,单击“下一步”。

(5)出现“命名虚拟机”对话框,如图 3.5 所示,虚拟机名称选择“默认”,选择更改虚拟机的安装路径位置,单击“下一步”。

(6)出现“指定磁盘容量”对话框,如图 3.6 所示,最大磁盘大小默认选择“20GB”,选择“将虚拟磁盘存储为单个文件”,单击“下一步”。

(7)出现“已准备好创建虚拟机”对话框,如图 3.7 所示,单击“完成”按钮。

(8)开始安装。

1)出现“简易安装正在安装 SUSE Linux Enterprise 11 64 位”界面,如图 3.8 所示。

2)出现“输入用户名进入系统”窗口时,输入密码,单击“Log in”按钮,如图 3.9 所示。

3)出现 SUSE Linux Enterprise Server 11 SP3 的安装完成界面,如图 3.10 所示。

4)单击左下角“Computer”按钮,单击“Firefox”浏览器图标,在 URL 中输入网址,即可上网,如图 3.11 所示。

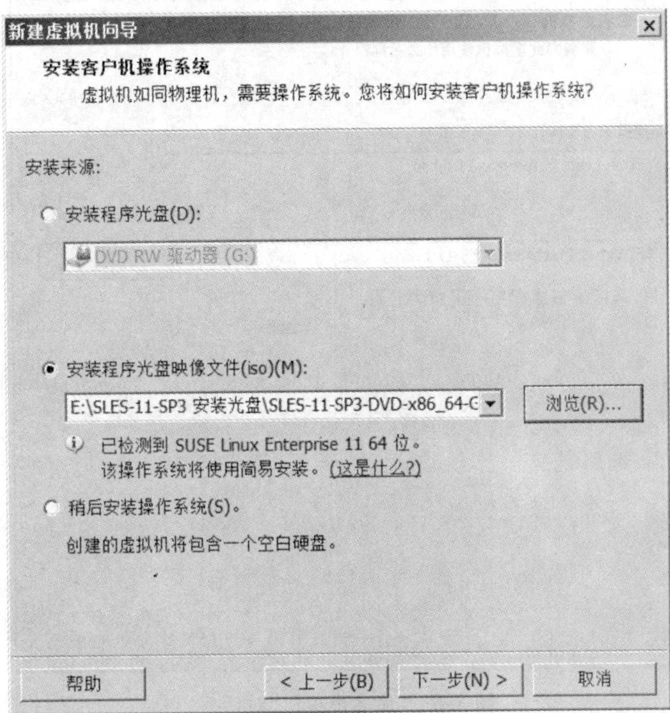

图 3.3　“安装客户机操作系统”对话框

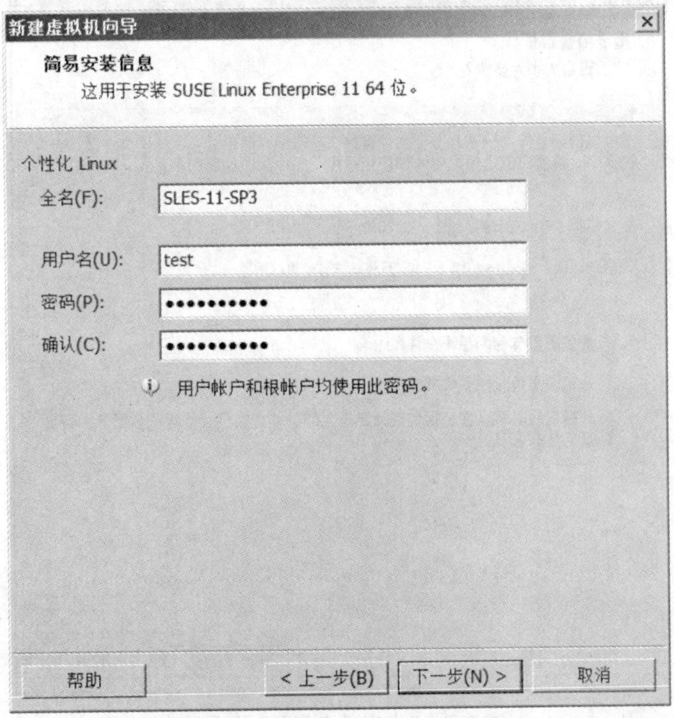

新建虚拟机向导
简易安装信息
这用于安装 SUSE Linux Enterprise 11 64 位。
个性化 Linux
全名(F): SLES-11-SP3
用户名(U): test
密码(P): ●●●●●●●●●●●
确认(C): ●●●●●●●●●●●
用户帐户和根帐户均使用此密码。
帮助
< 上一步(B)
下一步(N) >
取消

图 3.4　“简易安装信息”对话框

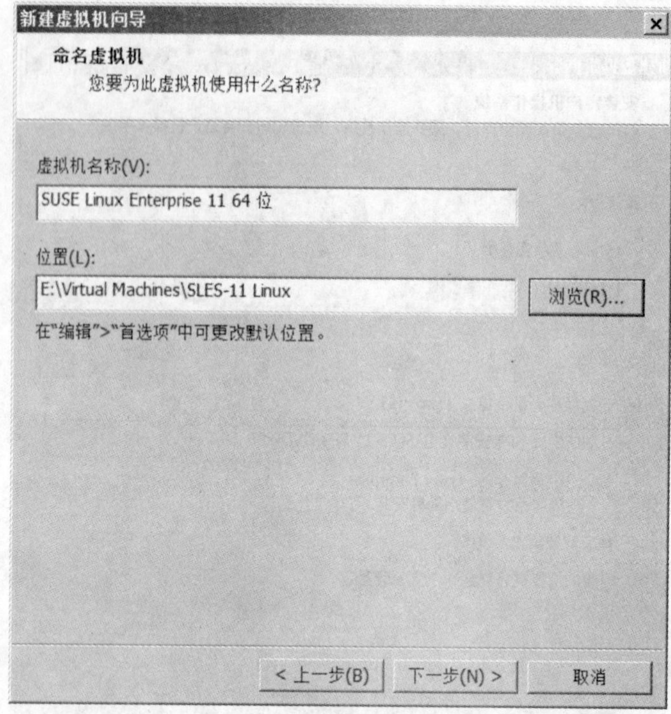

图 3.5 “命名虚拟机”对话框

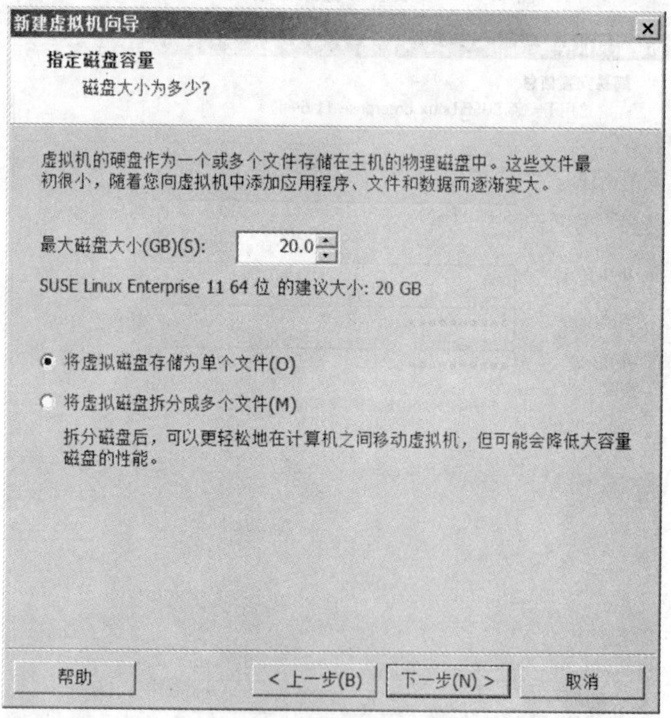

图 3.6 “指定磁盘容量”对话框

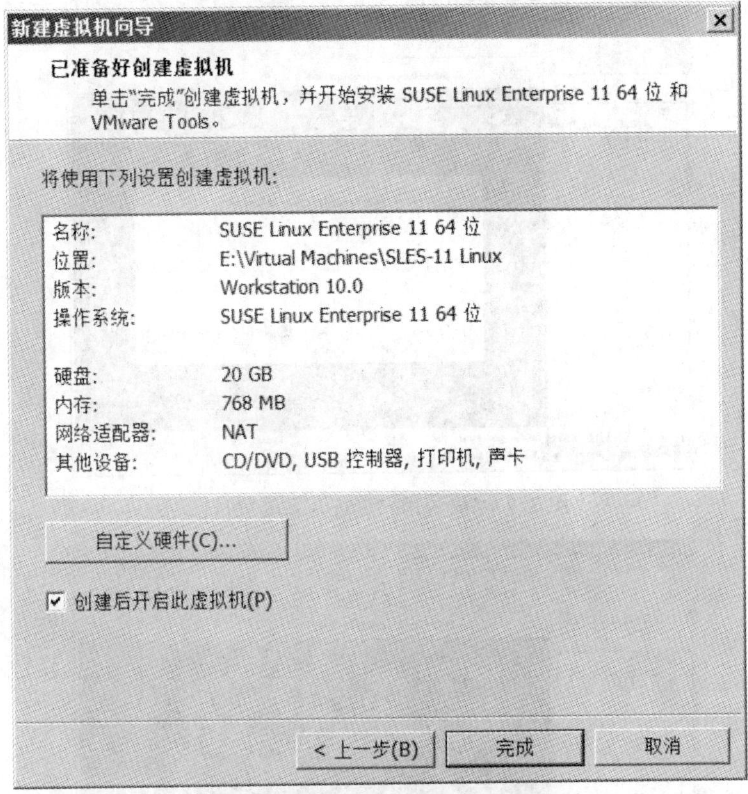

图 3.7　“已准备好创建虚拟机”对话框

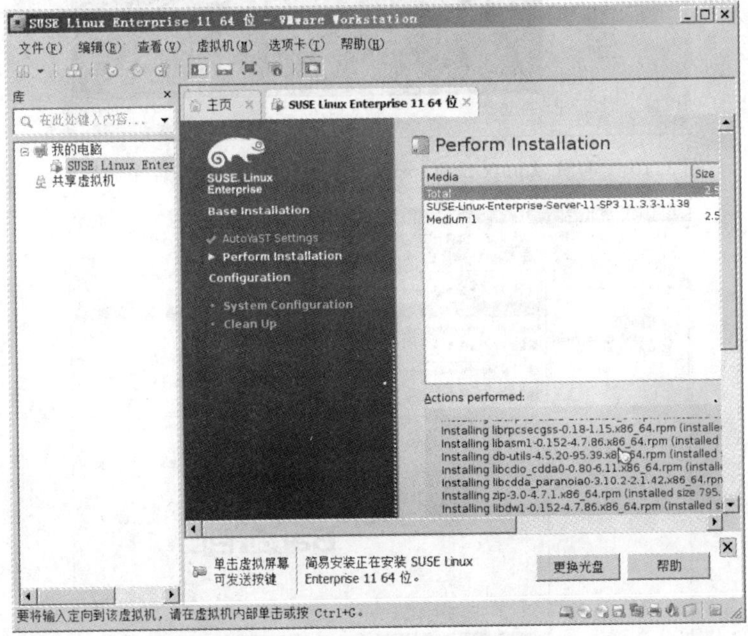

图 3.8　“简易安装正在安装 SUSE Linux Enterprise 11 64 位”界面

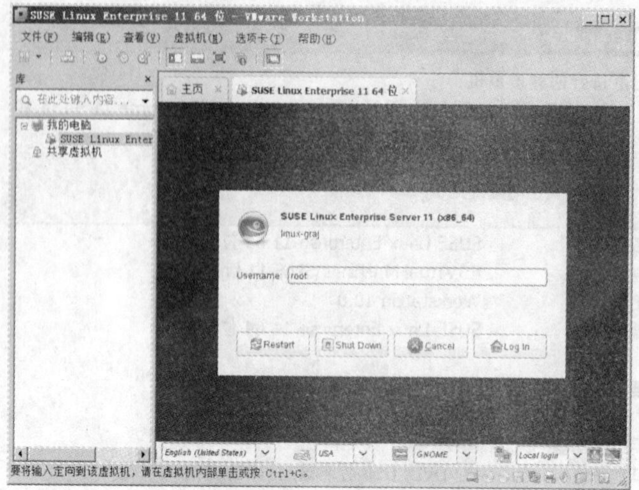

图 3.9 “输入用户名进入系统”窗口

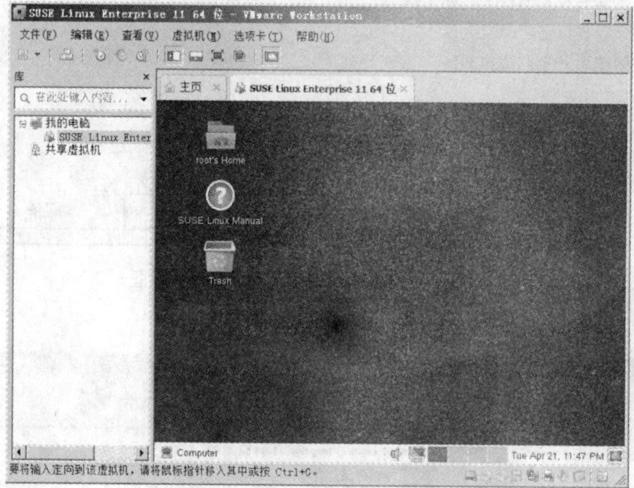

图 3.10 SUSE Linux Enterprise Server 11 SP3 的安装完成界面

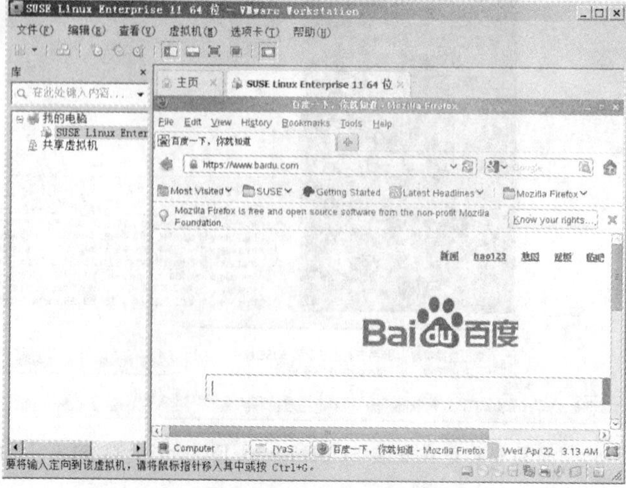

图 3.11 “上网”界面

2. 网络管理

(1)使用 root 登录系统,单击“YaST”按钮,启动管理界面。选择单击“Network Settings”图标,单击“OverView”选项卡,选择单击“IP Address”,单击“Edit”按钮,选择单击“Statically assigned IP Address”静态 IP 地址,在“IP Address”中输入静态地址,如“192. 168. 12. 42”,在“Subnet Mask”中输入子网掩码,如“255. 255. 255. 0”,如图 3. 12 所示。

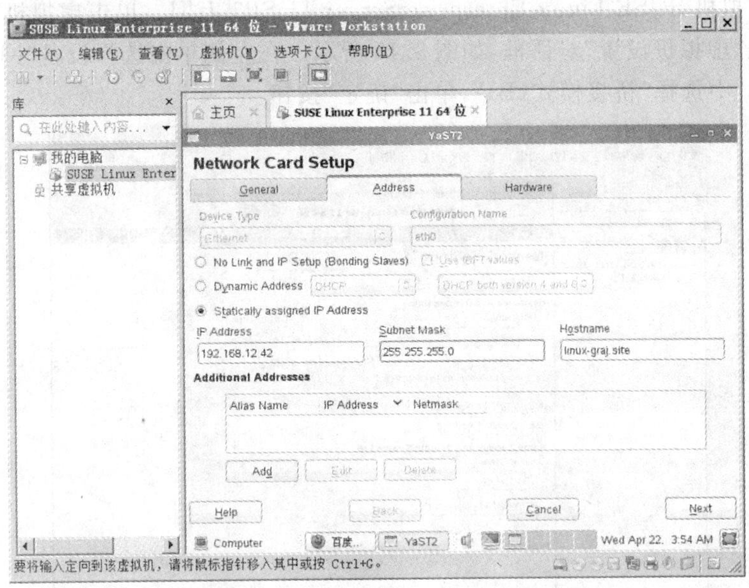

图 3. 12　“输入静态 IP 地址”界面

(2)单击“Next”按钮,返回“Network Settings”界面。单击“Routing”选项卡,在“Default Gateway”网关中输入网关地址,如“192. 168. 12. 254”,如图 3. 13 所示。

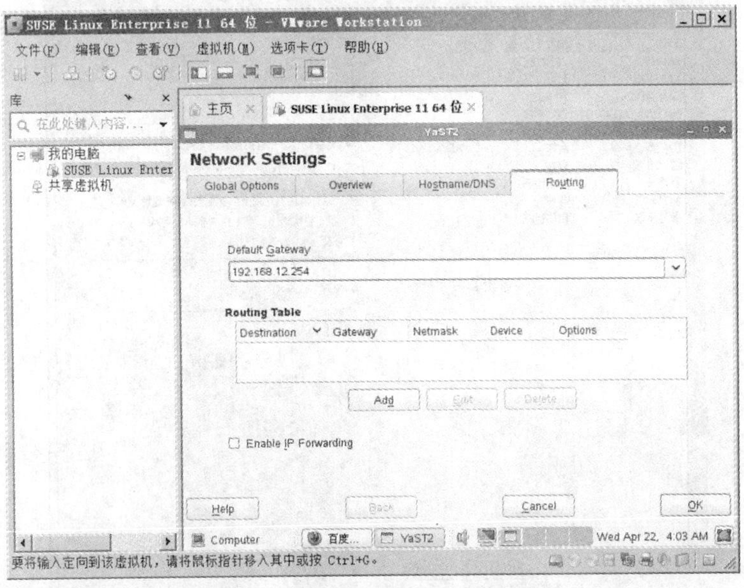

图 3. 13　“输入网关 IP 地址”界面

(3)单击“OK”按钮,保持网络的配置。

(4)单击“Hostname/DNS”选项卡,在“Name Servers and Domain Serach List”中输入DNS的地址,如“221.11.1.67”,如图3.14所示。

(5)SUSE Linux虚拟机配置静态IP地址后,单击左下角“Computer”按钮,单击“Firefox”浏览器图标,在URL中输入网址,发现此时的虚拟机变成无法上网。

(6)配置虚拟机SUSE Linux Enterprise Server 11 SP3上网。单击虚拟机菜单“虚拟机”→“设置”,出现“虚拟机设置”对话框,如图3.15所示。在左侧单击选择设备“网络适配器”,在右侧“网络连接”中选择“桥接模式(B)”,单击“确定”按钮。

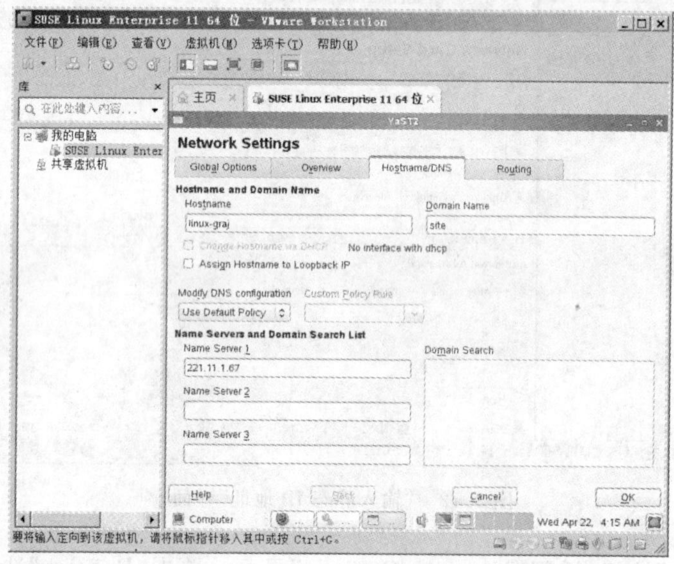

图3.14 “输入DNS地址”界面

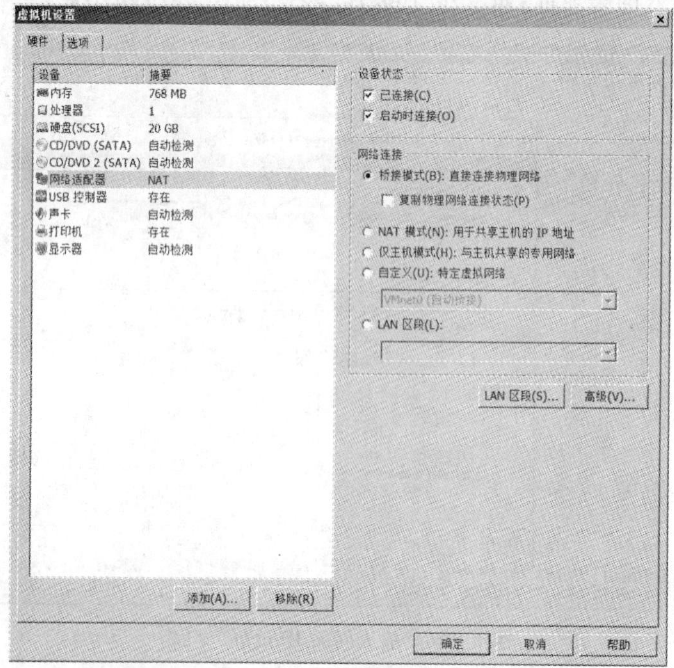

图3.15 “虚拟机设置”对话框

(7)检测 SUSE Linux 虚拟机能否上网。单击左下角“Computer”按钮，单击“Firefox”浏览器图标，在 URL 中输入网址，发现此时的虚拟机又可以正常上网。

(8)在虚拟机外的电脑，使用 ping 命令，检查虚拟机网络(静态 IP 地址为 192.168.12.42)的连通性，发现虚拟机的网络配置与其他电脑是物理连通的，如图 3.16 所示。

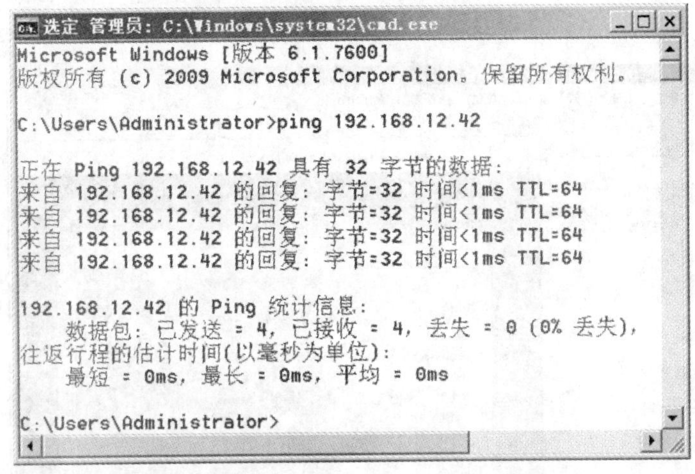

图 3.16　检测“虚拟机网络配置”的连通性

3.2　在 SUSE Linux 下配置 WWW 和 FTP 服务器

一、实训目的

(1)掌握在 SUSE Linux Enterprise Server 11 SP3 下 WWW 和 FTP 服务器的建立、配置和管理；

(2)理解 Web 站点、虚拟主机和参数的设置，掌握 Web 站点的建立与配置；

(3)理解 FTP 站点、虚拟目录和参数的设置，掌握 FTP 站点的配置与管理。

二、实训内容

利用 PC 虚拟机已安装的 SUSE Linux Enterprise Server 11 SP3 操作系统平台：

(1)在 SUSE Linux 下 WWW 服务器的建立和配置；

(2)在 SUSE Linux 下 WWW 服务器的 Apache 安装与配置；

(3)在 SUSE Linux 下 FTP 服务器的建立、配置和管理。

三、实训环境的准备

(1)准备好用 PC 虚拟机安装的 SUSE Linux Enterprise Server 11 SP3 操作系统平台；

(2)PC 1 台。

四、实训操作实践

1. WWW 服务器的建立和配置

在 Linux 服务器上安装和配置 Apache 后，Linux 服务器就成为功能强大的 Web 服务器。

Apache 软件是网络站点的主流服务器软件。

(1)安装 Apache。

1) 使用 root 登录系统，单击左下角“Computer”按钮，单击“YaST”按钮，启动管理界面。单击“Network Services”图标，如图 3.17 所示。再单击“HTTP Server”图标，选择安装Apache。

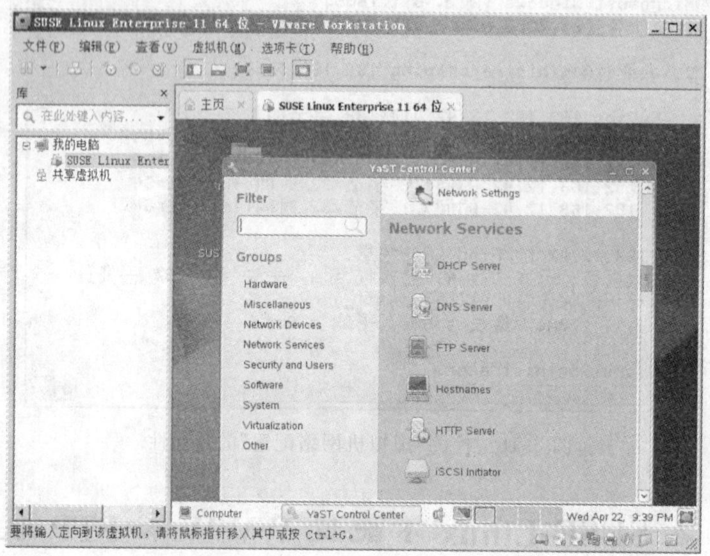

图 3.17 启动“YaST”管理界面

2)出现“initializing HTTP Server Configuration”对话框，如图 3.18 所示。单击“install”按钮。出现提示“放置安装软件 SUSE Linux Enterprise Server 11”对话框，如图 3.19 所示。单击虚拟机菜单“虚拟机”→“可移动设备”→“CD/ DVD”，在“连接”中单击选择“使用 ISO 映像文件”，单击“浏览”，选择安装操作系统的 ISO 镜像文件“SLES - 11 - SP3 - DVD - x86_64 - GM - DVD1”，如图 3.20 所示，单击“确定”按钮。返回安装界面，单击“Retry”按钮，继续安装。

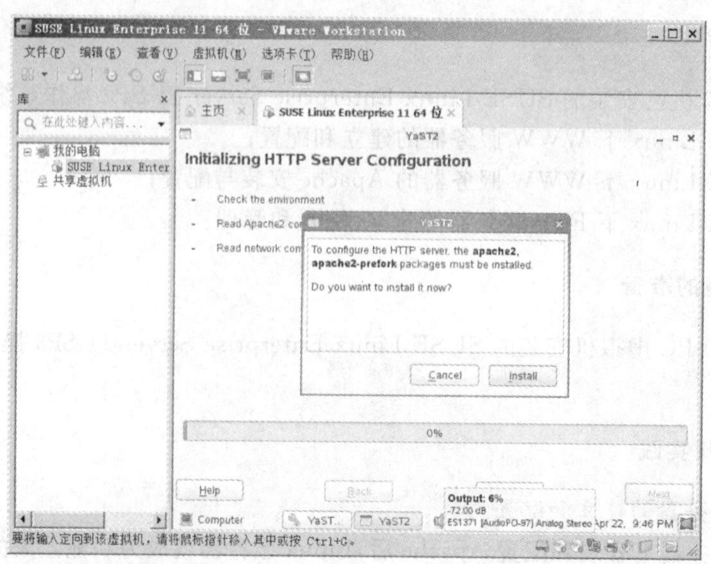

图 3.18 “initializing HTTP Server Configuration”对话框

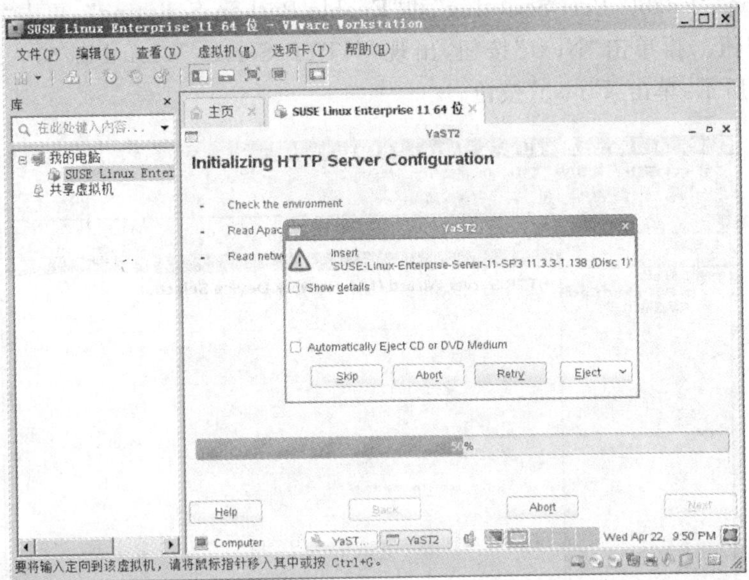

图 3.19　提示“放置安装软件 SUSE Linux Enterprise Server 11”对话框

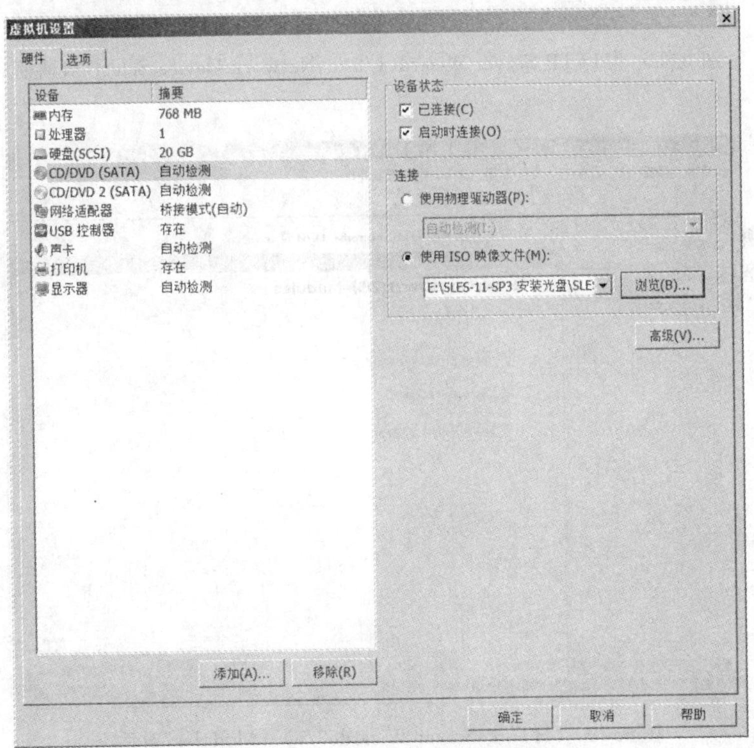

图 3.20　选择“使用 ISO 映像文件”

3)出现“HTTP Server Wizard(1/5)—Network Device Select”对话框，如图 3.21 所示。单击“Next”按钮。

4)出现“HTTP Server Wizard(2/5)—Modules”对话框，如图 3.22 所示。选择“Enable

PHP5 Scripting”“Enable Perl Scripting”和“Enable Python Scripting”，单击“Next”按钮。再单击“Next”按钮。再单击“Next”按钮，出现“HTTP Server Wizard(5/5)—Summary”对话框，如图 3.23 所示，单击“Finish”按钮。

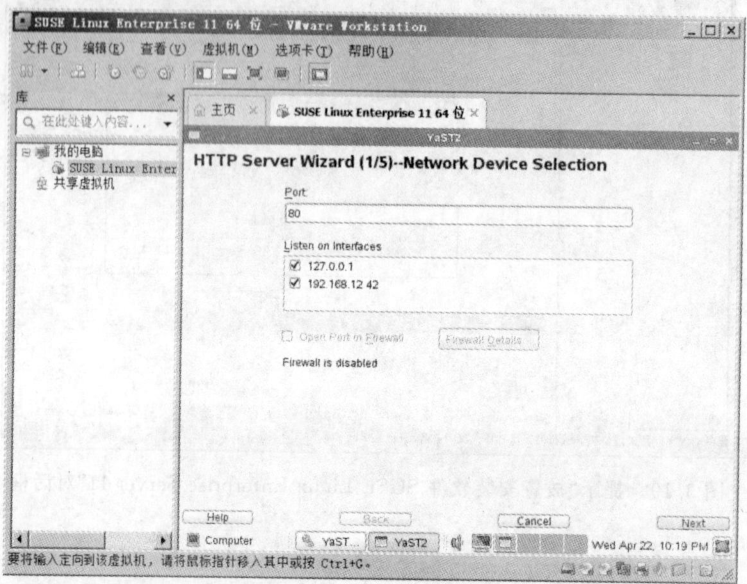

图 3.21 “HTTP Server Wizard(1/5)—Network Device Select”对话框

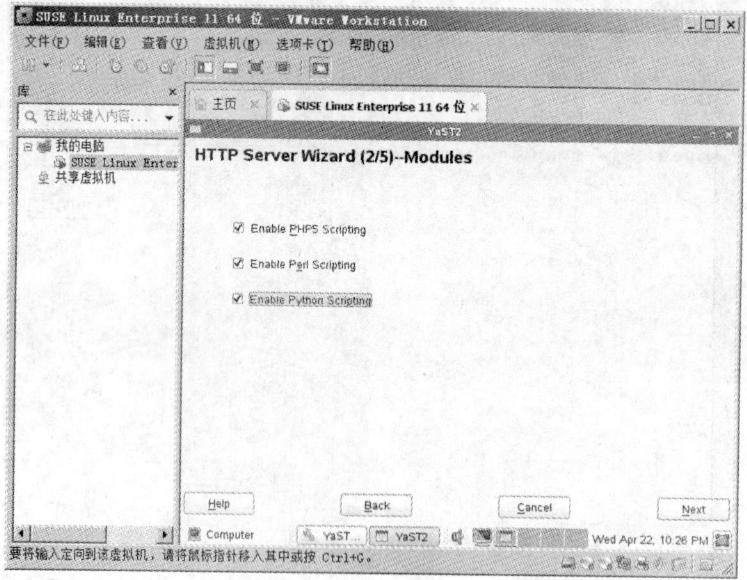

图 3.22 “HTTP Server Wizard(2/5)—Modules”对话框

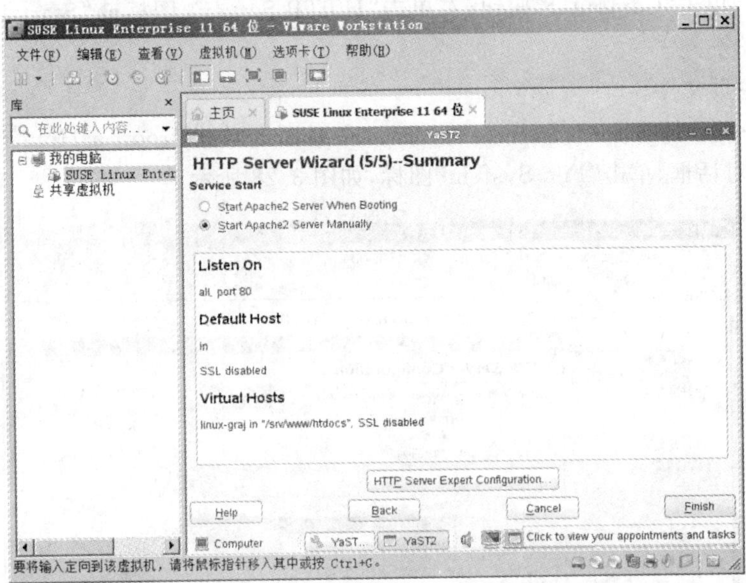

图 3.23 “HTTP Server Wizard(5/5)—Summary”对话框

5)出现“Saving HTTP Server Configuration”对话框，如图 3.24 所示，单击“install”按钮，安装完成后返回“YaST”启动管理界面。

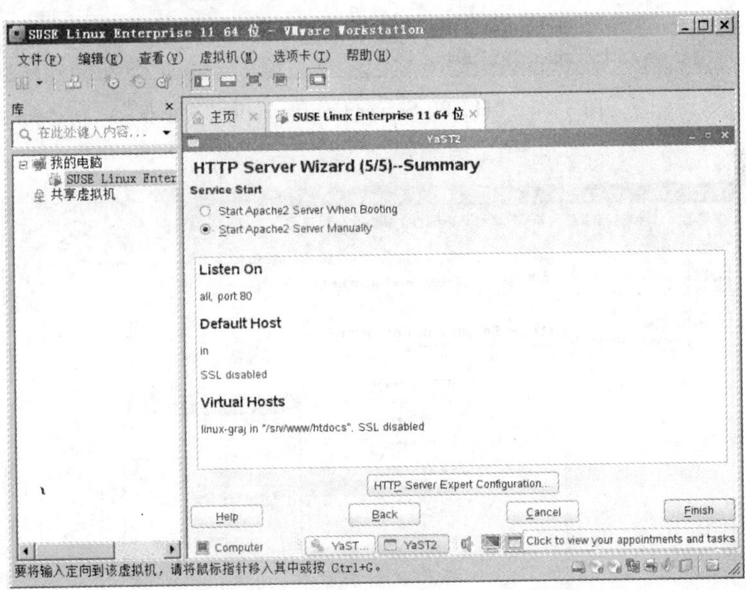

图 3.24 “Saving HTTP Server Configuration”对话框

6)单击“Network Services”图标，再单击“HTTP Server”图标，出现“HTTP Server Configuration”对话框，如图 3.25 所示。单击“Edit”按钮，出现“YaST2”对话框，在“Network Address”下选择 IP 地址为第 3.1 节虚拟机配置的静态 IP 地址，如“192.168.12.42”，如图 3.26 所示。

7)单击“OK”按钮，返回“HTTP Server Configuration”对话框，如图 3.27 所示，单击

“Finish”按钮。单击“Computer”按钮，右单击“HTTP Server”图标➔“Start HTTP Server”，启动HTTP服务。

(2)制作主页文件。

1) 制作好自己的主页文件default. htm。在桌面上单击“root's Home”图标，出现“/. File Browser”对话框，单击“File System”图标，如图3.28所示。

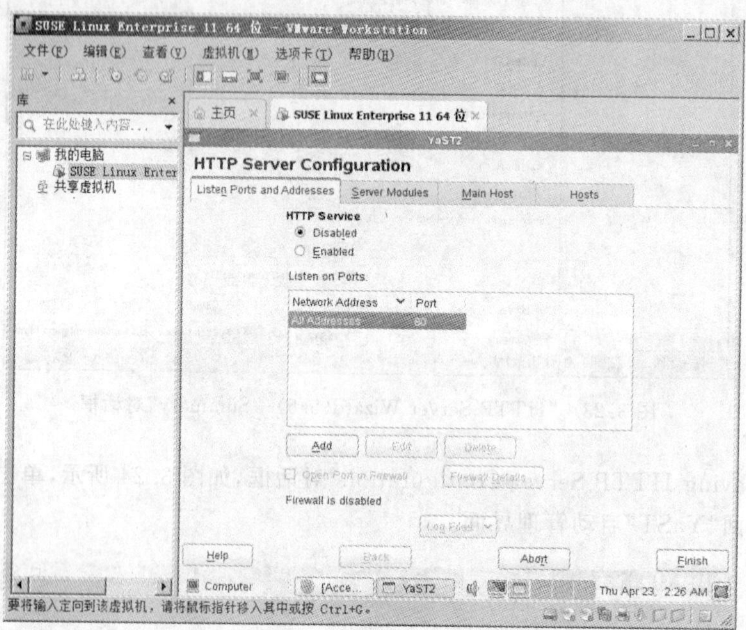

图3.25 “HTTP Server Configuration”对话框

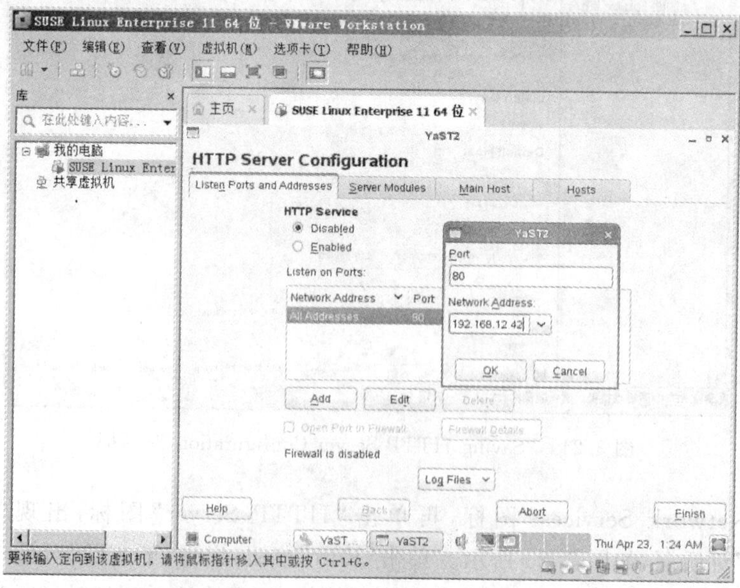

图3.26 “YaST2”对话框

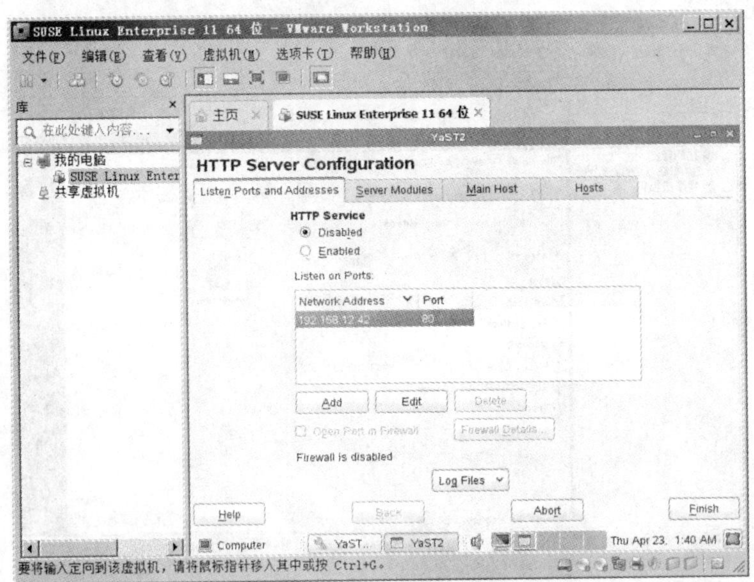

图 3.27　返回的“HTTP Server Configuration”对话框

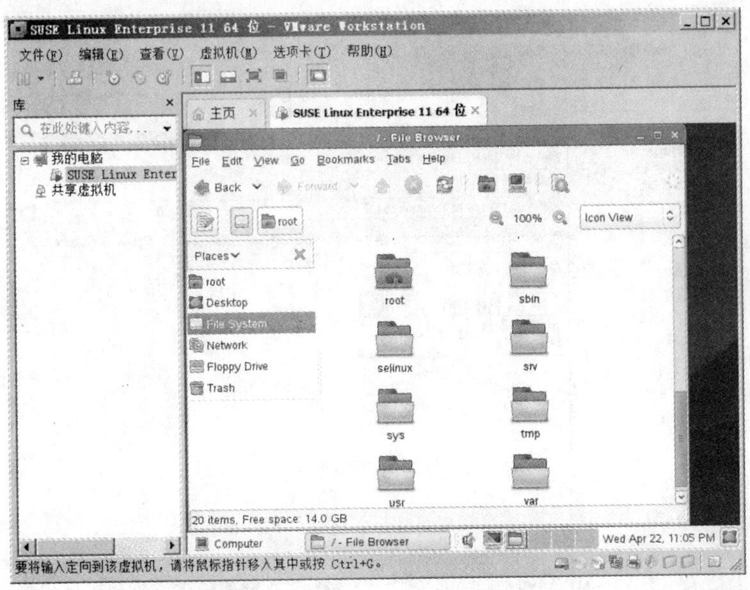

图 3.28　“/. File Browser”对话框

2）双击“srv”图标，出现“srv - File Browser”对话框。双击“www”图标，出现“www - File Browser”对话框。双击“htdocs”图标，出现“htdocs - File Browser”对话框，把上述主页文件 default. htm 复制到/srv/www/htdocs 目录下，如图 3.29 所示。

3）单击左下角“Computer”按钮，单击“Firefox”浏览器图标，在 URL 中输入 IP 地址及网页 default. htm，如“192. 168. 12. 42/default. htm”，如图 3. 30 所示。测试结果表明：Web 服务器成功安装。

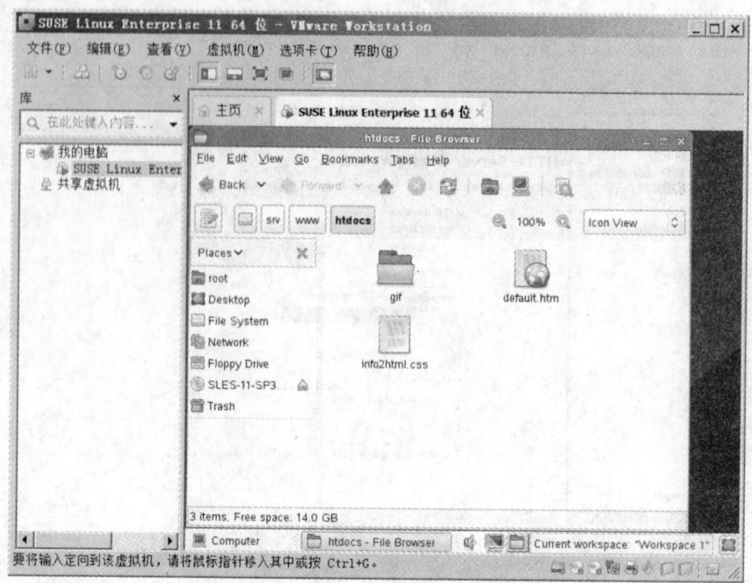

图 3.29 “htdocs - File Browser”对话框

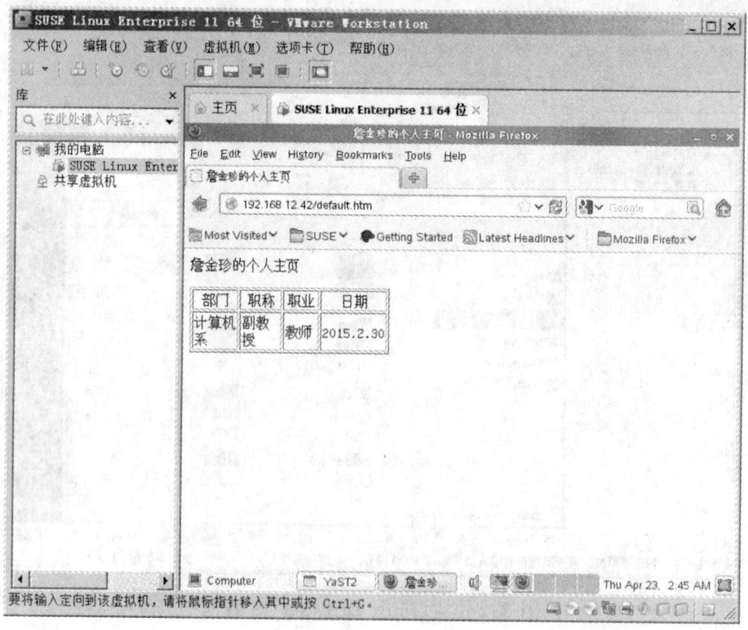

图 3.30 测试 Web 服务器是否成功安装

2. FTP 服务器的建立和配置

利用 SUSE Linux 自带的 vsftpd 软件。

(1)安装 vsftpd 。

1)使用 root 登录系统，单击左下角“Computer”按钮，单击“YaST”按钮，启动管理界面。选择单击“Network Services”图标，再单击“HTTP Server”图标，出现“YaST2”对话框，如图 3.31 所示。选择 vsftpd，单击“OK”按钮。

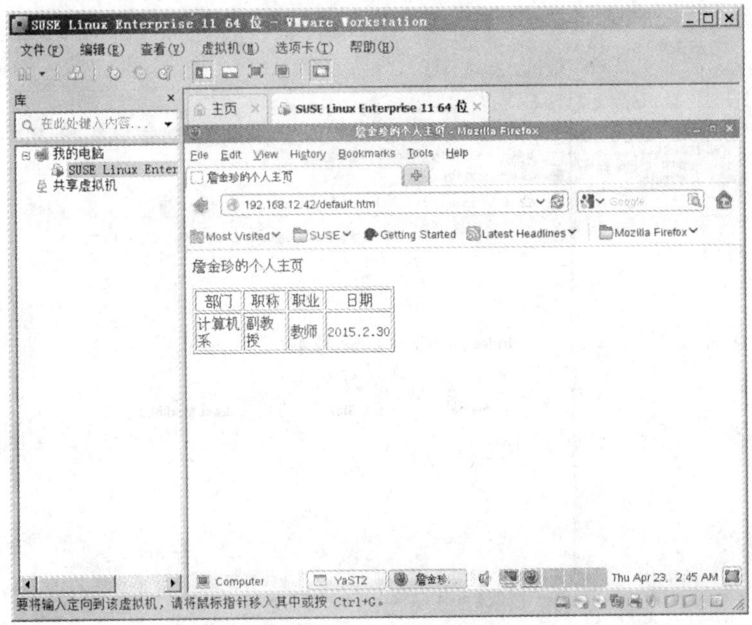

图 3.31 “YaST2”对话框

2)在出现的“YaST2”对话框(如图 3.32 所示)中,单击“Start FTP Now”按钮,单击“Finish”按钮,返回“YaST”启动管理界面。

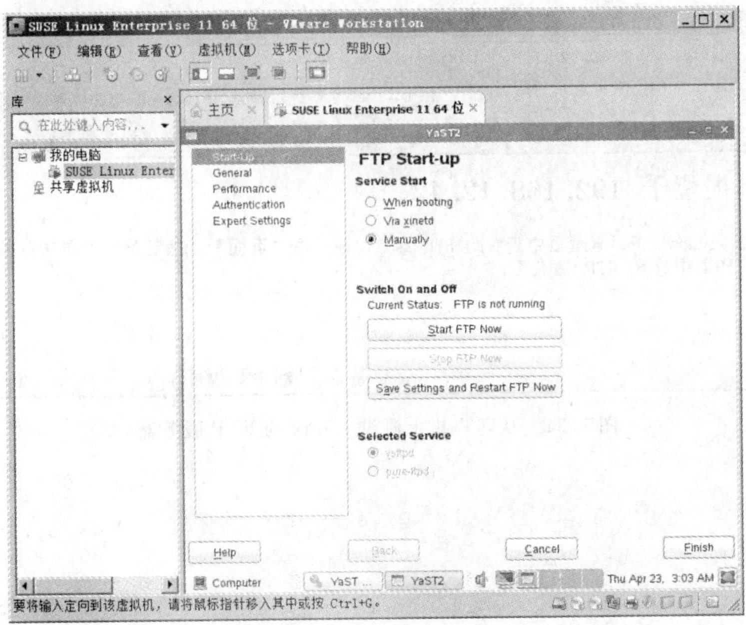

图 3.32 “YaST2”对话框

(2)测试 FTP 服务器。

1) 从服务器上测试 Linux 的 FTP 服务器。单击左下角“Computer”按钮,单击“Firefox”浏览器图标,在 URL 中输入 ftp://IP 地址,如“ftp://192.168.12.42”,如图 3.33 所示。

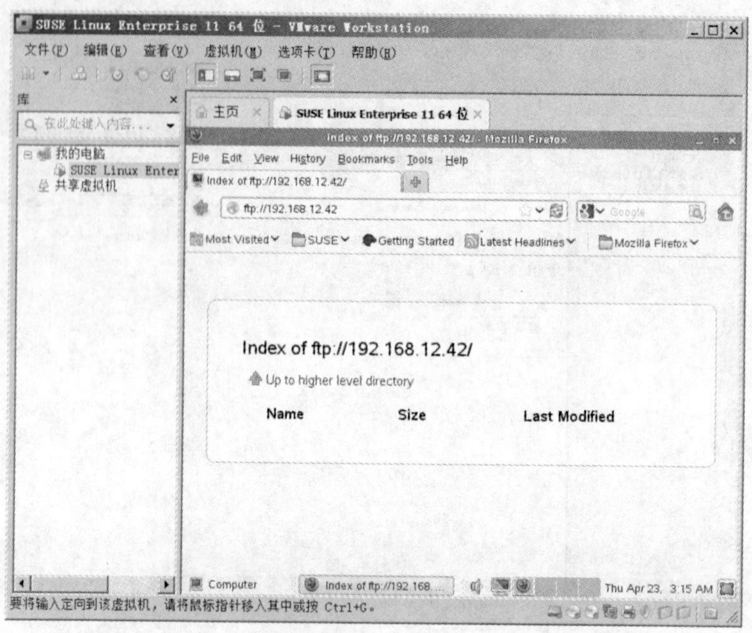

图 3.33　从服务器上测试 Linux 的 FTP 服务器

2）从客户机上测试 Linux 的 FTP 服务器。单击桌面“浏览器”，在地址栏输入 URL 地址，如 ftp://192.168.12.42，出现如图 3.34 所示的网页。

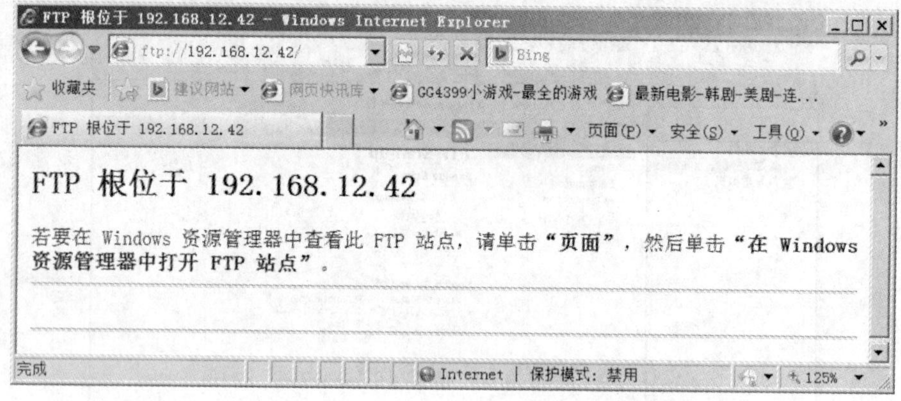

图 3.34　从客户机上测试 Linux 的 FTP 服务器

第 4 章　交换机的安装与配置

4.1　交换机概述

1.交换机的功能

交换机(Switch)是集线器的升级换代产品。在计算机网络系统中,交换概念的提出是对于共享工作模式的改进。与集线器不同的是,交换机有一条高带宽的背部总线和内部交换矩阵,交换机所有端口都挂接在这条背部总线上,交换机收到数据包后,处理端口就会查找内存中的 MAC 地址对照表,以确定目的 MAC 地址的设备挂接在哪个端口上,通过内部交换矩阵直接将数据包传送到目的节点。当目的节点的 MAC 地址不存在于内存中的 MAC 地址表时,此数据包就以广播的形式传送到所有端口。

交换机是构建局域网不可或缺的集成设备。作为局域网通信的重要枢纽和节点,其主要功能是连接计算机、服务器、网络打印机、网络摄像头、IP 电话等终端设备,并实现与其他交换机、无线接入点、网络防火墙、路由器等网络设备的互联,从而构建局域网络,实现所有设备之间的通信。图 4.1 所示为交换机与终端设备和网络设备的连接。

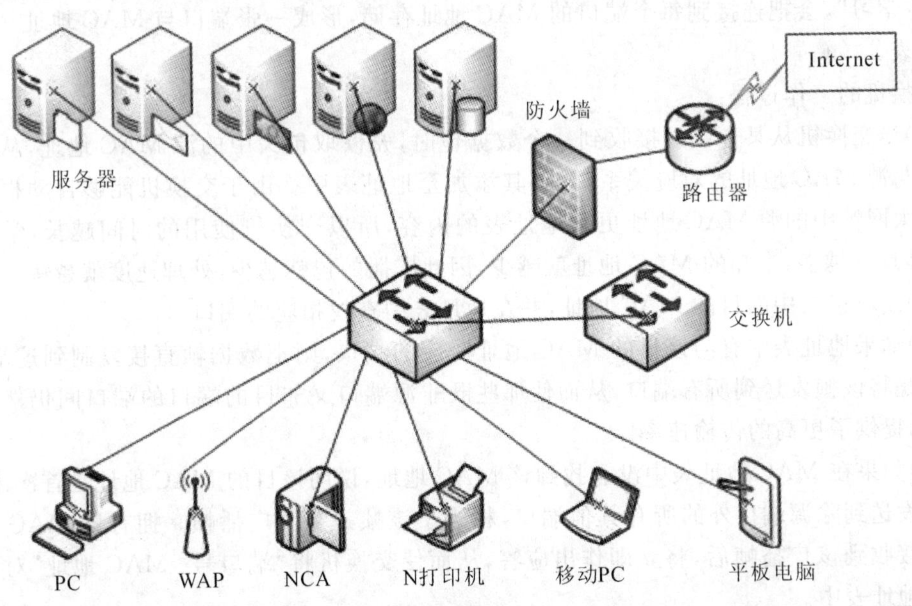

图 4.1　交换机的功能示意图

交换机是数据链路层设备。交换机是根据 MAC 地址对通信进行转发和淹没的。对交换机的配置主要涉及端口及 MAC 地址的设置和 VLAN 的配置。

交换机堆叠采用了专门的堆叠模块和堆栈连接电缆，堆叠中所有的交换机从拓扑结构上可视为一个交换机。堆叠连接电缆也较短，所以交换机堆栈的目的主要是用于扩充交换端口，而不是用于扩展距离。需注意交换机的堆叠端口都不能用来连接其他网络设备。

交换机级联就是交换机与交换机之间通过交换端口进行扩展，这样一方面解决了单一交换机端口数不足的问题，另一方面也解决了离机房距离较远的客户端和网络设备的连接问题。因为单段交换双绞以太网电缆可达到100m，所以每级联一个交换机就可扩展100m的距离。

交换机的性能决定着网络性能，交换机的带宽决定着网络带宽。由交换机构建的局域网络，计算机之间的通信可以同时进行，彼此不受影响干扰，并且每个通信都可以“独享”带宽，即拥有端口所能提供的传输速率。

由交换机构建的网络称为“交换式网络”。交换式网络的工作模式通常为“全双工”，即终端设备可以同时接收和发送数据，数据流是双工的。对于100Mb/s的交换机而言，在全双工工作模式下，接收和发送数据的速率均为100Mb/s，每个端口的总带宽可达到200Mb/s；对于24个端口的100Mb/s交换机而言，该交换机的背板总带宽可达到4 800Mb/s；同理，对于24个端口的1 000Mb/s交换机而言，该交换机的背板总带宽可达到48 000Mb/s。

2. 交换机的工作原理

交换机位于OSI参考模型中的数据链路层，是一种基于MAC地址识别的，用于完成数据的封装和转发的网络设备。交换机可以“自主学习”MAC地址，并把其存储在内部地址表中，通过在数据帧的始发者和目标接收者之间建立临时的交换路径，使数据帧直接由源地址到达目的地址。

计算机借助网卡连接到局域网络，而每块网卡都有“全球唯一”的MAC地址。交换机通过“自主学习”，会把连接到每个端口的MAC地址存储，形成一张端口与MAC地址一一对应的地址表。

交换机的工作过程：

(1)当交换机从某个端口接收到一个数据包时，先读取包头中的源MAC地址，从而建立源端口与源MAC地址的对应关系，并将其添加至地址表中。由于交换机能够自动根据接收到的以太网帧中的源MAC地址更新地址表的内容，所以交换机使用的时间越长，学习到的MAC地址就越多，未知的MAC地址就越少，因此广播的包就越少，处理速度就越快。

(2)读取包头中的目的MAC地址，并在地址表中查找相应的端口。

(3)如果地址表中有与该目的MAC地址对应的端口，则把数据帧直接复制到这端口上。由于不是将该帧发送到所有端口，从而使那些既非源端口又非目的端口的端口间仍然可以进行通信，提供了更高的传输速率。

(4)如果在MAC地址表中没有找到该MAC地址，说明该目的MAC地址是首次出现，则将该帧发送到除源端口外的所有其他端口，相当于该帧是一个广播帧。拥有该MAC地址的网卡在接收到该广播帧后，将立即作出应答，从而使交换机将“端口号-MAC地址”对应关系添加到地址表中。

不断重复上述过程，交换机即可实现所有数据的转发，并逐步学习和存储整个网络中的MAC地址，不断丰富和完善自己的MAC地址表。

可见，交换机的工作过程可以概括为“学习-存储-接收-查找-转发”。通过广播方式“学习”网卡MAC地址，并将“端口号-MAC地址”的对应关系创建为一个地址表“存储”在内存中。从源端口“接收”到数据后，在地址表中“查找”与目的 MAC 地址相对应的端口，然后将数据帧“转发”至目的端口。

3.冲突域、广播域、桥接和交换

(1)冲突域。以集线器(Hub)为核心构建的共享式以太网，其上所有节点处于一个共同的冲突域，一个冲突域内的不同设备同时发出的以太帧会互相冲突；同时，由冲突域内的一台主机发送的数据，同处于这个冲突域的其他主机都可以接收到。可见，一个冲突域内的主机太多会导致每台主机得到的可用带宽降低，网上冲突域可能成倍增加，信息安全得不到保证。

(2)广播域。广播域是网上一组设备的集合，当这些设备中的一个发出一个广播帧时，所有其他设备都能接收到该帧。

广播域和冲突域是两个比较容易混淆的概念。连接在一个集线器上的所有设备构成一个冲突域，同时也构成一个广播域；连接在交换机上的每个设备都分别属于不同的冲突域，交换机每个端口构成一个冲突域，而属于同一个 VLAN 中的主机都属于同一个广播域。

(3)桥接。桥接又称网桥，它用来连接两个或更多的共享式以太网网段，不同的网段分别属于各自的冲突域，所有网段处于同一个广播域。桥接的工作模式是交换机工作原理的基础。

(4)交换。局域网交换的概念来自桥接，从基本功能上讲，它与桥接使用相同的算法，只是交换是由专用硬件实现的，而传统的桥接是由软件来实现的。

4.交换机的分类

交换机根据工作层次结构可分为接入层交换机、汇聚层交换机和核心层交换机。

交换机根据工作协议层可分为二层交换机、三层交换机和四层交换机。

(1)接入层交换机。接入层交换机是最终用户被允许接入网络节点的交换机，该层的交换机能够通过过滤或访问控制列表提供对用户流量的进一步控制。该层交换机的主要功能是为最终用户提供网络接入、共享带宽和交换带宽。接入层交换机主要是低成本、高密度端口的交换机。

(2)汇聚层交换机。汇聚层交换机提供了路由汇总与重新发布的各种协议转换和连通性策略，并在该处处理来自接入层设备的所有通信量，并提供到核心层的上行链路。与接入层交换机比较，汇聚层交换机需要更高的性能、更少的接口和更快的交换速率。

(3)核心层交换机。核心层交换机的主要工作是提供交换区域的连接，提供到其他区域的访问，尽可能快地交换数据。

5.交换机配置前的规划

配置交换机时必须通过专用的 Console 线(RJ45－DB9)把交换机和计算机连接在一起，使两者之间能够进行正常的通信。在动手配置交换机前，必须做好统筹和 IP 地址规划、名称规划、安全规划、堆叠规划和功能规划工作，避免可能产生的各种冲突和混乱。所有规划都必须制作成电子文档，以备配置时参考和日后备查。

(1)IP 地址规划。IP 地址规划包括 3 方面内容：选择网络内使用的 IP 地址范围；为每个 VLAN 指定不同的 IP 地址范围，并确定其子网掩码和默认网关；为每台交换机指定管理使用的 IP 地址信息，便于实现该交换机的远程管理。

(2)名称规划。名称规划包括 3 方面内容：每个端口所连接计算机或用户的名称；端口注释中包含端口所连接的用户信息、计算机信息或信息模块编号，便于日后对端口的管理；每个 VLAN 的名称，便于 VLAN 的识别和管理。

(3)安全规划。安全规划包括6方面内容:VLAN的划分,即将哪些部门或组织单位划分至同一VLAN,每个VLAN Trunk允许哪些VLAN通过和访问,以及在哪些交换机上设置哪些VLAN;PVLAN,确定将哪些端口设置为PVLAN,用于禁止端口之间的相互通信,借助访问列表实现三层访问控制;安全访问列表,确定哪些交换机上使用哪些访问控制列表,用于禁止在某个时间段访问网络、禁止访问某些TCP或UDP端口、禁止使用某些IP协议、限制某些IP地址范围内的计算机的网络访问权限;安全端口,确定将哪些交换机上的哪些端口设置为安全端口,用于限制连接某个端口的MAC地址,以避免非授权计算机访问网络;IEEE802.1x认证,确定是否采用身份认证的方式实现网络访问安全;传输控制,确定在哪些端口启用基于端口的传输控制,避免可能产生的网络拥塞。

(4)功能规划。功能规划包括4方面内容:EtherChannel,确定是否采用EtherChannel来增加网络带宽、提供链接冗余和负责均衡,在哪些网络设备的哪些端口之间的连接上采用EtherChannel;PortFast,确定是否采用PortFast减少计算机连接网络的时间,避免长时间的等待;QoS,确定是否采用QoS;多播,确定是否采用多播,以减少网络流量,节约网络带宽。

(5)堆叠规划。堆叠规划包括3方面内容:确定哪些交换机以堆叠方式实现相互连接,是否拥有必要的堆叠模块;采用何种方式实现堆叠连接:冗余连接方式还是非冗余连接方式;对堆叠如何管理:采用单一IP地址管理,还是分别管理。

6.交换机的配置模式

(1)用户模式(user mode)。该模式下只能查看交换机基本状态和普通命令,不能更改交换机状态。此时交换机名字后跟一个">"符号,表明是在用户模式下。

启动交换机就进入用户模式,命令:

```
Switch >
```

(2)特权模式(privileged mode)。该模式下可查看各种交换机信息及修改交换机配置。此时交换机名字后跟一个"#"符号,表明是在特权模式下。

在用户模式下,键入命令"enable",交换机就进入特权模式,此时">"符号将变成"#"符号,命令:

```
Switch >enable
Switch #
Switch #disable
Switch >
```

(3)全局配置模式(golbal configuration mode)。该模式下可进行更高级的交换机配置,并可由此模式进入各种配置子模式。其提示符号为Switch (config)#。

在特权模式下,键入命令"configure terminal",交换机就进入全局配置模式,此时"#"符号将变成"(config)#"符号,命令:

```
Switch #configure terminal
Switch (config)#
Switch (config)#exit
Switch #
```

4.2　交换机的启动和基本配置

一、实训目的

(1)掌握 Cisco C2950 或 Cisco C2960 系列二层交换机的启动和基本设置的操作；
(2)掌握配置交换机的常用命令。

二、实训内容

(1)对 Cisco C2950 或 Cisco C2960 系列交换机的启动和基本设置的操作；
(2)熟悉交换机的开机画面；
(3)对交换机进行基本的配置；
(4)理解交换机的端口、编号及配置。

三、实训环境的搭建

通过 Console 电缆把 PC 的 COM 端口和交换机的 Console 端口连接起来，如图 4.2 所示。

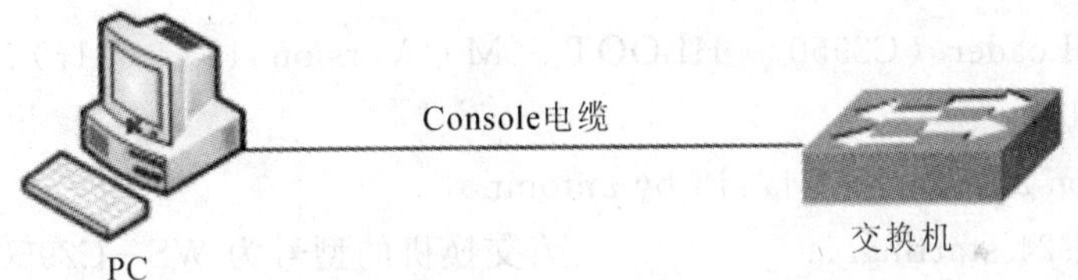

图 4.2　交换机的启动和基本配置

(1)准备 PC 1 台，操作系统为 Windows Server 2003；
(2)准备 Cisco Catalyst 2950 - 24 或 Cisco Catalyst 2960 - 24 交换机 1 台；
(3)准备 Console 电缆 1 条。

四、实训操作实践

1. Console 口管理

用串口对交换机进行配置是在网络工程中对交换机进行配置最基本最常用的方法。用串口配置交换机是通过 Console 电缆把 PC 的 COM 端口和交换机的 Console 端口连接起来。

(1)通过 Console 电缆把 PC 的 COM 端口和交换机的 Console 端口连接起来，并确认连接 PC 的串口是 COM1 还是 COM2，给交换机加电。

(2)启动 Windows Server 2003 自带的超级终端程序，选择通信串口(COM1 或 COM2)。

(3)超级终端程序的 COM 端口参数设置如图 4.3 所示。

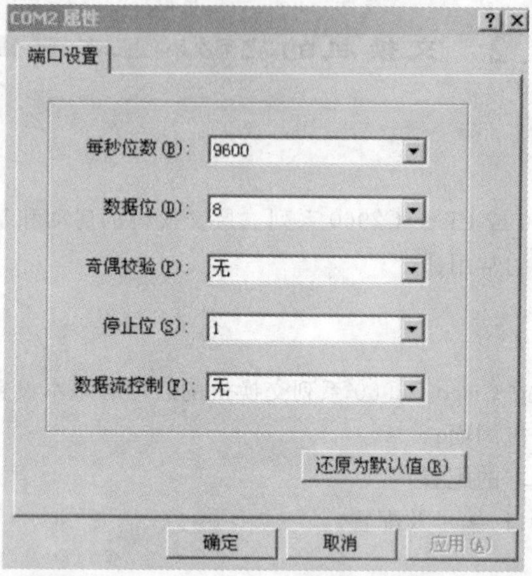

图 4.3　COM 端口参数设置

2. 交换机的启动

仔细观察交换机启动过程的信息：

C2950 Boot Loader（C2950 - HBOOT - M）Version 12. 1（11r）EA1，RELEASE SOFTWARE (fc1)

Compiled Mon 22 - Jul - 02 17:18 by antonino

WS - C2950 - 24 starting...　　　　// 交换机的型号为 WS - C2950 - 24 //

Baseethernet MAC Address：00:0d:28:be:3f:40　　// 基本的 MAC 地址 //

Xmodem file system is available.

Initializing　Flash…　　　　// 初始化 Flash　//

….

POST：System Board Test ：Passed　　　　// 系统板调试 //

POST：Ethernet Controller Test ：Passed　　　　// 以太网控制器调试 //

ASIC Initialization Passed　　　　// 专用芯片调试 //

3. Cisco IOS 的命令行(CLI)界面的使用

(1)命令模式。

1)用户模式(User EXEC)。交换机启动后，超级终端上显示一个“Switch>”的提示符，说明已进入了用户模式。从用户模式输入 enable 命令可进入特权模式：

Switch>enable

Switch＃

提醒：随时观察提示符的变化。

2)特权模式(Priviledged EXEC)。从特权模式输入 disable 命令可退回到用户模式：

Switch＃disable

Switch>

在用户模式和特权模式下输入 logout 可退出 Switch 命令行：

Switch＃logout

Switch con0 is now available

Press RETURN to get started

3)全局配置模式(Global Configuration)。在特权模式下，输入 configure terminal 命令，进入到全局配置模式，此模式的命令提示符为 Switch(config)＃：

Switch＃config　t

Enter configuration commands，one per line.　End with CNTL/Z.

Switch(config)＃

4)端口配置模式(Interface Configuration)。该模式用于对指定端口进行配置。从全局配置模式，使用 interface 命令指定一个接口来进入。

系统默认提示符是：Switch(config－if)＃。例如，进入 f0/1 端口的命令为：

Switch(config)＃interface　f0/1

Switch(config－if)＃

5)配置 VTY(telnet)登录访问口令。用于配置终端线路的访问权限。系统默认提示符是：Switch(config－line)＃。

Switch(config)＃line vty 0 15

//进入 VTY 配置模式，配置 telenet 远程访问 密码//

Switch(config－line)＃password　登录密码　　// 设置 telnet 登录密码 //

Switch(config－line)＃login　// 开启登录口令保护 //

(2)IOS 命令帮助系统。在交换机的配置中，Cisco IOS 提供了一个功能强大的帮助命令"?"。在任何模式下，Cisco IOS 都可用问号"?"来获得命令及其用法的帮助。

1)在系统提示符下输入问号(?)，将得到该模式下可以使用的命令列表以及其描述。

2)假如你不确定一个命令是如何写的，比如你只记得是字母 s 开头，你可以输入"s?"，将得到该模式下字母 s 开头的所有命令：

Switch＃s?

提醒：在"?"和命令之间有一个空格。

另外，Cisco IOS 支持命令的缩写，比如 Config 可以缩写为 Conf。还有，Cisco IOS 中命令是不分大小写的，如 CONFIG 和 config 是一样的。

(3)保存和查看配置。

1) 保存配置。对交换机的配置完成后，需要把配置信息作为一个配置文件保存到非易失性存储器 NVRAM 中。如果不保存，在交换机重新启动时，修改的配置将全部丢失。初级学习交换机的配置一般不保存配置，便于重新练习配置。保存配置的命令：

Switch(config)＃copy running－config startup－config

或

Switch(config)＃Wright

2)查看配置。show 命令就是用于显示某些特定需要的命令，以方便用户查看所设置的信息。常用的显示命令及其作用如下。

show version：显示系统的硬件配置，软件版本，配置文件的源和名字，以及启动镜像。

show flash:显示闪存设备的信息。

show running - config:显示当前活动配置。

show startup - config:显示备份配置文件。

(4) 配置主机名和口令。

1) 配置主机名。为了在含有多个交换机的网络中管理起来更加清晰,可以给交换机配置主机名称,方法如下:

Switch(config)#hostname S2950

S2950(config)#

2) 配置口令。配置特权模式加密口令和明文口令,用来限制非授权用户进入特权模式,方法如下:

Switch(config)#enable password 明文口令

Switch(config)#enable secret 加密口令

提醒:这里的口令区分大小写。

(5) 重启交换机。

命令:

Switch#reload

4. 对交换机进行基本的配置

```
Switch>?                                    // 显示模式命令 //
Switch>enable                               // 进入特权执行模式 //
Switch#config t                             //进入全局配置模式 //
Switch(config)#?
Switch(config)#hostname S2950               //给交换机命名为 S2950 //
S2950(config)#enable password cisco         // 设置交换机明文密码:cisco //
S2950(config)#exit                          // 退出当前模式 //
S2950#
S2950#show running - config                 // 查看交换机的明文密码:cisco //
断开与交换机的连接
S2950#disable
SW2950>en
Password:输入密码 cisco                     // 验证明文密码(cisco)//
S2950#
S2950#conf ig t
S2950(config)#noenable password cisco       //删除明文密码(cisco)//
S2950(config)#exit
S2950#
断开与交换机的连接
S2950#disable
S2950>en
S2950#                           // 所设置交换机明文密码:cisco 已被取消//
```

S2950＃ config t

S2950(config)＃enable secret cisco　　　　// 设置交换机密文密码：cisco //

S2950(config)＃exit

S2950＃

S2950＃show running - config　　　// 查看交换机的密文密码与明文密码的区别//

断开与交换机的连接

S2950＃disable

S2950>en

Password：输入密码 cisco　　　　　　　　// 验证密文密码(cisco)//

S2950＃show version　　　　　　　　// 列出交换机版本等信息 //

S2950＃show running - config　　　　// 列出交换机配置清单 //

S2950＃wr　　　　　　　　　　　// 保存配置在 NVRAM,一般做实验不保存 //

S2950＃reload　　　　　　　　　　// 重新启动交换机 //

再一次仔细观察和阅读交换机启动过程的信息：

00:23:25：%SYS - 7 - NV_BLOCK_INIT：Initalized the geometry of nvram

Proceed with reload? [confirm]

00:23:31：%SYS - 5 - RELOAD：Reload requested

C2950 Boot Loader (C2950 - HBOOT - M) Version 12. 1(11r)EA1, RELEASE SOFTWARE (fc1)

Compiled Mon 22 - Jul - 02 17:18 by antonino

WS - C2950 - 24 starting...

Base ethernet MAC Address：00:11:21:f6:69:80

Xmodem file system is available.

Initializing Flash...

flashfs[0]：80 files，3 directories

flashfs[0]：0 orphaned files，0 orphaned directories

flashfs[0]：Total bytes：7741440

flashfs[0]：Bytes used：5982208

flashfs[0]：Bytes available：1759232

flashfs[0]：flashfs fsck took 7 seconds.

...done initializing flash.

Boot Sector Filesystem (bs:) installed，fsid：3

Parameter Block Filesystem (pb:) installed，fsid：4

Loading "flash:/c2950 - i6q4l2 - mz. 121 - 19. EA1c. bin"...＃＃＃＃＃＃＃＃＃＃＃＃＃＃＃＃＃＃＃＃＃＃＃＃＃＃＃＃＃＃＃＃＃

＃＃

```
##
######################################
########################################
##
######################################
########################################
##
#####################
```

File "flash:/c2950－i6q4l2－mz. 121－19. EA1c. bin" uncompressed and installed, entry point：0x80010000

executing...

Restricted Rights Legend

Use, duplication, or disclosure by the Government is
subject to restrictions as set forth in subparagraph
(c) of the Commercial Computer Software－Restricted
Rights clause at FAR sec. 52. 227－19 and subparagraph
(c) (1) (ii) of the Rights in Technical Data and Computer
Software clause at DFARS sec. 252. 227－7013.

cisco Systems, Inc.
170 West Tasman Drive
San Jose, California 95134－1706

Cisco Internetwork Operating System Software
IOS (tm) C2950 Software (C2950－I6Q4L2－M), Version 12. 1 (19) EA1c, RELEASE SOFTWARE
(fc2)
Copyright (c) 1986－2004 by cisco Systems, Inc.
Compiled Mon 02－Feb－04 23:29 by yenanh
Image text－base：0x80010000，data－base：0x8058A000

Initializing flashfs...
flashfs[1]：80 files, 3 directories

flashfs[1]：0 orphaned files，0 orphaned directories
flashfs[1]：Total bytes：7741440
flashfs[1]：Bytes used：5982208
flashfs[1]：Bytes available：1759232
flashfs[1]：flashfs fsck took 7 seconds.
flashfs[1]：Initialization complete.
Done initializing flashfs.
POST：System Board Test ：Passed
POST：Ethernet Controller Test ：Passed
ASIC Initialization Passed

POST：FRONT－END LOOPBACK TEST ：Passed
cisco WS － C2950 － 24（RC32300）processor（revision P0）with 20808K bytes of memory.

Processor board ID FOC0822X3YQ
Last reset from system－reset
Running Standard Image
24 FastEthernet/IEEE 802.3 interface(s)

32K bytes of flash－simulated non－volatile configuration memory.
Base ethernet MAC Address：00:11:21:F6:69:80
Motherboard assembly number：73－5781－13
Power supply part number：34－0965－01
Motherboard serial number：FOC08230JXL
Power supply serial number：PHI081603LA
Model revision number：P0
Motherboard revision number：A0
Model number：WS－C2950－24
System serial number：FOC0822X3YQ

––– System Configuration Dialog –––

Would you like to enter the initial configuration dialog? [yes/no]：n
// 配置对话框选择 n //

Press RETURN to get started!　　// 按回车键 //

S2950>

关闭交换机电源重新启动
S2950>en
Password：输入密码 cisco
S2950＃show running－config
//列出交换机配置清单，检查配置是否已保存在 NVRAM 中 //

5. 交换机端口的配置

S2950＃config t　　// 进入全局配置模式 //
S2950(config)＃interface f0/2　　// 进入 f0/2 接口配置模式 //
S2950(config－if)＃？　　// 列出此接口下的设置命令及简短说明//
S2950(config－if)＃duplex ?　　// 显示端口的双工模式 //
　auto　Enable AUTO duplex configuration　　// 自动匹配双工模式 //
full　Force full duplex operation　　// 强制为全双工模式 //
half　Force half－duplex operation　　// 强制为半双工模式 //
S2950(config－if)＃description TO_PC1 // 设置了 f0/2 端口的描述为"TO_PC1" //
S2950(config－if)＃^Z　　// 同时按 Ctrl ＋Z 键//
S2950＃
S2950＃sh int f0/2　　// 查看 f0/2 端口的配置结果 //
S2950＃sh int fa0/2 status　　// 显示 f0/2 端口配置的基本属性//
S2950＃sh int f0/2 description　// 显示 f0/2 端口描述及相应的端口和协议信息 //
S2950＃config t
S2950(config)＃ip default－gateway 192.168.12.254　　// 设置交换机的默认网关 //
S2950(config)＃int vlan1
S2950(config－if)＃ip address 192.168.12.66 255.255.255.0
//设置交换机的管理 IP 地址和子网掩码 //

4.3　交换机划分 VLAN

一、实训目的

(1)掌握 Cisco C2950 或 Cisco C2960 系列交换机的 VLAN 划分操作；
(2)掌握配置交换机的常用功能。

二、实训内容

(1)对 Cisco C2950 或 Cisco C2960 系列二层交换机进行 VLAN 配置的操作；

(2)创建跨二层交换机的 VLAN;

(3)通过 VLAN Trunk 配置跨交换机的 VLAN;

(4)配置交换机的 VTP(VLAN 主干协议);

(5)配置交换机的生成树协议 STP;

(6)查看及了解配置项目的有关信息。

三、实训环境的搭建

1. 创建跨二层交换机的 VLAN

实验原理图如图 4.4 所示。

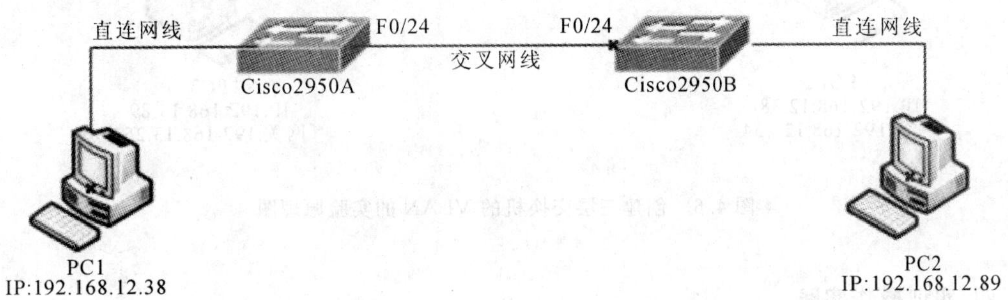

图 4.4 创建跨二层交换机的 VLAN 实验原理图

(1)准备 Cisco Catalyst 2950－24 或 Cisco C2960－24 交换机 2 台;

(2)准备 PC 2 台;

(3)准备 Console 电缆 1 条,直连网线 2 条,交叉网线 1 条。

2. 配置生成树协议 STP

实验原理图如图 4.5 所示。

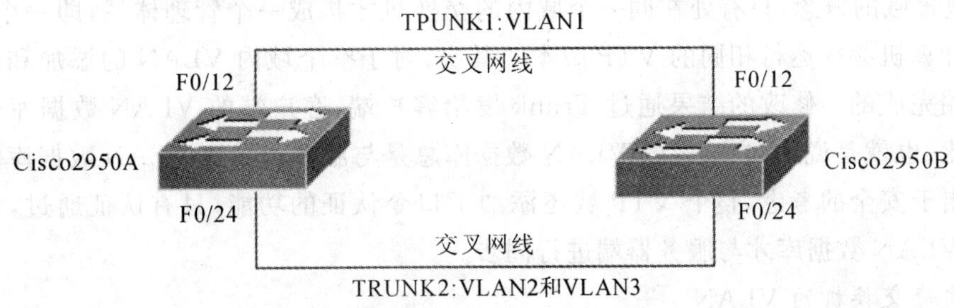

图 4.5 配置生成树协议 STP 实验原理图

(1)准备 Cisco Catalyst 2950－24 或 Cisco C2960－24 交换机 2 台;

(2)准备 PC 1 台;

(3)准备 Console 电缆 1 条,交叉网线 2 条。

3. 创建三层交换机的 VLAN

实验原理图如图 4.6 所示。

(1)准备 Cisco Catalyst 3550－24 或 Cisco C3560－24 交换机 1 台；

(2)准备 PC 2 台；

(3)准备 Console 电缆 1 条，直连网线 2 条。

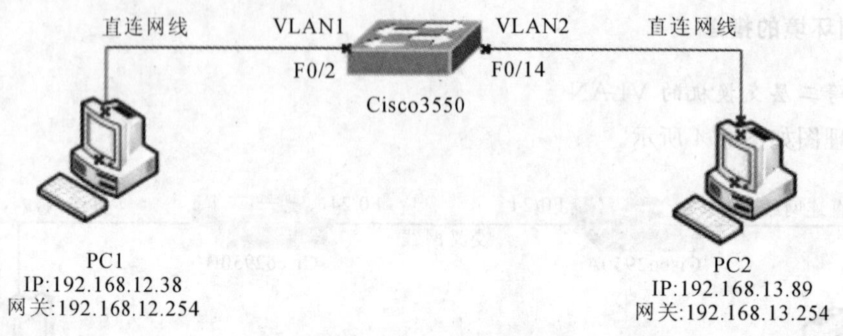

图 4.6 创建三层交换机的 VLAN 的实验原理图

四、实训操作实践

一般二层交换机只能基于端口划分 VLAN，三层交换机支持以端口、MAC 地址、IP 地址、组播方式划分 VLAN。每一个 VLAN 均可看成是一个逻辑网络，发往另一 VLAN 的数据包必须由路由器或网桥转发。Cisco Catalyst 2950－24 二层交换机最多只能划分 3 个 VLAN。

链路聚合(Trunk)是一种封装技术，它是一条点到点的链路，链路的两端可以都是交换机，也可以是交换机和路由器，还可以是主机和交换机或路由器。Trunk 的主要功能就是仅通过一条链路就可以连接多个 VLAN。

VTP 是一种通过 Trunk 来进行 VLAN 管理的消息协议，属于 Client/Server 方式。首先，VTP 包含域的概念，只有处在同一个域内的交换机才构成一个管理体系，即一个 VTP 域中的所有计算机必须运行相同的 VTP 版本。其次，对于整个域内 VLAN 的添加和删除都是在服务器端完成的。修改的结果通过 Trunk 发给客户端，客户端的 VLAN 数据库也会发生相应的变化，也就是说，客户端内的 VLAN 数据库总是与服务器端的 VLAN 数据库保持一致(同步)。出于安全的考虑，整个 VTP 域还添加了口令认证的功能，只有认证通过，客户端交换机内的 VLAN 数据库才与服务器端进行同步。

1. 创建跨交换机的 VLAN

(1)基于物理端口划分 VLAN。无划分的端口默认为 vlan 1。

1)2950A 交换机的端口划分 VLAN。

```
Switch>enable
Switch#config t
Switch(config)#hostname S2950A          // 与 PC1 相连的交换机命名为 S2950A //
S2950A (config)#interface f0/13         // 进入 f0/13 接口配置模式 //
```

S2950A(config－if)＃switchport access vlan 2　　// 设置 f0/13 端口为 VLAN 2 //

S2950A(config－if)＃switchport mode access

// 设置 f0/13 端口为静态 VLAN 访问模式 //

S2950A (config)＃interface f0/14

S2950A(config－if)＃ switchport access vlan 2　　// 设置 f0/14 端口为 VLAN 2 //

S2950A(config－if)＃switchport mode access

// 设置 f0/14 端口为静态 VLAN 访问模式 //

S2950A (config)＃interface f0/24

S2950A (config)＃ switchport mode trunk　// 设置级联端口 f0/24 为 trunk 模式 //

S2950A (config)＃ ^Z　　// 同时按 Ctrl ＋Z 键//

S2950A＃show vlan　　// 查看当前 VLAN 状态 //

S2950A＃show running－config　　// 查看运行配置 //

2)2950B 交换机的端口划分 VLAN。

Switch＞enable

Switch＃config t

Switch(config)＃hostname S2950B　　// 与 PC2 相连的交换机命名为 S2950B //

S2950B(config)＃interface f0/13

S2950B(config－if)＃ switchport access vlan 2　　// 设置 f0/2 端口为 VLAN 2 //

S2950B(config－if)＃switchport mode access

// 设置 f0/13 端口为静态 VLAN 访问模式 //

S2950B(config)＃interface f0/14

S2950B(config－if)＃ switchport access vlan 2　　// 设置 f0/2 端口为 VLAN 2 //

S2950B(config－if)＃switchport mode access

// 设置 f0/14 端口为静态 VLAN 访问模式 //

S2950B (config)＃interface f0/24

S2950B (config)＃ switchport mode trunk　//设置级联端口 f0/24 为 trunk 模式//

对使用 Cisco 3560 交换机做端口划分 VLAN,上述配置改成如下：

S3560B (config)＃ switchport mode dot1q　//设置级联端口 f0/24 为 dot1q 模式//

S2950B (config)＃ ^Z　　// 同时按 Ctrl ＋Z 键//

S2950B＃ show vlan

S2950B＃ showrunning－config

(2)测试从 PC1 到 PC2 的连通性。

1)PC1 连接到 S2950A 交换机的 f0/13 端口或 f0/14 端口(vlan 2),PC2 连接到 S2950B 交换机的 f0/13 端口或 f0/14 端口(vlan 2)。

```
C:\>ping 192.168.12.89

Pinging 192.168.12.89 with 32 bytes of data:

Reply from 192.168.12.89: bytes=32 time<10ms TTL=128
Reply from 192.168.12.89: bytes=32 time<10ms TTL=128
Reply from 192.168.12.89: bytes=32 time<10ms TTL=128
Reply from 192.168.12.89: bytes=32 time<10ms TTL=128

Ping statistics for 192.168.12.89:
    Packets: Sent = 4, Received = 4, Lost = 0 (0% loss),
Approximate round trip times in milli-seconds:
    Minimum = 0ms, Maximum =  0ms, Average =  0ms

C:\>
```

以上实验结果表明:在两个级联的交换机中,不同交换机的相同 vlan 是可以 ping 通的。

2)PC1 连接到 S2950A 交换机的 f0/13 端口(vlan 2),PC2 连接到 S2950B 交换机的 f0/3 端口或 S2950A 交换机的 f0/7 端口(vlan 1)。

```
C:\>ping 192.168.12.89

Pinging 192.168.12.89 with 32 bytes of data:

Request timed out.
Request timed out.
Request timed out.
Request timed out.

Ping statistics for 192.168.12.89:
    Packets: Sent = 4, Received = 0, Lost = 4 (100% loss),
Approximate round trip times in milli-seconds:
    Minimum = 0ms, Maximum =  0ms, Average =  0ms

C:\>_
```

以上实验结果表明:在两个级联的交换机中或同一交换机中,不同 vlan 是不可以 ping 通的。

2. 配置 VLAN 主干协议(VTP)

(1)2950A 交换机。

S2950A # reset　　　　　　　　// 重启交换机,清除以前的配置 //

S2950A # vlan database　　　　　　　// 进入 VLAN 配置子模式 //

对使用 Cisco 3560 交换机做配置 VLAN 主干协议,上述配置改成如下:

S3560A(config) # vlan database　　　// 进入 VLAN 配置子模式 //

S2950A(vlan) # reset　　　　　　　//清除以前的 vlan 配置//

RESET Completed

S2950A(vlan) # vtp domain Test　　　　// 设置 VTP 域名为 Test //

```
S2950A(vlan)# vtp server             // 设置 S2950A 成 VTP server 模式//
S2950A(vlan)# vlan 20 name class1    // 加入 VLAN 20 并命名为 class1 //
VLAN 20 added:
    Name: class1
S2950A(vlan)# vlan 21 name class2    // 加入 VLAN 21 并命名为 class2 //
VLAN 21 modified:
    Name: class2
S2950A(vlan)# exit                   // 更新 VLAN 数据库并退出 //
APPLY completed.
Exiting....
S2950A# show vtp status              // 查看 VTP 的状态信息 //
VTP Version                       : 2
Configuration Revision            : 2
Maximum VLANs supported locally   : 250
Number of existing VLANs          : 17
VTP Operating Mode                : Server
VTP Domain Name                   : Test
VTP Pruning Mode                  : Disabled
VTP V2 Mode                       : Disabled
VTP Traps Generation              : Disabled
MD5 digest                        : 0x94 0x3B 0x63 0x0E 0x8A 0xC5 0xF9 0x5A
Configuration last modified by0.0.0.0 at 3-1-93 01:45:32
Local updater ID is0.0.0.0 (no valid interface found)
S2950A# show vlan                    // 验证 VLAN 配置 //

VLAN Name                             Status    Ports
---- -------------------------------- --------- -------------------------------
1    default                          active    Fa0/1, Fa0/2, Fa0/3, Fa0/4
                                                Fa0/5, Fa0/6, Fa0/7, Fa0/8
                                                Fa0/9, Fa0/10, Fa0/11, Fa0/12
                                                Fa0/13, Fa0/14, Fa0/15, Fa0/16
                                                Fa0/17, Fa0/18, Fa0/19, Fa0/20
                                                Fa0/21, Fa0/22, Fa0/23
2    VLAN0002                         active
3    test2                            active
4    VLAN0004                         active
6    VLAN0006                         active
7    VLAN0007                         active
8    VLAN0008                         active
```

```
10   V10                                  active
11   V11                                  active
12   V12                                  active
13   V13                                  active
20   class1                               active
21   class2                               active
1002  fddi - default                      act/unsup

VLAN Name                               Status    Ports
---- -------------------------------- --------- -------------------------------
1003 token - ring - default               act/unsup
1004 fddinet - default                    act/unsup
1005 trnet - default                      act/unsup

VLAN Type  SAID       MTU   Parent RingNo BridgeNo Stp  BrdgMode Trans1
Trans2
---- ----- ---------- ----- ------ ------ -------- ---- -------- ------ ------
1    enet  100001     1500  -             -        -    -        0      0
2    enet  100002     1500  -             -        -    -        0      0
3    enet  100003     1500  -             -        -    -        0      0
4    enet  100004     1500  -      -      -        -    -        0      0
6    enet  100006     1500  -      -      -        -    -        0      0
7    enet  100007     1500  -      -      -        -    -        0      0
8    enet  100008     1500  -      -      -        -    -        0      0
10   enet  100010     1500  -      -      -        -    -        0      0
11   enet  100011     1500  -      -      -        -    -        0      0
12   enet  100012     1500  -      -      -        -    -        0      0
13   enet  100013     1500  -      -      -        -    -        0      0
20   enet  100020     1500  -      -      -        -    -        0      0
21   enet  100021     1500  -      -      -        -    -        0      0
1002 fddi  101002     1500  -      -      -        -    -        0      0
1003 tr    101003     1500  -      -      -        -    srb      0      0
1004 fdnet 101004     1500  -      -      -        ieee -        0      0
1005 trnet 101005     1500  -      -      -        ibm  -        0      0

Remote SPAN VLANs
------------------------------------------------------------------------------
```

```
Primary Secondary Type              Ports
------- --------- ----------------- ------------------------------------------

S2950A #
S2950A#config t
S2950A(config)#no vlan 20                      // 删除 VLAN 20 //
S2950A(config)#end
S2950A#show vlan                                 // 验证 VLAN 配置 //

VLAN Name                             Status    Ports
---- -------------------------------- --------- -------------------------------
1    default                          active    Fa0/1, Fa0/2, Fa0/3, Fa0/4
                                                Fa0/5, Fa0/6, Fa0/7, Fa0/8
                                                Fa0/9, Fa0/10, Fa0/11, Fa0/12
                                                Fa0/13, Fa0/14, Fa0/15, Fa0/16
                                                Fa0/17, Fa0/18, Fa0/19, Fa0/20
                                                Fa0/21, Fa0/22, Fa0/23
2    VLAN0002                         active
3    test2                            active
4    VLAN0004                         active
6    VLAN0006                         active
7    VLAN0007                         active
8    VLAN0008                         active
10   V10                              active
11   V11                              active
12   V12                              active
13   V13                              active
21   class2                           active
1002 fddi-default                     act/unsup
1003 token-ring-default               act/unsup

VLAN Name                             Status    Ports
---- -------------------------------- --------- -------------------------------
1004 fddinet-default                  act/unsup
1005 trnet-default                    act/unsup

VLAN Type  SAID       MTU   Parent RingNo BridgeNo Stp  BrdgMode
Trans1 Trans2
---- ----- ---------- ----- ------ ------ -------- ---- -------- ------ ------
```

```
1    enet  100001   1500  -    -    -       -  -     0    0
2    enet  100002   1500  -    -    -       -  -     0    0
3    enet  100003   1500  -    -    -       -  -     0    0
4    enet  100004   1500  -    -    -       -  -     0    0
6    enet  100006   1500  -    -    -       -  -     0    0
7    enet  100007   1500  -    -    -       -  -     0    0
8    enet  100008   1500  -    -    -       -  -     0    0
10   enet  100010   1500  -    -    -       -  -     0    0
11   enet  100011   1500  -    -    -       -  -     0    0
12   enet  100012   1500  -    -    -       -  -     0    0
13   enet  100013   1500  -    -    -       -  -     0    0
21   enet  100021   1500  -    -    -       -  -     0    0
1002 fddi  101002   1500  -    -    -       -  -     0    0
1003 tr    101003   1500  -    -    -       -  srb   0    0
1004 fdnet 101004   1500  -    -    -    ieee  -     0    0
1005 trnet 101005   1500  -    -    -     ibm  -     0    0

Remote SPAN VLANs
------------------------------------------------------------------------------


Primary Secondary Type              Ports
------- --------- ----------------- ------------------------------------------

switchA#
```

S2950A#show vlan brief　　// 以简捷的形式查看 VLAN 信息，检查 VLAN 的改变 //
S2950A#show vtp status　　// 查看 VTP 的状态信息 //
S2950A#show vtp counters　　// 查看 VTP 的统计数据 //

(2)2950B 交换机。

S2950B#reset　　// 重置交换机，清除以前的配置 //
S2950B#vlan database　　// 进入 VLAN 配置子模式 //
S2950B(vlan)#vtp domain Test　　// 设置 VTP 域名为 Test //
S2950B(vlan)#vtp client　　// 设置 S2950B 成 VTP client 模式//
S2950B(vlan)#exit
In CLIENT state，no apply attempted.
Exiting....
S2950B#show vlan　　// 验证 VLAN 信息是否从 S2950A 传了过来 //

如果 VLAN 信息从 S2950A 传了过来，说明 S2950B 交换机学习到 S2950A 交换机的 VLAN 信息及 VTP 的其他信息，也说明上述 VTP 协议的配置正确。

显示信息如下：

```
VLAN Name                             Status    Ports
---- -------------------------------- --------- -------------------------------
1    default                          active    Fa0/1, Fa0/2, Fa0/3, Fa0/4
                                                Fa0/5, Fa0/6, Fa0/7, Fa0/8
                                                Fa0/9, Fa0/10, Fa0/11, Fa0/12
                                                Fa0/13, Fa0/14, Fa0/15, Fa0/16
                                                Fa0/17, Fa0/18, Fa0/19, Fa0/20
                                                Fa0/21, Fa0/22, Fa0/23
2    VLAN0002                         active
3    test2                            active
4    VLAN0004                         active
6    VLAN0006                         active
7    VLAN0007                         active
8    VLAN0008                         active
10   V10                              active
11   V11                              active
12   V12                              active
13   V13                              active
21   class2                           active
1002 fddi-default                     act/unsup
1003 token-ring-default               act/unsup
1004 fddinet-default                  act/unsup

VLAN Name                             Status    Ports
---- -------------------------------- --------- -------------------------------
1005 trnet-default                    act/unsup

VLAN Type  SAID       MTU   Parent RingNo BridgeNo Stp  BrdgMode Trans1
Trans2
---- ----- ---------- ----- ------ ------ -------- ---- -------- ------ ------
1    enet  100001     1500  -      -      -        -    -        0      0
2    enet  100002     1500  -      -      -        -    -        0      0
3    enet  100003     1500  -      -      -        -    -        0      0
4    enet  100004     1500  -      -      -        -    -        0      0
6    enet  100006     1500  -      -      -        -    -        0      0
7    enet  100007     1500  -      -      -        -    -        0      0
8    enet  100008     1500  -      -      -        -    -        0      0
10   enet  100010     1500  -      -      -        -    -        0      0
```

```
11   enet 100011    1500 -    -    -    -    -    0    0
12   enet 100012    1500 -    -    -    -    -    0    0
13   enet 100013    1500 -    -    -    -    -    0    0
21   enet 100021    1500 -    -    -    -    -    0    0
1002 fddi  101002   1500 -    -    -    -    -    0    0
1003 tr    101003   1500 -    -    -    -    srb  0    0
1004 fdnet 101004   1500 -    -    -    ieee -    0    0
1005 trnet 101005   1500 -    -    -    ibm  -    0    0

Remote SPAN VLANs
------------------------------------------------------------------------------


Primary Secondary Type              Ports
------- --------- ----------------- ------------------------------------------


S2950B#
```

3.配置生成树协议 STP

(1)使用 STP 端口权值实现负载平衡。通过不同 Trunk 上的不同 VLAN 设置端口权值，如将 VLAN1－3 的端口权值设为 16，这样 STP 协议就可以根据权值的大小来使 Trunk1 发送和接收 VLAN1 的数据，使 Trunk2 发送和接收 VLAN2，VLAN3 的数据，从而实现了负载平衡。

1)Cisco 2950A 交换机的配置。

```
S2950A#vlan database                          // 进入 VLAN 配置子模式 //
S2950A(vlan)#vtp domain Test                  // 设置 VTP 域名为 Test //
S2950A(vlan)#vtp server            // 设置 S2950A 成 VTP server 模式//
S2950A(vlan)#exit
APPLY completed.
Exiting....
S2950A#show vtp status                        // 查看 VTP 的状态信息 //
VTP Version                     : 2
Configuration Revision          : 3
Maximum VLANs supported locally : 250
Number of existing VLANs        : 16
VTP Operating Mode              : Server
VTP Domain Name                 : Test
VTP Pruning Mode                : Disabled
VTP V2 Mode                     : Disabled
VTP Traps Generation            : Disabled
```

```
MD5 digest : 0xC6 0x09 0xDA 0x12 0xC7 0x21 0x71 0x53
Configuration last modified by0.0.0.0 at 3-1-93 01:58:41
Local updater ID is0.0.0.0 (no valid interface found)
S2950A# config t
S2950A(config)# interface f0/12              // 进入 f0/12 接口配置模式 //
S2950A(config-if)#switchport mode trunk    //设置级联端口 f0/12 为 trunk 模式//
S2950A(config-if)#spanning-tree vlan 1 port-priority 16
// 将 VLAN1 的端口权值设为 16,其默认值为 128 //
S2950A(config-if)# interface f0/24           // 进入 f0/24 接口配置模式 //
S2950A(config-if)#switchport mode trunk    //设置级联端口 f0/24 为 trunk 模式//
S2950A(config-if)#spanning-tree vlan 2 port-priority 16
// 将 VLAN2 的端口权值设为 16 //
S2950A(config-if)#spanning-tree vlan 3 port-priority 16
                                // 将 VLAN3 的端口权值设为 16 //
S2950A(config-if)#end
S2950A#
```

2)Cisco 2950B 交换机的配置。

```
S2950B#vlan database                      // 进入 VLAN 配置子模式 //
S2950B(vlan)#vtp domain Test              // 设置 VTP 域名为 Test //
Domain name already set to Test .
S2950B(vlan)#vtp client            // 设置 S2950B 成 VTP client 模式//
Device mode already VTP CLIENT.
S2950B(vlan)#exit
In CLIENT state, no apply attempted.
Exiting....
S2950B#show vlan              // 验证 VLAN 信息是否从 S2950A 传了过来 //
```

(2)配置 STP 路径值的负载平衡。通过不同 Trunk 上的不同 VLAN 设置生成树路径值，如将 VLAN1-3 的生成树路径值设为 100,可以将需要阻断的 VLAN 的生成树路径值设大，这样 STP 协议就会阻断该 VLAN 从该 Trunk 上通过,从而可以把负载均衡到多个 Trunk 端口上。这样 STP 协议就可以根据生成树路径值的大小来使 Trunk1 发送和接收 VLAN1 的数据,使 Trunk2 发送和接收 VLAN2,VLAN3 的数据,从而实现了负载平衡。

1)Cisco 2950A 交换机的配置。

```
S2950A#vlan database                        // 进入 VLAN 配置子模式 //
S2950A(vlan)#vtp domain Test               // 设置 VTP 域名为 Test //
S2950A(vlan)#vtp server             // 设置 S2950A 成 VTP server 模式 //
S2950A(vlan)#exit
S2950A#show vtp status                            // 查看 VTP 的状态信息 //
S2950A# config t
S2950A(config)#int f0/12                  // 进入 f0/12 接口配置模式 //
```

```
S2950A(config-if)#switchport mode trunk
//设置级联端口 f0/12 为 trunk 模式//
S2950A(config-if)#spanning-tree vlan 1 cost 100
// 设置 VLAN 1 生成树路径值为 100 //
S2950A(config-if)#int f0/24              // 进入 f0/24 接口配置模式 //
S2950A(config-if)#switchport mode trunk //设置级联端口 f0/24 为 trunk 模式//
S2950A(config-if)#spanning-tree vlan 2 cost 100
// 设置 VLAN 2 生成树路径值为 100 //
S2950A(config-if)#spanning-tree vlan 3 cost 100
// 设置 VLAN 3 生成树路径值为 100 //
S2950A(config-if)#end
S2950A#
```

2)Cisco 2950B 交换机的配置。

```
S2950B#vlan database                   // 进入 VLAN 配置子模式 //
S2950B(vlan)#vtp domain Test           // 设置 VTP 域名为 Test //
Domain name already set to Test .
S2950B(vlan)#vtp client           // 设置 S2950B 成 VTP client 模式//
Device mode already VTP CLIENT.
S2950B(vlan)#exit
In CLIENT state, no apply attempted.
Exiting....
S2950B#show vlan             // 验证 VLAN 信息是否从 S2950A 传了过来 //
```

4.创建三层交换机的 VLAN

(1)S3550 交换机的端口划分 VLAN。

```
Switch>enable
Switch#config t
Switch(config)#hostname S3550// 将交换机命名为 S3550 //
S3550 (config)#interface f0/14              // 进入 f0/14 接口配置模式 //
S3550(config-if)#switchport access vlan 2  // 设置 f0/14 端口为 VLAN 2 //
S3550(config)# int vlan1
S3550(config-if)# ip address 192.168.12.254 255.255.255.0
// 设置 VLAN1 的网关 //
S3550(config-if)#no shutdown                                // 激活 VLAN1 //
S3550(config)# int vlan2
S3550(config-if)# ip address 192.168.13.254 255.255.255.0
// 设置 VLAN2 的网关 //
S3550(config-if)#no shutdown                                // 激活 VLAN2 //
S3550(config-if)#end
S3550#show vlan// 查看当前 VLAN 状态 //
```

S3550＃showrunning－config　　　　　　　　// 查看运行配置 //

(2)测试从 PC1 到 PC2 的连通性。PC1 连接到 S3550 交换的 f0/2 端口(vlan 1),PC2 连接到 S3550 交换机的 f0/14 端口(vlan 2)。

```
C:\>ping 192.168.12.89

Pinging 192.168.12.89 with 32 bytes of data:

Request timed out.
Request timed out.
Request timed out.
Request timed out.

Ping statistics for 192.168.12.89:
    Packets: Sent = 4, Received = 0, Lost = 4 (100% loss),
Approximate round trip times in milli-seconds:
    Minimum = 0ms, Maximum =  0ms, Average =  0ms

C:\>_
```

以上实验结果表明:在三层交换机中可以转发不同的 vlan,不同的 vlan 是可以 ping 通的。也就是说三层交换机具有转发不同的 vlan 的三层交换能力。

4.4　三 层 交 换

一、实训目的

(1)帮助理解三层交换产品的组网方式和方法;

(2)培养利用三层交换机来实现三层以太网组网的动手能力。

二、实训内容

(1)用三层交换机来实现三层结构以太网组网的配置和操作;

(2)配置跨交换机的 VLAN Trunk;

(3)配置二层交换机的 VLAN 划分;

(4)配置三层交换机;

(5)查看及了解配置项目的有关信息。

三、实训环境的搭建

三层交换实验原理图如图 4.7 所示。

(1)准备 Cisco Catalyst 3550－24 或 Cisco3560－24 交换机 1 台;

(2)准备 Cisco Catalyst 2950－24 或 Cisco2960－24 交换机 1 台;

(3)准备 PC 2 台;

(4)准备 Console 电缆 1 条、直连网线 2 条、交叉网线 1 条。

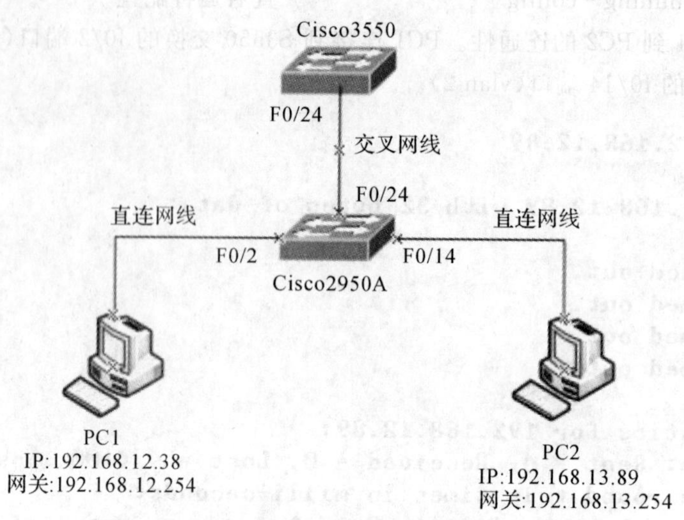

图 4.7　三层交换实验原理图

四、实训操作实践

三层交换是相对于传统的交换概念而提出的。传统的交换技术是在 OSI 网络参考模型中的第二层(即数据链路层)进行操作的,而三层交换技术是在网络模型中的第三层实现了数据包的高速转发。简单地说,三层交换技术就是二层交换技术＋三层转发技术,三层交换机就是"二层交换机＋基于硬件的路由器"。

第三层交换工作在 OSI 七层网络模型中的第三层即网络层,是利用第三层协议中的 IP 包的包头信息来对后续数据业务流进行标记,具有同一标记的业务流的后续报文被交换到第二层数据链路层,从而打通源 IP 地址和目的 IP 地址之间的一条通路。这条通路经过第二层链路层。有了这条通路,三层交换机就没有必要每次将接收到的数据包进行拆包来判断路由,而是直接将数据包进行转发,将数据流进行交换。

1. 二层交换机的端口划分 VLAN

无划分的物理端口默认为 vlan 1,2950A 交换机的端口划分 VLAN 如下:

```
Switch>enable
Switch#config t
Switch(config)#hostname S2950A        // 与 PC1 相连的交换机命名为 S2950A //
S2950A (config)#interface f0/14              // 进入 f0/14 端口 //
S2950A(config-if)#switchport access vlan 2    // 设置 f0/14 端口为 VLAN 2 //
S2950A(config-if)#switchport mode access
// 设置 f0/14 端口为静态 VLAN 访问模式 //
S2950A (config-if)#interface f0/24                  // 进入 f0/24 端口 //
S2950A (config-if)# switchport  trunk allowed vlan 1,2
// 允许级联端口通过 VLAN1 和 VLAN2 //
```

S2950A (config - if)# switchport mode trunk
// 将级联端口 f0/24 的 trunk（链路聚合）打开 //
S2950A (config - if)# ^Z // 同时按 Ctrl +Z 键//
S2950A#show vlan // 查看当前 VLAN 状态 //
S2950A#show running - config // 查看运行配置 //

2.三层交换机的配置

Cisco Catalys 3550 - 24 交换机的三层配置如下：

Switch>enable
Switch#config t
Switch(config)#hostname S3550 // 将交换机命名为 S3550 //
S3550 (config)#interface f0/14 // 进入 f0/14 端口 //
S3550(config - if)#switchport access vlan 2 // 设置 f0/14 端口为 VLAN 2 //
S3550 (config - if)#interface f0/24 // 进入 f0/24 端口 //
S3550 (config - if)#switchport trunk encapsulation dot1q
// 将级联端口 f0/24 的 trunk 封装成 802.1Q //
S3550 (config - if)#switchport mode trunk
S3550(config)# int vlan1
S3550(config - if)# ip address 192.168.12.254 255.255.255.0
// 设置 VLAN1 的网关 //
S3550(config - if)#no shutdown// 激活 VLAN1 //
S3550(config)# int vlan2
S3550(config - if)# ip address 192.168.13.254 255.255.255.0
// 设置 VLAN2 的网关 //
S3550(config - if)#no shutdown// 激活 VLAN2 //
S3550(config - if)#exit
S3550(config)#router rip// 选择 rip 作为路由选择协议 //

对于 Cisco S3560 交换机，则选择 router rip 协议的配置命令更改为如下：

S3560(config)#ip routing
S3560(config)#router rip// 选择 rip 作为路由选择协议 //

S3550(config)#router rip// 选择 rip 作为路由选择协议 //
S3550(config - router)#network 192.168.12.0
// 设置 S3550 参与动态路由的网络主类地址 //
S3550(config - router)#network 192.168.13.0
S3550(config - router)#exit
S3550(config)#ip route 0.0.0.0 0.0.0.0 192.168.12.249 // 设置缺省静态路由 //
S3550(config)#end
S3550#show vlan// 查看当前 VLAN 状态 //
S3550#showrunning - config // 查看运行配置 //

3. 测试不同 VLAN 的 PC1 和 PC2 的连通性

PC1 连接到 S2950A 交换机的 f0/2 端口(vlan 1,默认,不用设置),PC2 连接到 S2950A 交换机的 f0/14 端口(vlan 2)。

```
C:\>ping 192.168.13.89

Pinging 192.168.13.89 with 32 bytes of data:

Reply from 192.168.13.89: bytes=32 time<10ms TTL=127
Reply from 192.168.13.89: bytes=32 time<10ms TTL=127
Reply from 192.168.13.89: bytes=32 time<10ms TTL=127
Reply from 192.168.13.89: bytes=32 time<10ms TTL=127

Ping statistics for 192.168.13.89:
    Packets: Sent = 4, Received = 4, Lost = 0 (0% loss),
Approximate round trip times in milli-seconds:
    Minimum = 0ms, Maximum =  0ms, Average =  0ms

C:\>
```

以上实验结果表明:利用三层交换机可以实现转发不同的 vlan,不同的 vlan 是可以 ping 通的,即利用三层交换机可以实现三层结构以太网的组网。

第5章　路由器的安装与配置

5.1　路由器概述

1. 路由器的功能

路由器也称网关(Gateway)。路由器能将局域网络或异构局域网络连接在一起,组建更大规模的广域网络,并在每个局域网出口对数据进行筛选和处理。由于路由器的每个以太网端口均可视为一个局域网,因而路由器能将广播隔离在局域网内,不会将广播包向外转发。因此,大中型局域网都会被人为地划分为若干虚拟网,并使用路由设备实现彼此之间的通信,以达到分隔广播域,提高每个网络的传输效率的目的。

路由器是一个工作在OSI参考模型第三层(网络层)的网络层设备,其主要功能是检查数据包中与网络层相关的信息,然后根据某些规则转发数据包。因为它除了检查数据包中数据链路层的信息外,还要检查数据包中的其他信息,所以路由器要比交换机有更高的处理能力才能转发数据包。路由器负责在两个局域网的网络层间传输数据分组,并确定网络上数据传送的最佳路径。

路由器是一种连接多个不同网络的网络设备,它能将不同网络或网段之间的数据信息进行"翻译",以使它们能够相互理解对方的数据,从而构成一个更大的网络。路由器有路由和交换两大典型功能。数据交换功能包括转发决定、背板转发和输出链路调度等,由路由器的硬件来完成。路由功能由软件来实现,完成判断网络地址和选择路径。路由器还提供系统配置和系统管理功能,因此路由器可看做一台运行IOS(Internetworking Operating System)操作系统的PC,配置路由器是通过操作IOS的命令来实现的。可见,路由器能在多网络互联环境中,建立灵活的连接,用于完全不同的数据分组和介质访问方法连接各种子网。

2. 路由器的工作原理

路由器的主要工作就是为经过路由器的每个数据帧寻找一条最佳传输路径,并将该数据有效地传送到目的站点。为此,路由器接收到一个数据包,首先要把数据链路层的包头去掉(拆包),读取目的IP地址,然后查找路由表,如果能确定下一步的发送地址,就再加上数据链路层的包头(打包),把该数据包转发出去;如果不能确定下一步的发送地址,就向源地址返回一个信息,并把这个数据包丢掉。可见,选择最佳路径的策略即路由算法是路由器的关键所在。为了完成这项工作,在路由器中保存着各种传输路径的相关数据,即路由表(Routing Table),供路由选择时使用。路由表中保存着子网的标志信息、网上路由器的个数和下一跳路由器的名字等内容。路由表可以是由系统管理员固定设置好的,也可以由系统动态修改;可以由路由器自动调整,也可以由主机控制。

路由器识别不同网络的方法是通过识别不同网络的唯一网络ID号进行的。路由器要识别另一个网络,首先要识别的就是对方网络所连接的路由器IP地址的网络ID号,判断是否与目的节点地址中的网络 ID 号一致。如果符合就向该网络的路由器发送数据包。接收网络的路由器在接收到源网络发来的数据后，依据数据包中所包含的目的节点 IP 地址中的主机 ID 号来识别是发给哪一个节点的，然后把数据直接转发到该节点。

3. 路由器的结构组成

从硬件结构上看，路由器就是一种具有多个网络接口的计算机。这种特殊的计算机内部也有 CPU、RAM、ROM、接口电路等和 PC 相似的硬件，只不过它所提供的功能与普通计算机不同而已。路由器的内部包括 RAM/DRAM，NVRAM(非易失性 RAM)，Flash ROM(快闪存储器)和 ROM 4 种存储器，各组件的作用见表 5.1。

表 5.1 路由器的组件

名 称	作 用
CPU	路由器的中央处理器
RAM/DRAM(主存储器)	存储正在运行的配置或活动配置文件
NVRAM(非易失性 RAM)	存储启动配置文件等。如果路由器掉电，它的信息不会丢失
Flash ROM(快闪存储器)	相当于 PC 硬盘，存储操作系统软件映像
ROM	相当于 PC 的 BIOS，存储开机诊断程序、引导程序及 IOS 的简化版本
接口电路	路由器各接口的内部电路

路由器也有自己的操作系统软件，如 Cisco 的 IOS(Internetworking Operating System)，华为的 VRP(Versatile Routing Platform，通用路由平台)，它们的功能都相当强大，它们的主要区别在于命令不同。

(1)路由器的接口。路由器上的接口分为物理接口和逻辑接口两类。物理接口就是真实存在的接口，如以太网接口、同/异步串口等。物理接口一般又可分为 3 种，一种是 LAN(局域网)接口，主要包括以太网接口、令牌环网接口和光纤分布式数据接口 FDDI 等，用于连接本地局域网；另一种是 WAN(广域网)接口，包括同步串口、ISDN BRI 接口等，路由器可以通过它们与外部网络中的网络设备交换数据；还有一种叫配置端口，路由器的配置端口一般有两个，分别是控制端口“Console”和辅助端口“AUX”。Console 端口使用专用配置电缆直接连接至计算机的串口，可利用超级终端程序进行路由器本地配置。AUX 端口主要用于远程配置路由器。逻辑接口是指能够实现数据交换功能但物理上不存在、需要通过路由器操作系统配置建立的接口。

(2)路由器的分类。

1)路由器按结构分为固定式路由器和模块化路由器两大类。固定式路由器的接口数量和类型是固定的，这些接口不能升级，也不能进行局部变动。模块化路由器上有若干插槽，可插入不同的接口卡，接口数量和类型可根据需要进行升级或变动。

固定式路由器的接口采用连接类型和编号来标识，如 ethernet 0，serial 0 等，编号是从 0 开始的，如第一个为 ethernet 0，第二个为 ethernet 1，依此类推。模块化路由器的接口通常采用连接类型和插槽号/单元号来标识，如 ethernet 0/0，serial 0/1 等；插槽编号一般是从 0 开始的，从右到左，或者从下到上进行编号；单元号是标识接口卡上的接口的，单元号一般从 0 开始,从右到左,或者从底部到顶部进行编号。如 ethernet 0/0 代表第 1 个以太网接口卡上的第 1 个接口。

2)路由器按在互联网络中的应用分为核心路由器、分布路由器、接入路由器和边界路由器。

3)路由器按性能档次分为高档、中档和低档路由器。通常把背板交换能力大于 40Gb/s 的路由器称为高档路由器;背板交换能力在 25～40Gb/s 的路由器称为中档路由器;背板交换能力低于 25Gb/s 的路由器称为低档路由器。

4.路由器的配置模式

(1)用户模式(user mode)。该模式下只能查看路由器基本状态和普通命令,不能更改路由器状态。此时路由器名字后跟一个“＞”符号,表明是在用户模式下:

启动路由器就进入用户模式,命令:

Router＞

(2)特权模式(privileged mode)。该模式下可查看各种路由器信息及修改路由器配置。此时路由器名字后跟一个“＃”符号,表明是在特权模式下。

在用户模式下,键入命令“enable”,路由器就进入特权模式,此时“＞”符号将变成“＃”符号,命令:

Router＞enable

Router＃

Router＃disable

Router＞

(3)全局配置模式(golbal configuration mode)。该模式下可进行更高级的路由器配置,并可由此模式进入各种配置子模式。其提示符号为 Router(config)＃。

在特权模式下,键入命令“configure terminal”,路由器就进入全局配置模式,此时“＃”符号将变成“(config)＃”符号,命令:

Router＃configure terminal

Router(config)＃

Router(config)＃exit

Router＃

5.2　路由器模拟软件

一、实训目的

通过使用路由器模拟软件来学习和掌握路由器的配置命令。

二、实训内容

(1)通过使用 BoSon 公司的路由器模拟程序 RouterSim 来学习路由器的配置命令;

(2)配置 IP 地址、静态路由和动态路由协议;

(3)配置广域网。

三、实训环境的搭建

(1)PC 1 台；

(2)安装 BoSon 公司的 RouterSim CCNA2.0 的路由器模拟软件。

四、实训操作实践

1. 模拟配置

启动 RouterSim 程序后，出现如图 5.1 所示的界面。在正常情况下，选择第一个按钮“GO TO Network Visualizer”进入配置功能，如图 5.2 所示。图中下半部分是一些操作按钮；上半部分是一个拓扑图，共有 6 台路由器和 2 台交换机。如果欲配置某台路由器或交换机，用鼠标单击该设备图标，就可进入配置模式中去，如图 5.3 所示。

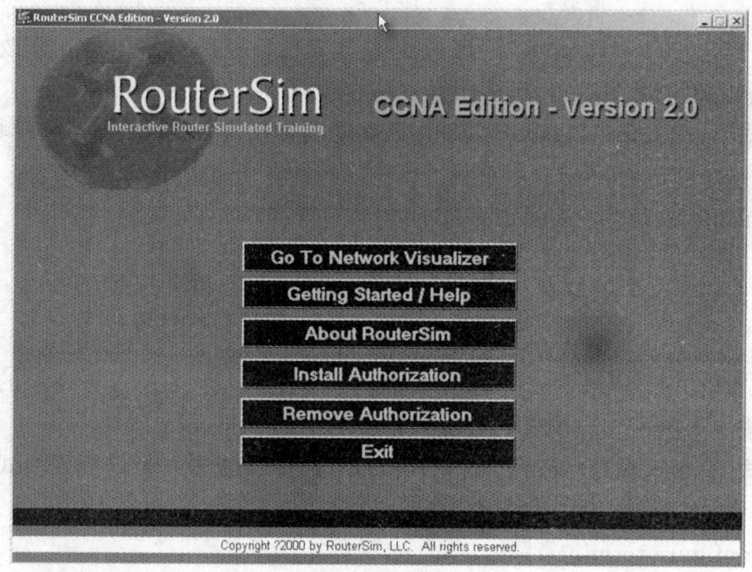

图 5.1 RouterSim 启动界面

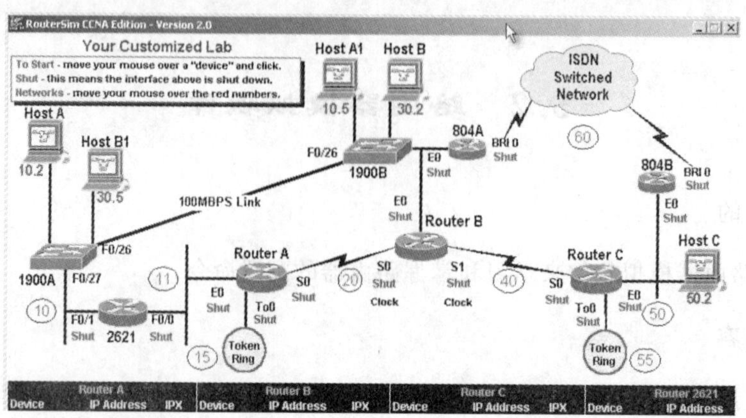

图 5.2 进入配置功能

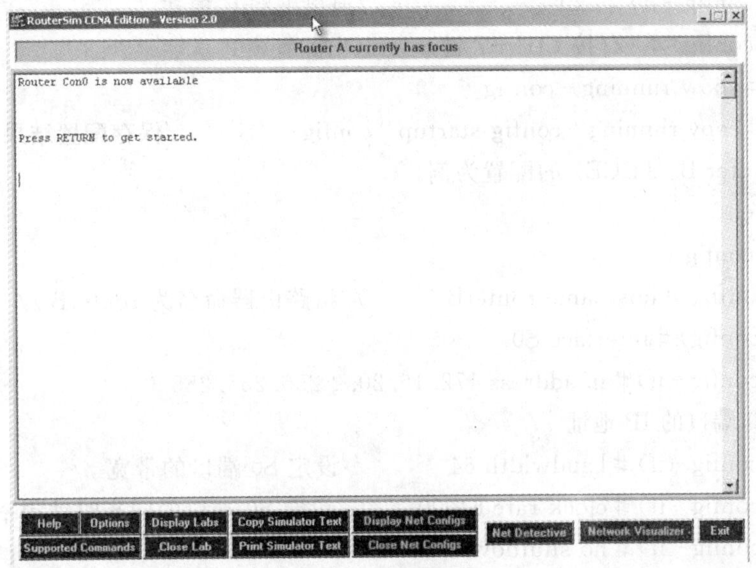

图 5.3　配置模式

这毕竟是一个模拟实验，并不是所有的命令都能使用，同时 IP 地址的前二位十进制数必须是 172.16。当然只有带着实验目的去做配置学习，才能收到满意效果的配置。

2. 配置 IP 地址(包括令牌环和广域网)

(1)用 config 命令行方式进行配置。以 Router A (DTE)的配置为例。

1)启动 Router 进入 Router>模式。

```
Router>en                              //进入特权执行模式 //
Router＃config t                       //进入全局配置模式//
Router(config)＃hostname routerA       //给路由器命名为 routerA  //
```

2)选择要配置的路由器端口。

```
routerA(config)＃interface E0          //进入 E0 端口 //
routerA(config－if)＃ip address 172.16.11.1 255.255.255.0
//设定 E0 端口的 IP 地址 //
routerA(config－if)＃no shutdown
routerA(config－if)＃interface To0     //进入 To0 端口 //
routerA(config－if)＃ip address 172.16.15.1 255.255.255.0
//设定令牌环 To0 端口的 IP 地址 //
routerA(config－if)＃ring－speed 16     //设定令牌环速度 //
routerA(config－if)＃no shutdown
routerA(config－if)＃interface S0      //进入 S0 端口 //
routerA(config－if)＃ip address 172.16.20.1 255.255.255.0
//设定广域网 S0 端口的 IP 地址 //
routerA(config－if)＃description wan link to Miami   //描述广域网名称 //
routerA(config－if)＃no shutdown// 激活 S0 端口 //
```

routerA(config－if)＃exit　　　　　　//退出 EXEC 模式 //
routerA(config)＃ ^Z(按 Ctrl＋Z 键) // 退出配置模式 //
routerA＃show running－config
routerA＃copy running－config startup－config　　　　//保存配置结果 //
(2)以 Router B （DCE）的配置为例。
Router＞en
Router＃config t
Router(config)＃hostname routerB　　　　//给路由器命名为 routerB //
routerB(config)＃interface S0
routerB(config－if)＃ip address 172.16.20.2 255.255.255.0
//设定 S0 端口的 IP 地址 //
routerB(config－if)＃bandwidth 64　　　　//设定 S0 端口的带宽 //
routerB(config－if)＃clock rate 64000　　　//设定 S0 端口的同步时钟频率 //
routerB(config－if)＃no shutdown
routerB(config)＃interface S1　　　　//进入 S1 端口 //
routerB(config－if)＃ip address 172.16.40.1 255.255.255.0
//设定广域网 S1 端口的 IP 地址 //
routerB(config－if)＃bandwidth 64　　　//设定 S1 端口的带宽 //
routerB(config－if)＃clock rate 64000　//设定 S1 端口的同步时钟频率 //
routerB(config－if)＃no shutdown
routerB(config)＃interface E0　　　　//进入 E0 端口 //
routerB(config－if)＃ip address 172.16.10.16 255.255.255.0
//设定 E0 端口的 IP 地址//
routerB(config－if)＃no shutdown
routerB(config－if)＃exit
routerB(config)＃end
routerB＃show running－config
routerB＃copy running－config startup－config
(3)测试广域网 Router B 的 S0 端口和 Router A 的 S0 端口之间的连通性。
routerB＃ping 172.16.20.1
Type escape sequence to abort.
Sending 5，100－byte ICMP Echos to 172.16.20.1，timeout is 2 seconds：
!!!!!
success rate is 100 percent (5/5)，round－trip min/avg/max ＝4/4/4 ms
以上测试结果表明：广域网 Router B 的 S0 端口和 Router A 的 S0 端口之间是连通的。
(4)以 Router C （DTE）的配置为例。
Router＞en
Router＃config t
Router(config)＃hostname routerC　　　　//给路由器命名为 routerC //

routerC(config)＃interface S0

routerC(config－if)＃ip address 172.16.40.2 255.255.255.0

//设定广域网 S0 端口的 IP 地址 //

routerC(config－if)＃no shutdown

routerC(config)＃interface E0　　　//进入 E0 端口 //

routerC(config－if)＃ip address 172.16.50.1 255.255.255.0

//设定 E0 端口的 IP 地址 //

routerC(config－if)＃no shutdown

routerC(config－if)＃interface To0　　　//进入 To0 端口 //

routerC(config－if)＃ip address 172.16.55.1 255.255.255.0

//设定令牌环 To0 端口的 IP 地址 //

routerC(config－if)＃ring－speed 16　　　//设定令牌环速度 //

routerC(config－if)＃no shutdown

routerC(config－if)＃exit

routerC(config)＃end

routerC＃show running－config

routerC＃copyrunning－config startup－config

3.配置 IP 路由协议

(1)配置静态路由。

1)以 Router A 的配置为例。

routerA(config)＃ip route 172.16.10.0 255.255.255.0 172.16.11.2

routerA(config)＃ip route 172.16.40.0 255.255.255.0 172.16.20.2

routerA(config)＃ip route 172.16.50.0 255.255.255.0 172.16.40.2

routerA(config)＃ip route 172.16.55.0 255.255.255.0 172.16.40.2

2)以 Router B 的配置为例。

routerB(config)＃ip route 172.16.11.0 255.255.255.0 172.16.20.1

routerB(config)＃ip route 172.16.15.0 255.255.255.0 172.16.20.1

routerB(config)＃ip route 172.16.50.0 255.255.255.0 172.16.40.2

routerB(config)＃ip route 172.16.55.0 255.255.255.0 172.16.40.2

3)以 Router C 的配置为例。

routerC(config)＃ip route 172.16.10.0 255.255.255.0 172.16.40.1

routerC(config)＃ip route 172.16.11.0 255.255.255.0 172.16.40.1

routerC(config)＃ip route 172.16.15.0 255.255.255.0 172.16.40.1

routerC(config)＃ip route 172.16.20.0 255.255.255.0 172.16.40.1

4)在 Router A 上验证 Router B 路由。

routerA＃ping 172.16.40.2

Type escape sequence to abort.

Sending 5，100－byte ICMP Echos to 172.16.40.2，timeout is 2 seconds：

!!!!!

success rate is 100 percent (5/5), round - trip min/avg/max =4/4/4 ms

routerA＃show ip route //查看当前路由表的信息 //

(2)删除静态路由。以 Router A 的配置为例。

routerA(config)＃no ip route 172.16.10.0 255.255.255.0 172.16.11.2

routerA(config)＃no ip route 172.16.40.0 255.255.255.0 172.16.20.2

routerA(config)＃no ip route 172.16.50.0 255.255.255.0 172.16.40.1

routerA(config)＃no ip route 172.16.55.0 255.255.255.0 172.16.40.1

(3)配置缺省静态路由。

1)以 RouterC 的配置为例。

routerC(config)＃ip route0.0.0.0 0.0.0.0 172.16.40.1

routerC(config)＃ip classless

2)以 Router2621 的配置为例。

2621(config)＃ip route0.0.0.0 0.0.0.0 172.16.11.1

2621(config)＃ip classless

2621＃show ip route //查看当前路由表的信息 //

(4)配置动态路由 RIP。

1)以 Router A 的配置为例。

routerA(config)＃router rip //选择 RIP 作为路由选择协议 //

routerA(config - router)＃network 172.16.0.0

// 设置 routerA 参与动态路由的网络主类地址 //

2)在 Router A 上验证 Router B 路由。

routerA＃ping 172.16.40.2

Type escape sequence to abort.

Sending 5, 100 - byte ICMP Echos to 172.16.40.2, timeout is 2 seconds:

!!!!!

success rate is 100 percent (5/5), round - trip min/avg/max =4/4/4 ms

routerA＃ping 172.16.50.1

Type escape sequence to abort.

Sending 5, 100 - byte ICMP Echos to 172.16.50.1, timeout is 2 seconds:

!!!!!

success rate is 100 percent (5/5), round - trip min/avg/max =4/4/4 ms

routerA＃show ip protocol// 查看路由器 routerA 的 IP 协议 //

routerA＃show ip route

routerA＃show running - config// 查看运行配置 //

(5)删除动态路由 RIP。以 Router A 的配置为例。

routerA(config)＃no router rip

配置动态路由 IGRP。

1) 以 Router A 的配置为例。

routerA(config)＃router igrp 168　//使用 IGRP 路由选择协议进程 //

routerA(config－router)＃network 172.16.0.0

//选择网络 172.16.0.0 来广播和接收 IGRP 升级信息　//

2)在 Router A 上验证 Router B 路由。

routerA＃ping 172.16.50.1

Type escape sequence to abort.

Sending 5，100－byte ICMP Echos to 172.16.50.1，timeout is 2 seconds：

!!!!!

success rate is 100 percent (5/5)，round－trip min/avg/max ＝4/4/4 ms

routerA＃show ip protocol　//显示配置的协议 //

routerA＃show ip route　//显示当前路由表的状态 //

routerA＃show running－config　//显示正在使用的路由选择协议 //

(7)删除动态路由 IGRP。以 Router A 的配置为例。

routerA(config)＃no router igrp

5.3　路由器的启动和基本配置

一、实训目的

(1)理解 Cisco 2621XM 或 Cisco 2921 路由器的配置方式；

(2)掌握路由器的基本配置命令。

二、实训内容

(1)对 Cisco 2621XM 或 Cisco 2921 路由器的启动和基本设置的操作；

(2)熟悉路由器的开机画面；

(3)对路由器进行基本的配置；

(4)理解路由器的端口、编号及配置。

三、实训环境的搭建

通过 Console 电缆把 PC 的 COM 端口和路由器的 Console 端口连接起来，如图 5.4 所示。

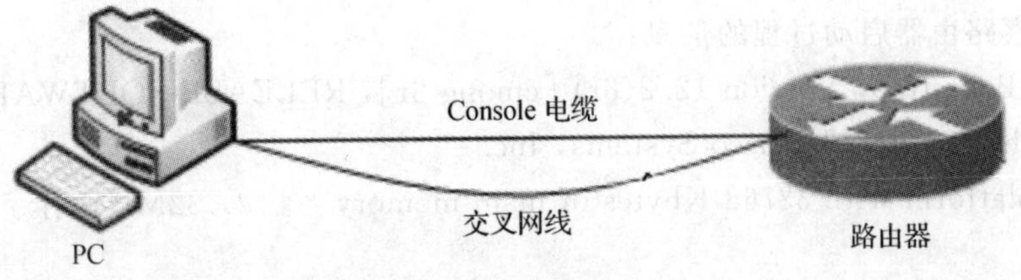

图 5.4　路由器的启动和基本配置

(1)PC 1 台，操作系统为 Windows Server 2008；

(2)Cisco 2621XM 或 Cisco 2921 路由器 1 台；

(3)Console 电缆 1 条，交叉网线 1 条；

(4)实验中分配的 IP 地址，PC 的 IP 为 192.168.12.38，路由器 F0/0 口为 192.168.12.138，子网掩码均为 255.255.255.0。

四、实训操作实践

1. 路由器的配置方式

Console 口配置：用 Console 口对路由器进行配置是在网络工程中对路由器进行配置最基本最常用的方法。在第一次配置路由器时必须采用 Console 口配置方式。用 Console 口配置路由器是通过 Console 电缆把 PC 的 COM 端口和路由器的 Console 端口连接起来。

(1)通过 Console 电缆把 PC 的 COM 端口和路由器的 Console 端口连接起来，并确认连接 PC 的串口是 COM1 还是 COM2，给路由器加电。

(2)启动 Windows Server 2008 自带的超级终端程序，选择通信串口(COM1 或 COM2)。

(3)超级终端程序的 COM 端口参数设置如图 5.5 所示。

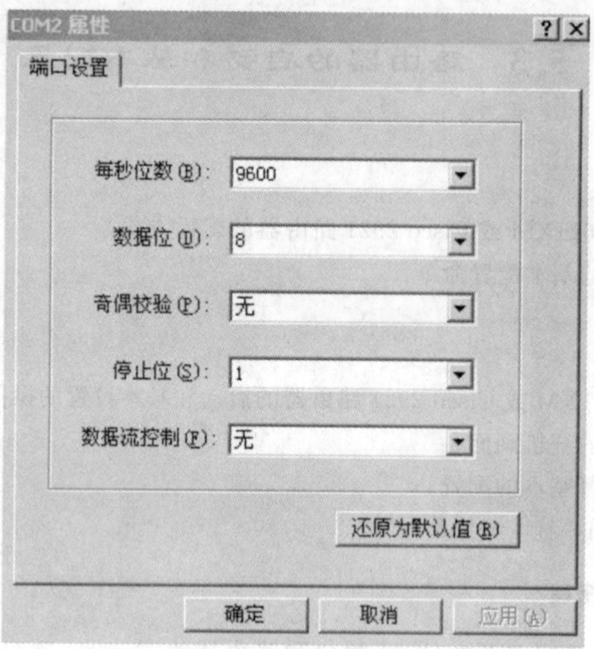

图 5.5　COM 端口参数设置

仔细观察路由器启动过程的信息：

System Bootstrap, Version 12.2(8r) [cmong 8r], RELEASE SOFTWARE (fc1)

Copyright (c) 2003 by cisco Systems, Inc.

C2600 platform with 32768 Kbytes of main memory　　// 32MB 内存 //

program load complete, entry point: 0x80008000, size: 0x5942dc

Self decompressing the image : ＃＃
＃＃＃＃＃＃＃＃＃＃＃＃＃＃＃＃＃＃＃＃＃＃＃＃＃＃＃＃＃＃ [OK]

Smart Init is enabled
smart init is sizing iomem
ID　　　　MEMORY_REQ　　　　TYPE
00036D　　0X00103980 C2621XM Dual Fast Ethernet　　// 型号:C2621XM //

1)开始配置。

Router>// 用户执行模式 //
Router>enable// 进入特权执行模式 //
Router＃config terminal　　　　// 进入全局配置模式 //
Router (config)＃interface f0/0　　　// 进入 f0/0 端口 //
Router(config－if)＃ ip address 192.168.12.138 255.255.255.0
// 设置 f0/0 端口的 IP 地址:192.168.12.138 255.255.255.0 //
Route r(config－if)＃no shutdown　　　// 激活 f0/0 端口 //
Router(config－if)＃^Z(按 Ctrl＋Z 键)　　　// 退出 //
Router＃show ru　　　　// 查看运行配置 //

显示信息:

Building configuration...

Current configuration : 427 bytes
!
version 12.2
service timestamps debug uptime
service timestamps log uptime
no service password－encryption
!
hostname Router
!
!
ip subnet－zero
!
!
!
!
!
!
interface FastEthernet0/0

```
ip address 192.168.12.138 255.255.255.0
duplex auto
speed auto
!
interface FastEthernet0/1
no ip address
shutdown
duplex auto
speed auto
!
ip classless
ip http server
ip pim bidir - enable
!
!
!
line con 0
line aux 0
line vty 0 4
!
!
end

Router#

Router# ping 192.168.12.38                // 测试连通性 //
```

显示信息：

```
Type escape sequence to abort.
Sending 5, 100 - byte ICMP Echos to 192.168.12.38, timeout is 2 seconds:
!!!!!
Success rate is 100 percent (5/5), round - trip min/avg/max =1/1/4 ms
```

2)通过 line console 0 建立终端控制台访问时使用的密码保护。

```
Router# config t
Router(config)# lineconsole 0
Router(config - line)# password cisco          // 建立明文显示的密码 //
Router(config - line)# end
Router# config t
Router(config)# enable password   cisco        // 设置登录明文密码 //
Router# show ru
```

显示信息：

```
Building configuration...

Current configuration : 443 bytes
!
version 12.2
service timestamps debug uptime
service timestamps log uptime
no service password-encryption
!
hostname Router
!
enable password cisco                // 配置信息:密码明文显示 //
!
ip subnet-zero
!
!
!
!
!
!
interface FastEthernet0/0
ip address 192.168.12.138 255.255.255.0
duplex auto
speed auto
!
interface FastEthernet0/1
no ip address
shutdown
duplex auto
speed auto
!
ip classless
ip http server
ip pim bidir-enable
!
!
!
line con 0
```

```
password cisco                    // 配置信息:密码明文显示 //
line aux 0
line vty 0 4
!
!
end

Router#

Router#config t
Router(config)#no enable password cisco          // 删除明文显示密码 //
Router(config)#end
Router#config t
Router(config)#enable secret cisco               // 建立密文显示的密码 //
Router(config)#end
Router#show ru
显示信息:
Building configuration...

Current configuration : 490 bytes
!
version 12.2
service timestamps debug uptime
service timestamps log uptime
no service password-encryption
!
hostname Router
!
enable secret 5 $1$d37n$RMuSrt8MXxG1ulnDSrsRP/
// 配置信息:密码加密显示 //
!
ip subnet-zero
!
!
!
!
!
!
interface FastEthernet0/0
```

```
ip address 192.168.12.138 255.255.255.0
duplex auto
speed auto
!
interface FastEthernet0/1
no ip address
shutdown
duplex auto
speed auto
!
ip classless
ip http server
ip pim bidir-enable
!
!
!
line con 0
password cisco
line aux 0
line vty 0 4
!
!
end

Router#

Router#conf t
Enter configuration commands, one per line.   End with CNTL/Z.
Router(config)#no enable secret cisco        // 删除密文显示密码 //
Router(config)#end
Router#
```

(4)Telnet 配置。

1)通过 line vty 0 4 建立 Telnet 会话访问时使用的密码保护。

```
Router#  config t
Router(config)#line vty 0 4                  // 进入虚拟终端线路 vty 0 4 //
Router(config-line)#login                    // 回显一个输入口令的提示 //
% Login disabled on line 66, until 'password' is set
% Login disabled on line 67, until 'password' is set
% Login disabled on line 68, until 'password' is set
```

% Login disabled on line 69，until 'password' is set
% Login disabled on line 70，until 'password' is set
Router(config - line) # password cisco　　// 设置登录口令：cisco //
Router(config - line) # exit　　// 退出局部配置状态 //
Router(config) # enable password cisco
// 设置一个进入特权模式的口令：cisco　//
Router(config) # end　　// 退出配置模式 //
Router # show ru
显示信息：
Building configuration...

Current configuration ：466 bytes
!
version 12.2
service timestamps debug uptime
service timestamps log uptime
no service password - encryption
!
hostname Router
!
!
ip subnet - zero
!
!
!
!
!
!
interface FastEthernet0/0
ip address 192.168.12.138 255.255.255.0
duplex auto
speed auto
!
interface FastEthernet0/1
no ip address
shutdown
duplex auto
speed auto
!

```
ip classless
ip http server
ip pim bidir-enable
!
!
!
line con 0
password cisco
line aux 0
line vty 0 4
password cisco
login
!
!
end

Router#
```

2)单击“开始”➔“运行”，输入“telnet 192.168.12.138”并回车。或进入 DOS 状态，在“命令提示符”界面中键入 telnet 192.168.12.138 并回车。

```
c:\>telnet 192.168.12.138
User Access Verification

Password:                              // 进入路由器用户执行模式 //
Router>enable
Password:                              // 进入路由器特权执行模式 //
Router#
```

通过广域网口建立远程配置：路由器 f0/0 端口接到广域网；远程 PC 利用 modem 进行远程登录到广域网，再用 Telnet 进行远程配置。(此实验可根据实验室具体情况选做)。

2.路由器的基本配置命令

(1)改变命令状态。

1)进入特权执行模式：

```
Router>enable
```

2)路由器命名：

```
Router#config t
Router(config)#hostname RouterA          // 给路由器命名为 RouterA //
RouterA(config)#
```

3)退出特权命令：

RouterA＃disable　　　　　　　　// 退出特权执行模式 //

4)进入全局配置模式：

RrouterA＃config t

5)退出全局配置模式：

RrouterA ＃end

6)退出局部配置状态：

RouterA(config－line)＃exit

7)进入端口(f0/0,s0/0,e0/0)：

RouterA(config)＃interface f0/0

8)进入虚拟终端线路 vty 0 4：

RouterA(config)＃line vty 0 4

(2)显示命令。

1)查看版本信息和引导信息：

RouterA＃show version

2)查看运行配置：

RouterA＃show running－config

3)查看开机设置：

RouterA＃showstartup－config

4)显示端口信息：

RouterA＃show interfaces f0/0

5) 显示路由信息：

RouterA＃sho ip route

(3)基本配置命令。

1)设置访问用户及密码：

RouterA(config)＃username temp password cisco

2)激活端口：

RouterA(config－if)＃no shutdown　　　　// 激活端口 //

3) 设置静态路由：

RouterA(config)＃ip route0.0.0.0 0.0.0.0 192.168.12.254

4)启动 IP 路由：

RouterA(config)＃ip routing

RouterA(config)＃

5)设置 f0/0 端口的 IP 地址：

RouterA(config－if)＃ip address 192.168.12.138 255.255.255.0

6)启动登录进程：

RouterA(config－line)＃login

7)设置登录密码：

RouterA(config)＃enable password cisco

8)修改 VTY 超时时间：

RouterA#show line vty 0 // 显示虚拟终端线路的配置和相关信息 //

信息显示默认超时为 10min：

Timeouts：　Idle EXEC　Idle Session　Modem Answer　Session　Dispatch

00:10:00　never　none　not set

RouterA#conf t

RouterA(config)#line vty 0

RouterA(config-line)#exec-timeout 20 0

// 设置虚拟终端线路超时时间为 20min//

RouterA(config-line)#logging synchronous　// 系统日志同步设置 //

RouterA(config-line)#end　// 退出全局配置模式 //

RouterA#show line vty 0　// 显示线路的超时时间为 20min //

信息显示超时时间为 20min：

Timeouts：　Idle EXEC　Idle Session　Modem Answer　Session　Dispatch

00:20:00　never　none　not set

9)将路由器的系统映像文件备份拷贝到 CiscoTFTP 服务器上：

RouterA#sho flash

System flash directory：

File　Length　Name/status

15850064　c2600-i-mz.122-8.T10.bin

[5850128 bytes used，10402800 available，16252928 total]

16384K bytes of processor board System flash (Read/Write)

RouterA#copy flash tftp

Source filename [c2600-i-mz.122-8.t10.bin]? c2600-i-mz.122-8.t10.bin

Address or name of remote host []? 192.168.12.38

Destination filename [c2600-i-mz.122-8.t10.bin]? c2600-i-mz.122-8.t10.bin

!!
!!
!!
!!
!!
!!
!!
!!
!!
!!
!!
!!
!!

!!
!!!!!!!!!!!!!!!!!!!!!!!!!!!!!!!

5850064 bytes copied in 22.237 secs (265912 bytes/sec)

RouterA＃

结果:CiscoTFTPServer 多一个 c2600－i－mz.122－8.t10.bin 的 IOS 镜像文件,说明备份文件是成功的。

5.4 配置静态 NAT

一、实训目的

(1)从实验角度帮助读者理解、配置和监测 NAT;

(2)掌握配置静态内部源地址转换 NAT。

二、实训内容

(1)静态 NAT 要求实现内网 IP 地址(Inside Local Address)对外网 IP 地址(Inside Global Address)之间的一一映射,以一对地址的静态映射进行配置;

(2)查看 NAT 的相关信息;

(3)监测 IP 地址的转换;

(4)测试内网和外网间的双向连通性。

三、实训环境的搭建

网络地址转换 NAT 的实现方式有 3 种,即静态地址转换、动态地址转换和复用动态地址转换(又称端口多路复用)。配置静态 NAT 的实验原理图如图 5.6 所示。

静态地址转换:是指将内部网络的私有 IP 地址转换为公用 IP 地址时,IP 地址对是一对一的,是固定不变的,某个私有 IP 地址只能转换为某个公用 IP 地址。借助于静态地址转换,可实现外部网络对内部网络中某些特定设备(例如服务器)的访问。

动态地址转换:是指将内部网络的私有 IP 地址转换为公用 IP 地址时,IP 地址对是不确定的,是随机的,所有被授权访问 Internet 的私有 IP 地址,可随机转换为任何指定的合法公用 IP 地址。当 ISP 提供的合法公用 IP 地址略少于网络内部的计算机数量时,可以采用 NAT 转换。

复用动态地址转换(又称端口多路复用):是指改变外出数据包的源端口并且端口转换完成(Port Address Translation,PAT)。采用复用动态地址转换方式,内部网络的所有主机均可共享一个合法的公用 IP 地址,以实现对 Internet 的访问。同时,隐藏网络内部的所有主机,避免来自 Internet 的攻击。

(1)PC 1 台,操作系统为 Windows server 2003;

(2)Cisco 2621XM 或 Cisco 2921 路由器 3 台,分别为 R1,R2 和 R3;

(3)WIC－2T 模块 2 个,分别安装在路由器 R1 和 R2;

(4)交叉网线 2 条,分别连接 R1 与 R3,R2 与 PC;

(5)DTE 电缆 1 条，一端连接在路由器 R1 的 S0/0 端口，另一端连接 DCE 电缆；

(6)DCE 电缆 1 条，一端连接在路由器 R2 的 S0/0 端口，另一端连接 DTE 电缆；

(7)Console 电缆 1 条，通过 Console 电缆把 PC 的 COM 端口和路由器的 Console 端口连接起来，配置路由器；

(8)实验中分配的 IP 地址，PC 的 IP 为 192.16.10.100，网关为 192.16.10.1；路由器 R1 的 F0/0 口为 172.16.10.1，S0/0 口为 200.10.10.1；路由器 R2 的 F0/0 口为 192.16.10.1，S0/0 口为 200.10.10.2，L0 为 202.1.1.2；路由器 R3 的 F0/0 口为 172.16.10.3，网关为 172.16.10.1；子网掩码均为 255.255.255.0。

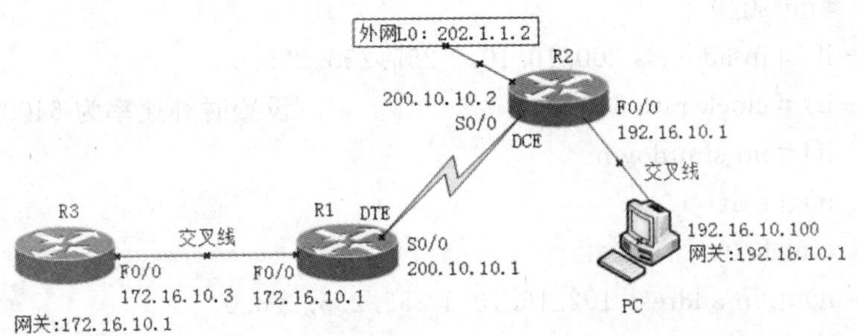

图 5.6　配置静态 NAT 实验原理图

四、实训操作实践

路由器 R1 负责静态 NAT 转换，R2 作为外网节点，R3 为内部主机。

1. R1 的配置过程

```
Router>en                                    // 进入特权执行模式 //
Router#config t                              // 进入全局配置模式 //
Router(config)#hostname R1                   // 给路由器命名为 R1 //
R1(config)#int f0/0                          // 进入 f0/0 端口 //
R1(config-if)#ip address 172.16.10.1 255.255.255.0
                                             // 设置 f0/0 端口的 IP 地址 //
R1(config-if)#ip nat inside                  // 指定路由器 f0/0 端口为内部接口 //
R1(config-if)#no shutdown                    // 激活 f0/0 端口 //
R1(config-if)#exit
R1(config)#int s0/0                          // 进入 s0/0 端口 //
```

对于 Cisco 2921 路由器，则进入 s0/0 端口需修改配置命令如下：

```
R2(config)#int s0/0/0                        //对于 Cisco 2921 路由器，进入 s0/0 端口 //
R1(config-if)# ip address 200.10.10.1 255.255.255.0
                                             // 设置 s0/0 端口的 IP 地址 //
R1(config-if)#ip nat outside                 // 指定路由器 s0/0 端口为外部接口 //
R1(config-if)#no shutdown                    // 激活 s0/0 端口 //
R1(config-if)#exit
R1(config)#ip nat inside source static 172.16.10.3 200.10.10.5
```

//建立内部本地址 172. 16. 10. 3 和内部全局地址 200. 10. 10. 5 之间的静态映射 //
R1(config)#ip route0. 0. 0. 0 0. 0. 0. 0 200. 10. 10. 2 // 设置缺省静态路由 //
R1(config-if)#end// 退出配置模式 //
R1#shorunning-config // 查看运行配置 //

2. R2 的配置过程

```
Router>en
Router#config t
Router(config)#hostname R2
R2(config)#int s0/0
R2(config-if)#ip address 200.10.10.2 255.255.255.0
R2(config-if)#clock rate 64000                //设置时钟速率为 64000 //
R2(config-if)#no shutdown
R2(config-if)#exit
R2(config)#int f0/0
R2(config-if)# ip address 192.16.10.1 255.255.255.0
R2(config-if)#no shutdown
R2(config-if)#exit
R2(config)#line vty 0 4                       // 进入虚拟终端线路 vty 0 4 //
R2(config-line)# login                        // 回显一个输入口令的提示 //
R2(config-line)#password cisco                // 设置登录口令:cisco //
R2(config-line)#exit                          // 退出局部配置状态 //
R2(config)#interface loopback0
R2(config-if)#ip address 202.1.1.2 255.255.255.0
R2(config-if)#end
R2#show ru
```

3. R3 的配置过程

```
Router>en
Router#config t
Router(config)#hostname R3
R3(config)#int f0/0
R3(config-if)#ip address 172.16.10.3 255.255.255.0
R3(config-if)#no shutdown
R3(config-if)#exit
R3(config)#line vty 0 4
R3(config-line)#login
R3(config-line)#password cisco
R3(config-line)#exit
R3(config)#no ip routing                      //不启用路由 //
R3(config)#ip default-gateway 172.16.10.1     //设置路由器 R3 的网关 IP//
```

R3(config)#end

R3#show ru

4. 查看和监测静态内部源地址转换

R3#ping 200.10.10.2　　　　//检查内网是否 PING 通外网 //

Type escape sequence to abort.

Sending 5, 100 - byte ICMP Echos to 200.10.10.2, timeout is 2 seconds:

!!!!!

Success rate is 100 percent (5/5), round - trip min/avg/max = 180/181/184 ms

R3#ping　　　　// R3 发出 500 个 IP 包,为了监测 R1 的 NAT 转换 //

Protocol [ip]:

Target IP address: 200.10.10.2

Repeat count [5]: 500

Datagram size [100]:

Timeout in seconds [2]:

Extended commands [n]:

Sweep range of sizes [n]:

Type escape sequence to abort.

Sending 500, 100 - byte ICMP Echos to 200.10.10.2, timeout is 2 seconds:

!!

!!!!!!!!!

在 500 个数据包发送完成前,把 Console 电缆从路由器 R3 拔下,插入路由器 R1 的 Console 配置端口。

R1#ping 200.10.10.2　　　　// 检查是否 PING 通 200.10.10.2 //

Type escape sequence to abort.

Sending 5, 100 - byte ICMP Echos to 200.10.10.2, timeout is 2 seconds:

!!!!!

Success rate is 100 percent (5/5), round - trip min/avg/max = 180/183/185 ms

R1#debug ip nat

//在 R3 重复 500 次 PING IP: 200.10.10.2 时,查看 NAT 地址翻译过程//

IP NAT debugging is on

R1#

06:20:19: NAT * : s=200.10.10.2, d=200.10.10.5 ->172.16.10.3 [731]

06:20:19: NAT * : s=172.16.10.3 ->200.10.10.5, d=200.10.10.2 [732]

06:20:19: NAT * : s=200.10.10.2, d=200.10.10.5 ->172.16.10.3 [732]

06:20:19: NAT * : s=172.16.10.3 ->200.10.10.5, d=200.10.10.2 [733]

```
06:20:19: NAT*: s=200.10.10.2, d=200.10.10.5->172.16.10.3 [733]
06:20:19: NAT*: s=172.16.10.3->200.10.10.5, d=200.10.10.2 [734]
06:20:20: NAT*: s=200.10.10.2, d=200.10.10.5->172.16.10.3 [734]
06:20:20: NAT*: s=172.16.10.3->200.10.10.5, d=200.10.10.2 [735]
06:20:20: NAT*: s=200.10.10.2, d=200.10.10.5->172.16.10.3 [735]
06:20:20: NAT*: s=172.16.10.3->200.10.10.5, d=200.10.10.2 [736]
06:20:20: NAT*: s=200.10.10.2, d=200.10.10.5->172.16.10.3 [736]
```

上述监测结果表明:R1路由器把R3传来的源地址(Source)为172.16.10.3的IP包转换成源地址为200.10.10.5的IP包,其目的地址(Destination)是200.10.10.2。末尾方括号内的数字是转换的序号。

R1#sho ip nat statistics　　//列出R1路由器的NAT统计信息:总的NAT活动转换数为1,其中静态转换数为1,其余类型的转换数为0;NAT外部接口为S0,NAT内部接口为F0//

```
Total active translations: 1 (1 static, 0 dynamic; 0 extended)
Outside interfaces:
  Serial0/0
Inside interfaces:
  FastEthernet0/0
Hits: 14582  Misses: 15
Expired translations: 15
Dynamic mappings:
```

R1#sho ip nat translations　//列出当前的NAT转换//

```
Pro Inside global      Inside local      Outside local      Outside global
--- 200.10.10.5        172.16.10.3       ---                ---
```

5. 测试双向连通性

R3#telnet 200.10.10.2

//测试从内网172.16.10.3到外网200.10.10.5的连通性//

```
Trying 200.10.10.2 ... Open


User Access Verification


Password:
R2>exit

[Connection to 200.10.10.2 closed by foreign host]
R3#
```

```
R2#telnet 200.10.10.5
//测试从外网 200.10.10.5 到内网 172.16.10.3 的连通性 //
Trying 200.10.10.5 ... Open


User Access Verification

Password:
R3>exit

[Connection to 200.10.10.5 closed by foreign host]
R2#

R2#ping 172.16.10.3  //测试使用从外网到内网的真实 IP 的连通性 //

Type escape sequence to abort.
Sending 5, 100-byte ICMP Echos to 172.16.10.3, timeout is 2 seconds:
.....
Success rate is 0 percent (0/5)

R2#ping 200.10.10.5
//测试使用从外网到内网的内部全局 IP 地址的连通性 //

Type escape sequence to abort.
Sending 5, 100-byte ICMP Echos to 200.10.10.5, timeout is 2 seconds:
!!!!!
Success rate is 100 percent (5/5), round-trip min/avg/max = 184/185/188 ms
```

上述测试结果表明：使用从外网到内网的真实 IP，将不能通信，因为从外网没有到达内网的路由存在。而使用从外网到内网的内部全局 IP 地址的连通性是成功的。

5.5　配置动态 NAT

一、实训目的

(1)从实验角度帮助读者理解、配置和监测 NAT；

(2)掌握配置动态内部源地址转换 NAT。

二、实训内容

(1)动态 NAT 要求实现内网 IP 地址(Inside Local Address)对外网 IP 地址(Inside Global Address)之间的 IP 地址对一一映射是不确定的,是随机的,以一对地址的动态映射进行配置;

(2)查看 NAT 的相关信息;

(3)监测 IP 地址的转换;

(4)测试内网和外网间的双向连通性。

三、实训环境的搭建

网络地址转换 NAT 的实现方式有 3 种,即静态地址转换、动态地址转换和复用动态地址转换(又称端口多路复用)。配置动态 NAT 的实验原理图如图 5.7 所示。

动态地址转换:是指将内部网络的私有 IP 地址转换为公用 IP 地址时,IP 地址对是不确定的,是随机的,所有被授权访问 Internet 的私有 IP 地址,可随机转换为任何指定的合法公用 IP 地址。当 ISP 提供的合法公用 IP 地址略少于网络内部的计算机数量时,可以采用 NAT 转换。

(1)PC 1 台,操作系统为 Windows server 2008;

(2)Cisco 2621XM 或 Cisco 2921 路由器 3 台,分别为 R1,R2 和 R3;

(3)WIC-2T 模块 2 个,分别安装在路由器 R1 和 R2;

(4)交叉网线 2 条,分别连接 R1 与 R3,R2 与 PC;

(5)DTE 电缆 1 条,一端连接在路由器 R1 的 S0/0 端口,另一端连接 DCE 电缆;

(6)DCE 电缆 1 条,一端连接在路由器 R2 的 S0/0 端口,另一端连接 DTE 电缆;

(7)Console 电缆 1 条,通过 Console 电缆把 PC 的 COM 端口和路由器的 Console 端口连接起来,配置路由器;

(8)实验中分配的 IP 地址,PC 的 IP 为 192.16.10.100,网关为 192.16.10.1;路由器 R1 的 F0/0 口为 192.76.12.1;路由器 R2 的 F0/0 口为 192.16.10.1,L0 为 202.10.1.2;路由器 R3 的 F0/0 口为 192.76.12.3,网关为 192.76.12.1;子网掩码均为 255.255.255.0。

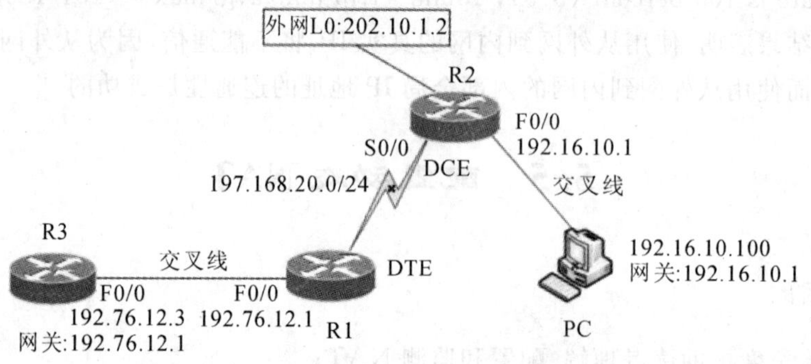

图 5.7　配置动态 NAT 实验原理图

四、实训操作实践

路由器 R1 负责动态 NAT 转换，R2 作为外网节点，R3 为内部主机。

1. R1 的配置过程

Router>en　　　　　　　　　// 进入特权执行模式 //

Router＃config t　　　　　　// 进入全局配置模式 //

Router(config)＃hostname R1　　　　　// 给路由器命名为 R1 //

R1(config)＃int f0/0　　　　　// 进入 f0/0 端口 //

R1(config-if)＃ip address 192.76.12.1 255.255.255.0

// 设置 f0/0 端口的 IP 地址 //

R1(config-if)＃ip nat inside　　　　　// 指定路由器 f0/0 端口为内部接口 //

R1(config-if)＃no shutdown　　　　　// 激活 f0/0 端口 //

R1(config-if)＃exit

R1(config)＃int s0/0　　　　　// 进入 s0/0 端口 //

R1(config-if)＃ip address 197.168.20.3 255.255.255.0

// 设置 s0/0 端口的 IP 地址 //

R1(config-if)＃ip nat outside　　　　　// 指定路由器 s0/0 端口为外部接口 //

R1(config-if)＃no shutdown　　　　　// 激活 s0/0 端口 //

R1(config-if)＃exit

R1(config)＃ip nat pooldynamicnat 197.168.20.3 197.168.20.254 netmask 255.255.255.0

//配置动态 nat 转换的地址池，地址池名称为 dynamicnat，包括 IP 地址 197.168.20.3-197.168.20.254 //

R1(config)＃ip nat inside sourcelist 10 pool dynamicnat　　// 配置动态 nat 映射 //

R1(config)＃access-list 10 permit 192.76.12.0 0.0.0.255

//允许动态 nat 转换的内部地址范围 //

R1(config)＃ip route0.0.0.0 0.0.0.0 197.168.20.4　　// 设置缺省静态路由 //

R1(config)＃router rip　　　　　// 选择 rip 作为路由选择协议 //

R1(config-router)＃version 2　　　　//选择 rip 路由选择协议版本 2 //

R1(config-router)＃no auto-summary　　// 关闭路由信息自动汇总功能 //

R1(config-router)＃network 197.168.20.0

//设置参与动态路由的网络主类地址为 197.168.20.0 //

R1(config-if)＃end　　　　　　　// 退出配置模式 //

R1＃show running-config　　　　　　　// 查看运行配置 //

显示信息

Building configuration...

Current configuration : 763 bytes

!

```
version 12.2
service timestamps debug uptime
service timestamps log uptime
no service password-encryption
!
hostname R1
!
!
ip subnet-zero
!
!
!
!
!
!
interface FastEthernet0/0
ip address 192.76.12.1 255.255.255.0
ip nat inside
duplex auto
speed auto
!
interface Serial0/0
ip address 197.168.20.3 255.255.255.0
ip nat outside
!
interface FastEthernet0/1
no ip address
shutdown
duplex auto
speed auto
!
interface Serial0/1
no ip address
shutdown
!
router rip
version 2
network 197.168.20.0
no auto-summary
```

```
!
ip nat pool dynamicnat 197.168.20.3 197.168.20.254 netmask 255.255.255.0
ip nat inside source list 10 pool dynamicnat
ip classless
ip route0.0.0.0 0.0.0.0 197.168.20.4
no ip http server
ip pim bidir-enable
!
!
access-list 10 permit 192.76.12.0 0.0.0.255
!
line con 0
line aux 0
line vty 0 4
!
!
end

R1#
```

2. R2 的配置过程

```
Router>en
Router#config t
Router(config)#hostname R2
R2(config)#int s0/0
R2(config-if)#ip address 197.168.20.4 255.255.255.0
                                   //设置 s0/0 端口的 IP 地址//
R2(config-if)#clock rate 64000                   //设置时钟速率为 64000//
R2(config-if)#no shutdown
R2(config-if)#exit
R2(config)#int f0/0
R2(config-if)# ip address 192.16.10.1 255.255.255.0
R2(config-if)#no shutdown
R2(config-if)#exit
R2(config)#line vty 0 4                          //进入虚拟终端线路 vty 0 4//
R2(config-line)# login                           //回显一个输入口令的提示//
% Login disabled on line 66, until 'password' is set
% Login disabled on line 67, until 'password' is set
% Login disabled on line 68, until 'password' is set
% Login disabled on line 69, until 'password' is set
```

```
% Login disabled on line 70, until 'password' is set
R2(config-line)#password cisco          //设置登录口令:cisco//
R2(config-line)#exit                    //退出局部配置状态//
R2(config)#interface loopback0
R2(config-if)#ip address 202.10.1.2 255.255.255.0
R2(config-if)#exit
R2(config)#router rip                   //选择 rip 作为路由选择协议//
R2(config-router)#version 2             //选择 rip 路由选择协议版本 2//
R2(config-router)#no auto-summary       //关闭路由信息自动汇总功能//
R2(config-router)#network 197.168.20.0
                    //设置参与动态路由的网络主类地址为 197.168.20.0//
R2(config-if)#end
R2#showrunning-config                   //查看运行配置//
显示信息
Building configuration...

Current configuration : 689 bytes
!
version 12.2
service timestamps debug uptime
service timestamps log uptime
no service password-encryption
!
hostname R2
!
!
ip subnet-zero
!
!
!
!
!
!
interface Loopback0
ip address 202.10.1.2 255.255.255.0
!
interface FastEthernet0/0
ip address 192.16.10.1 255.255.255.0
duplex auto
```

```
speed auto
!
interface Serial0/0
ip address 197.168.20.4 255.255.255.0
clockrate 64000
!
interface FastEthernet0/1
no ip address
shutdown
duplex auto
speed auto
!
interface Serial0/1
no ip address
shutdown
!
router rip
version 2
network 197.168.20.0
no auto-summary
!
ip classless
no ip http server
ip pim bidir-enable
!
!
!
line con 0
line aux 0
line vty 0 4
password cisco
login
!
!
end

R2#
```

3. R3 的配置过程

```
Router>en
```

```
Router#config t
Router(config)#hostname R3
R3(config)#int f0/0
R3(config-if)#ip address 192.76.12.3 255.255.255.0
R3(config-if)#no shutdown
R3(config-if)#exit
R3(config)#line vty 0 4
R3(config-line)#login
% Login disabled on line 66, until 'password' is set
% Login disabled on line 67, until 'password' is set
% Login disabled on line 68, until 'password' is set
% Login disabled on line 69, until 'password' is set
% Login disabled on line 70, until 'password' is set
R3(config-line)#password cisco
R3(config-line)#exit
R3(config)#no ip routing                          //不启用路由//
R3(config)#ip default-gateway 192.76.12.1          //设置路由器R3的网关IP//
R3(config)#end
R3#showrunning-config                              //查看运行配置//
显示信息
Building configuration...

Current configuration : 673 bytes
!
version 12.2
service timestamps debug uptime
service timestamps log uptime
no service password-encryption
!
hostname R3
!
!
ip subnet-zero
no ip routing
!
!
!
!
!
```

```
!
interface FastEthernet0/0
ip address 192.76.12.3 255.255.255.0
no ip route-cache
duplex auto
speed auto
!
interface Serial0/0
no ip address
no ip route-cache
shutdown
!
interface FastEthernet0/1
no ip address
no ip route-cache
shutdown
duplex auto
speed auto
!
interface Serial0/1
no ip address
no ip route-cache
shutdown
!
ip default-gateway 192.76.12.1
ip classless
ip http server
ip pim bidir-enable
!
!
!
line con 0
line aux 0
line vty 0 4
password cisco
login
!
!
end
```

R3#

4.查看和监测动态内部源地址转换

R3#ping 202.10.1.2　　　　　// 检查内网是否 PING 通外网 //

Type escape sequence to abort.

Sending 5, 100-byte ICMP Echos to 202.10.1.2, timeout is 2 seconds:

!!!!!

Success rate is 100 percent (5/5), round-trip min/avg/max = 28/28/32 ms

R3#

R3#ping　　　　　// R3 发出 500 个 IP 包,用于监测 R1 的 NAT 转换 //

Protocol [ip]:

Target IP address: 202.10.1.2

Repeat count [5]: 500

Datagram size [100]:

Timeout in seconds [2]:

Extended commands [n]:

Sweep range of sizes [n]:

Type escape sequence to abort.

Sending 500, 100-byte ICMP Echos to 202.10.1.2, timeout is 2 seconds:

!!

!!!!!!!!!

在 500 个数据包发送完成前,把 Console 电缆从路由器 R3 拔下,插入至路由器 R1 的 Console 配置端口。

R1#ping 202.10.1.2　　　　　// 检查是否 PING 通 200.10.10.2 //

Type escape sequence to abort.

Sending 5, 100-byte ICMP Echos to 202.10.1.2, timeout is 2 seconds:

.....

Success rate is 0 percent (0/5)

R1#

R1#debug ip nat

//在 R3 重复 500 次 PING IP: 202.10.1.2 时,查看 NAT 地址翻译过程 //

IP NAT debugging is on

R1#

03:43:51: NAT*: s=202.10.1.2, d=197.168.20.3->192.76.12.3 [3829]

03:43:51: NAT*: s=192.76.12.3->197.168.20.3, d=202.10.1.2 [3830]

03:43:51: NAT*: s=202.10.1.2, d=197.168.20.3->192.76.12.3 [3830]

03:43:51: NAT*: s=192.76.12.3->197.168.20.3, d=202.10.1.2 [3831]

03:43:51：NAT*：s=202.10.1.2，d=197.168.20.3->192.76.12.3 [3831]

03:43:51：NAT*：s=192.76.12.3->197.168.20.3，d=202.10.1.2 [3832]

03:43:51：NAT*：s=202.10.1.2，d=197.168.20.3->192.76.12.3 [3832]

03:43:51：NAT*：s=192.76.12.3->197.168.20.3，d=202.10.1.2 [3833]

03:43:51：NAT*：s=202.10.1.2，d=197.168.20.3->192.76.12.3 [3833]

03:43:51：NAT*：s=192.76.12.3->197.168.20.3，d=202.10.1.2 [3834]

03:43:51：NAT*：s=202.10.1.2，d=197.168.20.3->192.76.12.3 [3834]

03:43:51：NAT*：s=192.76.12.3->197.168.20.3，d=202.10.1.2 [3835]

上述监测结果表明：R1 路由器把 R3 传来的源地址(Source)为 192.76.12.3 的 IP 包转换成源地址为 197.168.20.3 的 IP 包，其目的地址(Destination)是 202.10.1.2。末尾括号内的数字是转换的序号。

如果需要取消路由器 R1 的 NAT 翻译过程，输入如下命令：

R1#no debug ip nat

IP NAT debugging is off

R1#

如果取消路由器 R1 的 NAT 翻译过程后，路由器 R3 必须重新发送 500 个数据包，再来监测路由器 R1 的 NAT 转换过程。

R3#ping　　　　// R3 发出 500 个 IP 包，为了监测 R1 的 NAT 转换 //

Protocol [ip]：

Target IP address：202.10.1.2

Repeat count [5]：500

Datagram size [100]：

Timeout in seconds [2]：

Extended commands [n]：

Sweep range of sizes [n]：

Type escape sequence to abort.

Sending 500，100-byte ICMP Echos to 202.10.1.2，timeout is 2 seconds：

!!!

!!!!!!!!!

在 500 个数据包发送完成前，把 Console 电缆从路由器 R3 拔下，插入至路由器 R1 的 Console 配置端口。

R1#ping 202.10.1.2　　　　// 检查是否 PING 通 200.10.10.2 //

Type escape sequence to abort.

Sending 5，100-byte ICMP Echos to 202.10.1.2，timeout is 2 seconds：

.....

Success rate is 100 percent (5/5)，round-trip min/avg/max = 180/183/185 ms

R1#debug ip nat

//在 R3 重复 500 次 PING IP：202.10.1.2 时，查看 NAT 地址翻译过程 //

R1＃sho ip nat statistics　　// 列出 R1 路由器的 NAT 统计信息：总的 NAT 活动转换数为 1，其中静态转换数为 1，其余类型的转换数为 0；NAT 外部接口为 S0，NAT 内部接口为 F0//

```
Total active translations: 1 (1 static, 0 dynamic; 0 extended)
Outside interfaces:
  Serial0/0
Inside interfaces:
  FastEthernet0/0
Hits: 8159   Misses: 1
Expired translations: 0
Dynamic mappings:
— Inside Source
[Id: 1] access-list 10 pool dynamicnat refcount 1
pool dynamicnat: netmask 255.255.255.0
        start 197.168.20.3 end 197.168.20.254
        type generic, total addresses 252, allocated 1 (0%), misses 0
R1#
```

R1＃sho ip nat translations　　// 列出当前的 NAT 转换 //

```
Pro Inside global       Inside local       Outside local       Outside global
--- 197.168.20.3        192.76.12.3        ---                 ---
R1#
```

5. 测试双向连通性

R3＃telnet 202.10.1.2

//测试从内网 192.76.12.3 到外网 202.10.1.2 的连通性 //

```
Trying 202.10.1.2 ... Open


User Access Verification

Password:
R2>exit
```

// 从路由器 R2 中退出，返回至 R3 //

```
[Connection to 202.10.1.2 closed by foreign host]
R3#

R2#telnet 197.168.20.3
```

```
//测试从外网 197.168.20.3 到内网 192.76.12.3 的连通性 //
Trying 197.168.20.3 ... Open


User Access Verification


Password:
R3>exit                    // 从路由器 R3 中退出,返回至 R2 //

[Connection to 197.168.20.3 closed by foreign host]
R2#

R2#ping 192.76.12.3   // 测试使用从外网到内网的真实 IP 的连通性 //

Type escape sequence to abort.
Sending 5, 100-byte ICMP Echos to 192.76.12.3, timeout is 2 seconds:
.....
Success rate is 100 percent (5/5), round-trip min/avg/max = 28/30/32 ms
R2#

R2#ping 197.168.20.3
//测试使用从外网到内网的内部全局 IP 地址的连通性 //

Type escape sequence to abort.
Sending 5, 100-byte ICMP Echos to 197.168.20.3, timeout is 2 seconds:
!!!!!
Success rate is 100 percent (5/5), round-trip min/avg/max = 28/30/32 ms
R2#
```

上述测试结果表明:使用从外网到内网的真实 IP,将不能通信,因为从外网没有到达内网的路由存在。而使用从外网到内网的内部全局 IP 地址的连通性是成功的。

第6章 广域网协议配置

6.1 配置 PPP 和 X.25 协议

一、实训目的

(1)掌握 PPP(点到点协议)协议的基本配置与验证；

(2) 掌握 X.25 协议的基本配置与验证。

二、实训内容

(1)PPP 协议的验证方式为 CHAP 的配置；

(2)X.25 协议的基本配置与验证；

(3)查看接口及 X.25 相关信息。

三、实训环境的搭建

1. PPP 协议验证

PPP 协议验证的实验原理图如图 6.1 所示。

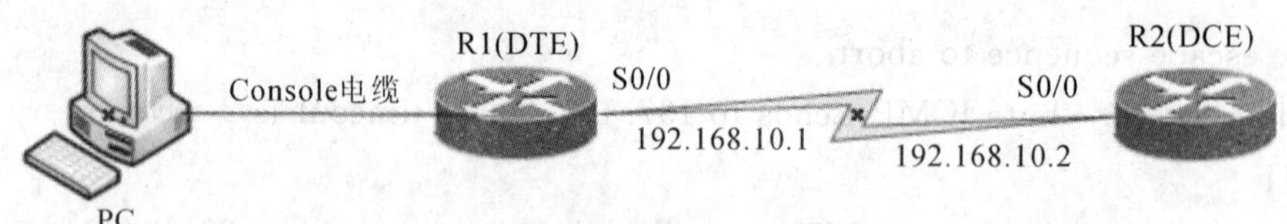

图 6.1 PPP 协议的验证实验原理图

(1)PC 1 台，操作系统为 Windows Server 2008；

(2)Cisco 2621XM 路由器 2 台，分别为 R1 和 R2；

(3)WIC - 2T 模块 2 个，分别安装在路由器 R1 和 R2；

(4)DTE 电缆 1 条，一端连接在路由器 R1 的 S0/0 端口，另一端连接 DCE 电缆；

(5)DCE 电缆 1 条，一端连接在路由器 R2 的 S0/0 端口，另一端连接 DTE 电缆；

(6)Console 电缆 1 条，通过 Console 电缆把 PC 的 COM 端口和路由器的 Console 端口连接起来，配置路由器；

(7)实验中分配的 IP 地址，其中路由器 R1 的 S0/0 口为 192.168.10.1，路由器 R2 的 S0/0 口为 192.168.10.2。

2. X. 25 协议验证

X. 25 协议验证的实验原理图如图 6. 2 所示。

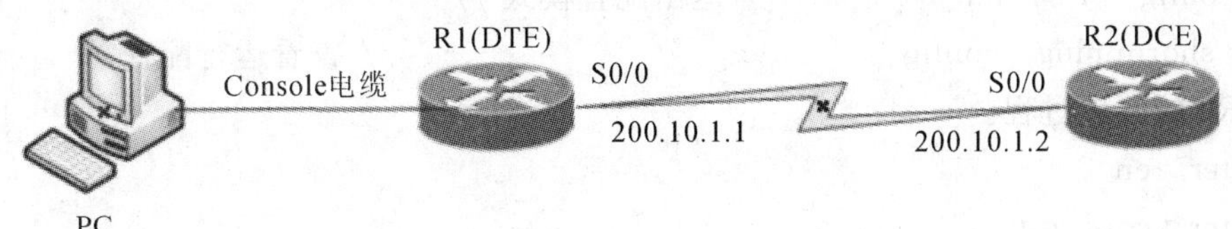

图 6. 2　X. 25 协议的验证实验原理图

(1)PC 1 台,操作系统为 Windows Server 2008;

(2)Cisco 2621XM 路由器 2 台,分别为 R1 和 R2;

(3)WIC - 2T 模块 2 个,分别安装在路由器 R1 和 R2;

(4)DTE 电缆 1 条,一端连接在路由器 R1 的 S0/0 端口,另一端连接 DCE 电缆;

(5)DCE 电缆 1 条,一端连接在路由器 R2 的 S0/0 端口,另一端连接 DTE 电缆;

(6)Console 电缆 1 条, 通过 Console 电缆把 PC 的 COM 端口和路由器的 Console 端口连接起来, 配置路由器;

(7)实验中分配的 IP 地址,其中路由器 R1 的 S0/0 口为 200. 10. 1. 1,路由器 R2 的 S0/0 口为 200. 10. 1. 2。

四、实训操作实践

1. PPP 协议

PPP 协议定义了 IP 地址的分配和管理、异步和面向比特的同步封装、网络协议复用、链路配置、链路质量测试、错误检测、网络层地址协议和数据压缩协议等协议标准。PPP 通过可扩展的链路协议(LCP)和网络控制协议(NCP)来实现上述功能。

在本实验中,PPP 协议提供了安全认证机制,主要通过 pap 明文验证和 CHAP 密文验证来实现的。其中路由器 R1 为 DTE,R2 为 DCE。

(1)R1 的配置过程。

Router＞en　　　　　// 进入特权执行模式 //

Router＃conf ig t　　　　　// 进入全局配置模式 //

Router(config)＃hostname R1　　　　　// 给路由器命名为 R1 //

R1(config)＃username R2 password cisco　// 设置对端路由器名称 R2 和密码 cisco //

R1(config)＃int s0/0　　　　// 进入 s0/0 端口 //

对于 Cisco 2921 路由器,则进入 S0/0 端口的配置命令修改如下:

R1(config)＃int s0/0/0　　　　// 进入 s0/0/0 端口 //

R1(config - if)＃ip address 192. 168. 10. 1 255. 255. 255. 0

　　　　// 设置 s0/0 端口或 s0/0/0 端口的 IP 地址 //

R1(config - if)＃encapsulation ppp　　　　// 在 s0/0 端口采用 PPP 封装 //

R1(config - if)＃ppp authentication chap

// 设置 PPP 认证方式为授权 CHAP 密文验证 //

R1(config－if)＃no shutdown　　　　　// 激活 s0/0 端口 //

R1(config－if)＃end　　　　// 退出配置模式 //

R1＃shorunning－config　　　　　　　　// 查看运行配置 //

(2)R2 的配置过程。

Router＞en

Router＃conf ig t

Router(config)＃hostname R2

R2(config)＃ username R1 password cisco

//设置对端路由器名称 R1 和密码 cisco //

R2(config)＃int s0/0

R2(config－if)＃ ip address 192.168.10.2 255.255.255.0

R2(config－if)＃encapsulation ppp　　　　// 在 s0/0 端口采用 PPP 封装 //

R2(config－if)＃clock rate 9600　　　　//设置同步时钟速率为 9600 //

R2(config－if)＃no shutdown

R2(config－if)＃end

R2＃show ru

(3)检查 DTE/DCE 电缆。

R1＃sho controllers s0/0　　　　　// 查看 s0/0 端口的连接电缆 //

Interface Serial0/0

Hardware is PowerQUICC MPC860

DTE V.35 clocksdeleted.

R2＃sho controller s0/0

Interface Serial0/0

Hardware is PowerQUICC MPC860

DCE V.35，clock rate 9600

(4)验证 R1 和 R2 的连通性。

R1＃ping 192.168.10.2　　　　　//测试 R1 和 R2 的连通性 //

Type escape sequence to abort.

Sending 5，100－byte ICMP Echos to 192.168.10. 2，timeout is 2 seconds：

!!!!!

Success rate is 100 percent (5/5)，round－trip min/avg/max ＝ 28/28/32 ms

R2＃ping 192.168.10.1　　　　// 测试 R2 和 R1 的连通性 //

2. X.25 协议

路由器 R1 为 DTE,R2 为 DCE。

(1)R1 的配置过程。

Router>en　　　　　// 进入特权执行模式 //
Router＃conf ig t　　　　　　　　　　// 进入全局配置模式 //
Router(config)＃hostname R1　　　　　　　　　　// 给路由器命名为 R1 //
R1(config)＃int s0/0　　　　　　　　　　// 进入 s0/0 端口 //
R1(config－if)＃ip address 200.10.1.1 255.255.255.0
// 设置 s0/0 端口的 IP 地址 //
R1(config－if)＃encapsulation x25 dte ietf
// 封装 X.25 协议，接口类型为 dte,封装格为 ietf //
R1(config－if)＃x25 address 200　　　　　　　　　　//设置 X.121 地址为 200 //
R1(config－if)＃x25 map ip 200.10.1.2 100
// 设置对端站点的地址映射为 X.121 100 //
R1(config－if)＃no shutdown　　　　　　　　　　// 激活 s0/0 端口 //
R1(config－if)＃end　　　　　　　　　　// 退出配置模式 //
R1＃shorunning－config　　　　　　　　　　// 查看运行配置 //
R1＃

(2)R2 的配置过程。

Router>en
Router＃conf ig t
Router(config)＃hostname R2
R2(config)＃int s0/0
R2(config－if)＃ ip address 200.10.1.2 255.255.255.0
R2(config－if)＃encapsulation x25 dce ietf
// 封装 X.25 协议，接口类型为 dce,封装格为 ietf //
R2(config－if)＃x25 address 100// 设置 X.121 地址为 100 //
R2(config－if)＃x25 map ip 200.10.1.1 200
// 设置对端站点的地址映射为 X.121 200 //
R2(config－if)＃clock rate 9600　　　　　　　　　　//设置同步时钟速率为 9600 //
R2(config－if)＃no shutdown
R2(config－if)＃end
R2＃show ru
R2＃

(3)验证 R1 和 R2 的连通性。

R1＃ping 200.10.1.2　　　　　　　　　　// 测试 R1 和 R2 的连通性 //

Type escape sequence to abort.
Sending 5，100－byte ICMP Echos to 200.10.1.2，timeout is 2 seconds:
!!!!!
Success rate is 100 percent (5/5)，round－trip min/avg/max ＝ 184/190/212 ms

R2＃ping 200.10.1.1 // 测试 R2 和 R1 的连通性 //

Type escape sequence to abort.
Sending 5，100-byte ICMP Echos to 200.10.1.1，timeout is 2 seconds:
!!!!!
Success rate is 100 percent (5/5)，round-trip min/avg/max = 184/190/212 ms

(4)查看接口及 X.25 相关信息。

R1＃sho int s0/0
Serial0/0 is up，line protocol is up
Hardware is PowerQUICC Serial
Internet address is 200.10.1.1/24
MTU 1500 bytes，BW 1544 Kbit，DLY 20000 usec，
reliability 255/255，txload 1/255，rxload 1/255
Encapsulation X25，loopback not set
X.25 DTE，address 200，state R1，modulo 8，timer 0
Defaults：idle VC timeout 0
IETF encapsulation
input/output window sizes 2/2，packet sizes 128/128
Timers：T20 180，T21 200，T22 180，T23 180
Channels：Incoming-only none，Two-way 1-1024，Outgoing-only none
RESTARTs 1/0 CALLs 0+0/1+0/0+0 DIAGs 0/0

R2＃sho int s0/0
Serial0/0 is up，line protocol is up
Hardware is PowerQUICC Serial
Internet address is 200.10.1.2/24
MTU 1500 bytes，BW 1544 Kbit，DLY 20000 usec，
reliability 255/255，txload 1/255，rxload 1/255
Encapsulation X25，loopback not set
X.25 DCE，address 100，state R1，modulo 8，timer 0
Defaults：idle VC timeout 0
IETF encapsulation
input/output window sizes 2/2，packet sizes 128/128
Timers：T10 60，T11 180，T12 60，T13 60
Channels：Incoming-only none，Two-way 1-1024，Outgoing-only none
RESTARTs 1/0 CALLs 1+0/0+0/0+0 DIAGs 0/0
R1＃sho x25 map
Serial0/0：X.121 100 <-> ip 200.10.1.2
permanent，1 VC：1

```
R1#sho x25 vc
SVC 1,  State: D1,  Interface: Serial0/0
    Started 00:29:19, last input 00:00:49, output 00:00:49
    Connects 100 <-> ip 200.10.1.2
    Call PID ietf, Data PID none
  Window size input: 2, output: 2
    Packet size input: 128, output: 128
    PS: 2  PR: 2  ACK: 1  Remote PR: 2  RCNT: 1  RNR: no
    P/D state timeouts: 0  timer (secs): 0
    data bytes 1000/1000 packets 10/10 Resets 0/0 RNRs 0/0 REJs 0/0 INTs 0/0
```

```
R2#sho x25 map
Serial0/0: X.121 200 <-> ip 200.10.1.1
permanent, 1 VC: 1
```

```
R2#sho x25 vc
SVC 1,  State: D1,  Interface: Serial0/0
    Started 00:22:47, last input 00:22:46, output 00:22:46
    Connects 200 <-> ip 200.10.1.1
    Call PID ietf, Data PID none
    Window size input: 2, output: 2
    Packet size input: 128, output: 128
    PS: 5  PR: 5  ACK: 4  Remote PR: 5  RCNT: 1  RNR: no
    P/D state timeouts: 0  timer (secs): 0
    data bytes 500/500 packets 5/5 Resets 0/0 RNRs 0/0 REJs 0/0 INTs 0/0
```

6.2　配置帧中继协议

一、实训目的

(1)配置普通路由器 R1 作为帧中继交换机使用,以便为基本的帧中继实验提供帧中继交换机的实验环境;

(2)掌握配置帧中继的方法,实现网络互连。

二、实训内容

(1)配置普通路由器 R1 作为帧中继交换机使用;

(2)基本的帧中继配置,实现网络互连;

(3)查看和监测帧中继相关信息;

(4)查看帧中继 PVC 通信状态信息。

三、实训环境的搭建

1. 配置帧中继交换机 R1(Fr－switch)

配置帧中继交换机的实验原理图如图 6.3 所示。

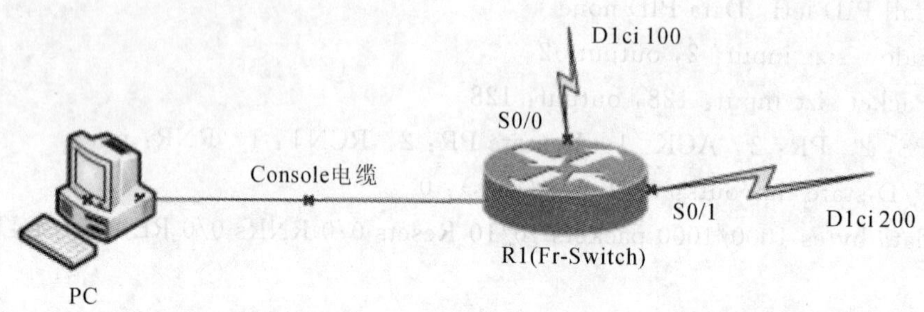

图 6.3　配置帧中继交换机实验原理图

2. 基本的帧中继配置

基本的帧中继配置的实验原理图如图 6.4 所示。

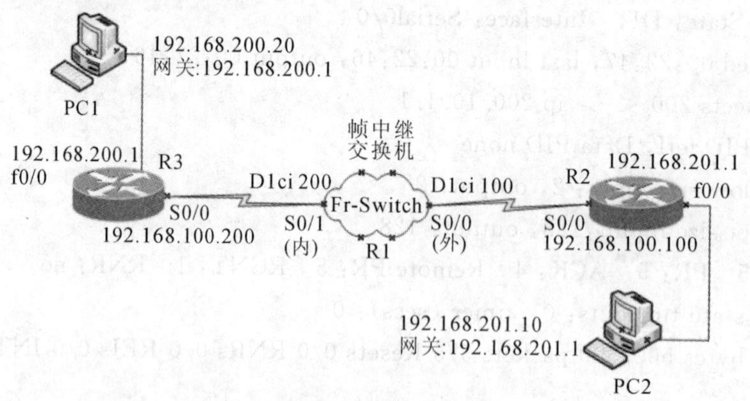

图 6.4　基本的帧中继配置实验原理图

(1)PC 2 台，操作系统为 Windows Server 2008；

(2)Cisco 2621XM 路由器 3 台，分别为 R1，R2 和 R3；

(3)WIC－2T 模块 4 个，R1 路由器安装 2 个，R2 和 R3 分别安装 1 个；

(4)交叉网线 2 条，分别连接 R2 与 PC，R3 与 PC；

(5)V. 35 DCE 电缆 2 条，DCE 一端分别连接在 R1 的 S0，S1 端口，另一端连接 DTE 电缆；

(6)DTE 电缆 2 条，DTE 一端分别连接在 R2，R3 的 S0 端口，另一端连接 DCE 电缆；

(7)Console 电缆 1 条，通过 Console 电缆把 PC 的 COM 端口和路由器的 Console 端口连接起来，配置路由器；

(8)实验中分配的 IP 地址，其中 PC1 的 IP 为 192. 168. 200. 20，网关为 192. 168. 200. 1；

PC2 的 IP 为 192.168.201.10，网关为 192.168.201.1；路由器 R2 的 F0/0 口为 192.168.201.1，S0/0 口为 192.168.100.100；路由器 R3 的 F0/0 口为 192.168.200.1，S0/0 口为 192.168.100.200；路由器 R1 的 S0/0 口为 Dlci 100，S0/1 口为 Dlci 200；子网掩码均为 255.255.255.0。

四、实训操作实践

路由器 R1 配置成只有 2 个节点的帧中继交换机。R2 为 DTE，R3 为 DTE。

1. R1 的配置过程

```
Router>en                              // 进入特权执行模式 //
Router#conf ig t                       // 进入全局配置模式 //
Router(config)#hostname R1             // 给路由器命名为 R1 //
R1(config)#frame-relay switching// 启用帧中继交换功能 //
R1(config)#int s0/0                    // 进入 s0/0 端口 //
```

对于 Cisco 2921 路由器，则进入 s0/0 端口的配置命令修改如下：

```
R1(config)#int s0/0/0                  // 进入 s0/0/0 端口 //

R1(config-if)#encapsulation frame-relay   // s0/0 端口封装成帧中继协议 //
R1(config-if)#keepalive 25
R1(config-if)#clock rate 64000         // 设置同步时钟速率为 64000 //
R1(config-if)#frame-relay lmi-type ansi   // 使用帧中继 LMI 的类型为 ansi //
R1(config-if)#frame-relay intf-type dce
// 设置本端口帧中继的接口类型为 dce //
R1(config-if)#frame-relay route 100 interface Serial0/1 200
// 配置 DLCI 到接口的映射 //
// 定义本接口的 DLCI(数据链路识别码)值为 100，与 s0/1 接口的 DLCI 值为 200 //
// DLCI 100 上来自路由器 R 的数据将被发送到 s0/1 接口，从 s0/1 接口发送到 DLCI 200 //
R1(config-if)#no shutdown              // 激活 s0/0 端口 //
R1(config-if)#exit
R1(config)#int s0/1                    // 进入 s0/1 端口 //
R1(config-if)#encapsulation frame-relay   // s0/1 端口封装成帧中继协议 //
R1(config-if)#keepalive 25
R1(config-if)#clock rate 64000         // 设置同步时钟速率为 64000 //
R1(config-if)#frame-relay lmi-type ansi
R1(config-if)#frame-relay intf-type dce
R1(config-if)#frame-relay route 200 interface Serial0/0 100
// 配置 DLCI 到接口的映射 //
// 定义本接口的 DLCI 值为 200，与 s0/0 接口的 DLCI 值为 100 //
// DLCI 200 上来自路由器 R 的数据将被发送到 s0/0 接口，从 s0/0 接口发送到 DLCI 100 //
```

R1(config-if)#no shutdown　　　　　// 激活 s0/1 端口 //

R1(config-if)#exit

R1(config)#router rip　　　　　　// 选择 rip 作为路由选择协议 //

R1(config-router)# neighbor 192.168.200.1

//允许在非广播型网络中进行 rip 路由广播的相邻路由器相邻端口的 IP 为 192.168.200.1 //

R1(config-router)# neighbor 192.168.201.1

//允许在非广播型网络中进行 rip 路由广播的相邻路由器相邻端口的 IP 为 192.168.201.1 //

R1(config-router)#end　　　　　　　　　　　　// 退出配置模式 //

R1#shorunning-config　　　　　　　　　　　　// 查看运行配置 //

R1#

2. R2 的配置过程

Router>en

Router#conf ig t

Router(config)#hostname R2

R2(config)#int f0/0

R2(config-if)#ip address 192.168.201.1 255.255.255.0

// 设置 f0/0 端口的 IP 地址 //

R2(config-if)#no shutdown

R2(config-if)#exit

R2(config)#int s0/0

R2(config-if)# ip address 192.168.100.100 255.255.255.0

R2(config-if)#encapsulation frame-relay

R2(config-if)#keepalive 25

R2(config-if)#frame-relay map ip 192.168.100.200 100 broadcast

//映射 IP 地址和帧中继地址：表示通过本地 DLCI 100 可以到达对端 192.168.100.200 //

R2(config-if)#frame-relay interface-dlci 100

R2(config-fr-dlci)#exit

R2(config-if)#no frame-relay inverse-arp　// 关闭帧中继的逆向 ARP //

R2(config-if)#frame-relay lmi-type ansi

R2(config-if)#no shutdown

R2(config-if)#exit

R2(config)#router rip　　　　　　　　　// 选择 rip 作为路由选择协议 //

R2(config-router)#network 192.168.100.0

//设置 R2 参与动态路由的网络主类地址//

R2(config-router)#network 192.168.201.0

R2(config-router)#end

R2＃show ru

R2＃wr

3. R3 的配置过程

```
Router>en
Router＃conf ig t
Router(config)＃hostname R3
R3(config)＃int f0/0
R3(config-if)＃ip address 192.168.200.1 255.255.255.0
// 设置 f0/0 端口的 IP 地址 //
R3(config-if)＃no shutdown
R3(config-if)＃exit
R3(config)＃int s0/0
R3(config-if)＃ip address 192.168.100.200 255.255.255.0
R3(config-if)＃encapsulation frame-relay
R3(config-if)＃keepalive 25
R3(config-if)＃frame-relay intf-type dte
R3(config-if)＃frame-relay map ip 192.168.100.100 200 broadcast
//映射 IP 地址和帧中继地址：表示通过本地 DLCI 200 可以到达对端 192.168.100.100 //
R3(config-if)＃frame-relay interface-dlci 200
R3(config-if)＃no frame-relay inverse-arp
R3(config-if)＃frame-relay lmi-type ansi
R3(config-if)＃no shutdown
R3(config-if)＃exit
R3(config)＃router rip
R3(config-router)＃network 192.168.100.0
R3(config-router)＃network 192.168.200.0
R3(config-router)＃end
R3＃show ru
R3＃
```

4. 查看和监测帧中继相关信息

```
R1＃sho frame route                                   // 查看帧中继接口的映射 //
Input Intf      Input Dlci      Output Intf     Output Dlci     Status
Serial0/0       100             Serial0/1       200             active
Serial0/1       200             Serial0/0       100             active

R1＃sho frame lmi                                     // 查看 R1 帧中继 LMI 的信息 //

LMI Statistics for interface Serial0/0 (Frame Relay DCE) LMI TYPE = ANSI
```

```
LMI Statistics for interface Serial0/1 (Frame Relay DCE) LMI TYPE = ANSI

R2#sho frame lmi                         // 查看 R2 帧中继 LMI 的信息 //

LMI Statistics for interface Serial0/0 (Frame Relay DTE) LMI TYPE = ANSI
Invalid Unnumbered info 0                   Invalid Prot Disc 0
Invalid dummy Call Ref 0                    Invalid Msg Type 0
Invalid Status Message 0                    Invalid Lock Shift 0
Invalid Information ID 0                    Invalid Report IE Len 0
Invalid Report Request 0                    Invalid Keep IE Len 0
Num Status Enq. Sent 251                     Num Status msgs Rcvd 251
Num Update Status Rcvd 0                     Num Status Timeouts 0

R2#sho frame map                 // 查看 R2 帧中继路由表(到 IP 地址的映射)//
Serial0/0 (up): ip 192.168.100.200 dlci 100(0x64,0x1840), static,
broadcast,
CISCO, status defined, active
R2#sho int s0/0                      // 查看 R2 帧中继 s0/0 接口的信息 //
Serial0/0 is up, line protocol is up
    Hardware is PowerQUICC Serial
     Internet address is 192.168.100.100/24
    MTU 1500 bytes, BW 1544 Kbit, DLY 20000 usec,
    reliability 255/255, txload 1/255, rxload 1/255
    Encapsulation FRAME-RELAY, loopback not set
  Keepalive set (25 sec)
    LMI enq sent  256, LMI stat recvd 256, LMI upd recvd 0, DTE LMI up
    LMI enq recvd 0, LMI stat sent  0, LMI upd sent  0
    LMI DLCI 0  LMI type is ANSI Annex D  frame relay DTE
R3#sho frame map               // 查看 R3 帧中继路由表(到 IP 地址的映射) //
Serial0/0 (up): ip 192.168.100.100 dlci 200(0xC8,0x3080), static,
            broadcast,
            CISCO, status defined, active
R3#sho frame lmi                         // 查看 R2 帧中继 LMI 的信息 //
R3#sho int s0/0                      // 查看 R3 帧中继 s0/0 接口的信息 //
Serial0/0 is up, line protocol is up
Hardware is PowerQUICC Serial
Internet address is 192.168.100.200/24
MTU 1500 bytes, BW 1544 Kbit, DLY 20000 usec,
```

```
reliability 255/255, txload 1/255, rxload 1/255
Encapsulation FRAME-RELAY, loopback not set
Keepalive set (25 sec)
LMI enq sent  262, LMI stat recvd 262, LMI upd recvd 0, DTE LMI up
LMI enq recvd 0, LMI stat sent  0, LMI upd sent  0
LMI DLCI 0  LMI type is ANSI Annex D  frame relay DTE
```

5. 查看帧中继 PVC 信息

```
R1#sho frame pvc                          // 查看R1帧中继PVC通信状态的信息 //
PVC Statistics for interface Serial0/0 (Frame Relay DCE)

              Active     Inactive      Deleted       Static
Local            0           0            0            0
Switched         1           0            0            0
Unused0          0           0            0

DLCI = 100, DLCI USAGE = SWITCHED, PVC STATUS = ACTIVE, INTERFACE = Serial0/0

input pkts 1753            output pkts 1751           in bytes 113498
out bytes 113336           dropped pkts 0             in FECN pkts 0
in BECN pkts 0              out FECN pkts 0            out BECN pkts 0
in DE pkts 0               out DE pkts 0
out bcast pkts 0           out bcast bytes 0
30 second input rate 0 bits/sec, 1 packets/sec
30 second output rate 0 bits/sec, 0 packets/sec
switched pkts 1751
Detailed packet drop counters:
no out intf 0              out intf down 0            no out PVC 0
in PVC down 0               out PVC down 0              pkt too big 0
shaping Q full 0           pkt above DE 0             policing drop 0
pvc create time 01:52:07, last time pvc status changed 00:29:57

PVC Statistics for interface Serial0/1 (Frame Relay DCE)

              Active     Inactive      Deleted       Static
Local            0           0            0            0
Switched         1           0            0            0
Unused0          0           0            0
```

DLCI = 200, DLCI USAGE = SWITCHED, PVC STATUS = ACTIVE, INTERFACE = Serial0/1

```
input pkts 1756          output pkts1754          in bytes 113640
out bytes 113578         dropped pkts0            in FECN pkts 0
in BECN pkts 0           out FECN pkts 0          out BECN pkts 0
in DE pkts 0             out DE pkts 0
out bcast pkts 0         out bcast bytes 0
30 second input rate 0 bits/sec, 1 packets/sec
30 second output rate 0 bits/sec, 0 packets/sec
switched pkts 1754
Detailed packet drop counters:
no out intf 0            out intf down 0          no out PVC 0
in PVC down 0            out PVC down 0           pkt too big 0
shaping Q full 0         pkt above DE 0           policing drop 0
pvc create time 01:52:10, last time pvc status changed 00:30:06
```

R2＃sho frame pvc　　　　　　　　// 查看 R2 帧中继 PVC 通信状态的信息 //

R3＃sho frame pvc　　　　　　　　// 查看 R2 帧中继 PVC 通信状态的信息 //

6. 测试帧中继网络互连的连通性

R2＃ping 192.168.100.200　　　　// 测试 R2 和 R3 的 S0 接口的连通性 //

Type escape sequence to abort.
Sending 5, 100 - byte ICMP Echos to 192.168.100.200, timeout is 2 seconds:
!!!!!
Success rate is 100 percent (5/5), round - trip min/avg/max = 56/56/56 ms

R2＃ping 192.168.200.20　　// 测试 R2 到 PC1 的连通性 //

R2＃ ping 192.168.201.10　　// 测试 R2 到 PC2 的连通性 //

R3＃ping 192.168.100.100　　// 测试 R3 和 R2 的 S0 接口的连通性 //

Type escape sequence to abort.
Sending 5, 100 - byte ICMP Echos to 192.168.100.100, timeout is 2 seconds:
!!!!!
Success rate is 100 percent (5/5), round - trip min/avg/max = 52/55/56 ms

7. 帧中继的 DEBUG 命令

R2＃debug frame packet　　　　// 启用 R2 帧中继的 DEBUG 命令 //

Frame Relay packet debugging is on

R2＃

```
00:35:31: Serial0/0(i): dlci 100(0x1841), pkt type 0x800, datagramsize 96
R2#
00:35:37: Serial0/0: broadcast search     // 搜索广播//
00:35:37: Serial0/0(o): dlci 100(0x1841), pkt type 0x800(IP), datagramsize 96
00:35:37: broad cast dequeue               // 双端队列广播//
00:35:37: Serial0/0(o):Pkt sent on dlci 100(0x1841), pkt type
0x800(IP), datagrams ize 96               // 自带寻址信息的长度为 96 //
00:36:52: Serial0/0(i): dlci 100(0x1841), pkt type 0x800, datagramsize 96
00:36:57: Serial0/0: broadcast search
00:36:57: Serial0/0(o): dlci 100(0x1841), pkt type 0x800(IP), datagramsize 96
00:36:57: broadcast dequeue
00:36:57: Serial0/0(o):Pkt sent on dlci 100(0x1841), pkt type
0x800(IP), datagramsize 96

R2#ping 192.168.100.200
// 启用 DEBUG 后测试 R2 和 R3 的 S0 接口的连通性 //

Type escape sequence to abort.
Sending 5, 100-byte ICMP Echos to 192.168.100.200, timeout is 2 seconds:
!!!!!
00:38:17: Serial0/0(i): dlci 100(0x1841), pkt type 0x800, datagramsize 96!!
Success rate is 100 percent (5/5), round-trip min/avg/max = 56/57/60 ms
R2#
00:38:18: Serial0/0(o): dlci 100(0x1841), pkt type 0x800(IP), datagramsize 104
00:38:18: Serial0/0(i): dlci 100(0x1841), pkt type 0x800, datagramsize 104
00:38:18: Serial0/0(o): dlci 100(0x1841), pkt type 0x800(IP), datagramsize 104
00:38:18: Serial0/0(i): dlci 100(0x1841), pkt type 0x800, datagramsize 104
00:38:18: Serial0/0(o): dlci 100(0x1841), pkt type 0x800(IP), datagramsize 104
00:38:18: Serial0/0(i): dlci 100(0x1841), pkt type 0x800, datagramsize 104
00:38:18: Serial0/0(o): dlci 100(0x1841), pkt type 0x800(IP), datagramsize 104
00:38:18: Serial0/0(i): dlci 100(0x1841), pkt type 0x800, datagramsize 104
00:38:18: Serial0/0(o): dlci 100(0x1841), pkt type 0x800(IP), datagramsize 104
00:38:18: Serial0/0(i): dlci 100(0x1841), pkt type 0x800, datagramsize 104
00:38:21: Serial0/0: broadcast search
00:38:21: Serial0/0(o): dlci 100(0x1841), pkt type 0x800(IP), datagramsize 96
00:38:21: broadcast dequeue
00:38:21: Serial0/0(o):Pkt sent on dlci 100(0x1841), pkt type
0x800(IP), datagramsize 96
R2#
```

```
00:38:43: Serial0/0(i): dlci 100(0x1841), pkt type 0x800, datagramsize 96
00:38:48: Serial0/0: broadcast search
00:38:48: Serial0/0(o): dlci 100(0x1841), pkt type 0x800(IP), datagramsize 96
00:38:48: broadcast dequeue
00:38:48: Serial0/0(o):Pkt sent on dlci 100(0x1841), pkt type
0x800(IP), datagramsize 96

R2#undebug all                //关闭 DEBUG 进程 //
All possible debugging has been turned off
R2#
```

6.3 配置 ISDN 协议

一、实训目的

通过使用路由器模拟软件来学习和掌握路由器的 ISDN 协议配置。

二、实训内容

(1)通过使用 BoSon 公司的路由器模拟程序 RouterSim 来学习路由器的 ISDN 协议配置;

(2)建立 ISDN(综合业务数字网)连接。

三、实训环境的搭建

(1)PC 1 台;

(2)安装 BoSon 公司的 RouterSim CCNA2.0 路由器模拟软件。

四、实训操作实践

ISDN 是以电话综合数字网(IDN,IDN 是采用数字传输与数字交换综合而成的通信网)为基础发展而成的通信网,它能提供端到端的数字连接的多种电信业务。

1.模拟配置

启动 RouterSim 程序后,出现如图 6.5 所示的界面。在正常情况下,选择第一个按钮“GO TO Network Visualizer”进入配置模式,如图 6.6 所示。图中下半部分是一些操作按钮;上半部分是一个拓朴图,共有 6 台路由器和 2 台交换机。如果欲配置某台路由器或交换机,用鼠标单击该设备图标,就可进入配置模式中去,如图 6.7 所示。

这毕竟是一个模拟实验,并不是所有的命令都能使用,同时 IP 地址的前两位十进制数必须是 172.16。当然只有带着实验目的去做配置学习,才能收到满意效果的配置。

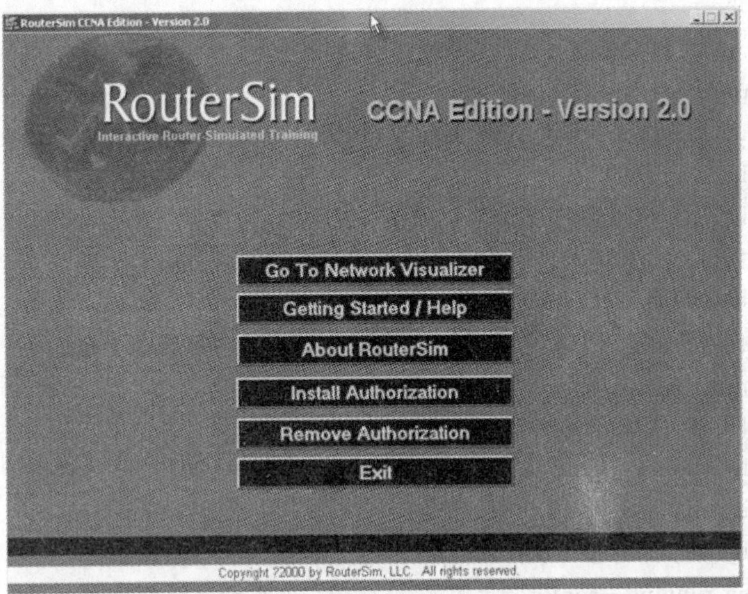

图 6.5　RouterSim 启动界面

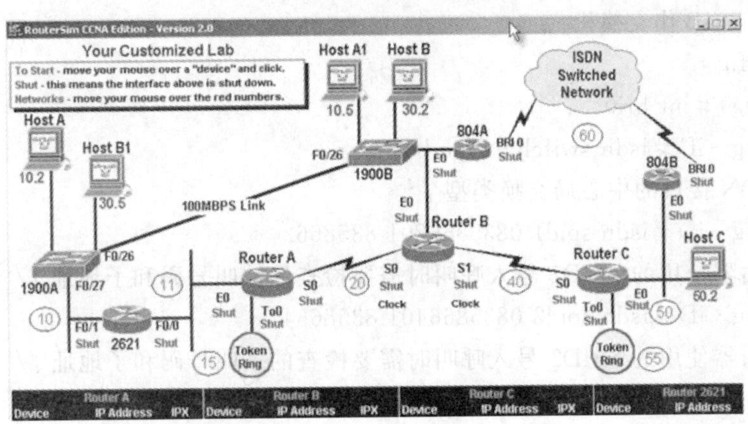

图 6.6　进入配置模式

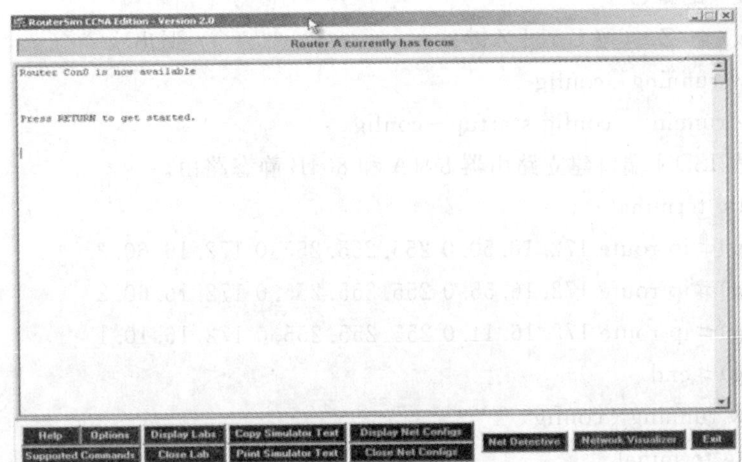

图 6.7　进入配置功能

2.配置 ISDN

(1)路由器 804A 作交换机。

804A＃config t

804A(config)＃isdn switch－type basic－ni // 指定 ISDN 接口的中心局交换类型 //

804A(config)＃int bri0 // 进入 bri0 端口 //

804A(config－if)＃isdn spid1 0835866101 8358661

//设置路由器使用的 SPID1 号入呼叫时需要检查的被叫号码和子地址 //

804A(config－if)＃isdn spid2 0835866301 8358663

//设置路由器使用的 SPID2 号入呼叫时需要检查的被叫号码和子地址 //

804A(config－if)＃ip address 172.16.60.1 255.255.255.0

//设置端口 bri0 的 IP 地址 //

804A(config－if)＃no shut // 激活端口 //

804A(config－if)＃exit

804A(config)＃ ^Z （按 Ctrl＋Z 键） // 退出 //

804A＃show running－config // 查看运行配置 //

804A＃copy running－config startup－config // 保存配置结果 //

(2)路由器 804B 作交换机。

804B＃config t

804B(config)＃int bri0

804B(config－if)＃isdn switch－type basic－ni

//指定 ISDN 接口的中心局交换类型 //

804B(config－if)＃isdn spid1 0835866201 8358662

//设置路由器使用的 SPID1 号入呼叫时需要检查的被叫号码和子地址 //

804B(config－if)＃isdn spid2 0835866401 8358664

//设置路由器使用的 SPID2 号入呼叫时需要检查的被叫号码和子地址 //

804B(config－if)＃ip address 172.16.60.2 255.255.255.0

804B(config－if)＃no shut

804B(config－if)＃exit

804B(config)＃ ^Z （按 Ctrl＋Z 键） // 退出 / /

804B＃show running－config

804B＃copy running－config startup－config

(3)使用远程 ISDN 端口建立路由器 804A 和 804B 静态路由。

804A＃config terminal

804A(config)＃ip route 172.16.50.0 255.255.255.0 172.16.60.2

804A(config)＃ip route 172.16.55.0 255.255.255.0 172.16.60.2

804A(config)＃ip route 172.16.11.0 255.255.255.0 172.16.10.1

804A(config)＃end

804A＃show running－config

804B＃config terminal

```
804B(config)#ip route 172.16.10.0 255.255.255.0 172.16.50.1
804B(config)#ip route 172.16.11.0 255.255.255.0 172.16.50.1
804B(config)#end
804B#show running-config
```

(4)选择所有 IP 交换，建立 ISDN 连接。

```
804A#config terminal
804A(config)#dialer-list 1 protocol ip permit
//在 dialer group 1 上允许通过 IP 包//
804A(config)#end
804A#show running-config

804B#config terminal
804B(config)#dialer-list 1 protocol ip permit
804B(config)#end
804B#show running-config
```

(5)在路由器 804A 和 804B 间的 BRI0 端口，增加一个拨号清单号码。

```
804A#config terminal
804A(config)#int bri0
804A(config-if)#dialer-group 1    //指定接口所采用的触发拨号的条件//
804A(config-if)#end
804A#show running-config

804B#config terminal
804B(config)#int bri0
804B(config-if)#dialer-group 1
804B(config-if)#end
804B#show running-config
```

(6)在路由器 804A 和 804B 间配置拨号信息。

```
804A#config terminal
804A(config)#int bri0
804A(config-if)#dialer string 8358662  //配置拨号串//
804A(config-if)#end
804A#show running-config

804B#config terminal
804B(config)#int bri0
804B(config-if)#dialer string 8358661
804B(config-if)#end
804B#show running-config
```

(7)设置拨号加载开始和空闲时间多连接的百分比。

804A#config terminal

804A(config)#int bri0

804A(config-if)#dialer load-threshold 125 either

804A(config-if)#ppp multilink   //多连接//

804A(config-if)#dialer idle-timeout 180

//指定路由器在空闲180秒后终止ISDN连接//

804A(config-if)#end

804A#show running-config

804B#config terminal

804B(config)#int bri0

804B(config-if)#dialer load-threshold 125 either

804B(config-if)#ppp multilink

804B(config-if)#dialer idle-timeout 180

804B(config-if)#end

804B#show running-config

(8)设置掌握打包队列的75，需要等待ISDB连接。

804A#config terminal

804A(config)#int bri0

804A(config-if)#hold-queue 75 in

804A(config-if)# ^Z //按Ctrl+Z键//

804A#show running-config

804A#copy running-config startup-config

804B#config terminal

804B(config)#int bri0

804B(config-if)#hold-queue75 in

804B(config-if)#end

804B#show running-config

804B#copy running-config startup-config

(9)验证ISDN连接。

804B#ping 172.16.60.1 //在804B上向804A测试基本的网络可连通性//

Type escape sequence to abort.

Sending 5, 100-byte ICMP Echos to 172.16.60.2, timeout is 2 seconds:

!!!!!

success rate is 100 percent (5/5), round-trip min/avg/max =4/4/4 ms

804B＃show dialer　//查看配置了 DDR 的串口的主要诊断信息 //

804B＃show isdn status　//查看所有 ISDN 接口的状态 //

804B＃show ip route　//查看当前路由表的状态 //

第7章 路由器协议配置

7.1 网络设备模拟器软件

一、实训目的

通过使用网络设备模拟器软件来学习和掌握交换机与路由器的配置命令。

二、实训内容

(1)通过使用Cisco公司的网络设备模拟程序Packet Tracer来学习交换机与路由器的配置命令；
(2)组建一个小型局域网；
(3)操作Cisco 2960交换机的基本配置；
(4)操作PC的基本配置；
(5)搭建无线网络；
(6)操作Cisco 2621路由器的基本配置。

三、实训环境的搭建

(1)PC 1台；
(2)安装Cisco公司的Packet Tracer 6.0的网络设备模拟器软件。

四、实训操作实践

Packet Tracer是Cisco公司针对CCNA认证开发的一个用来设计、配置和故障排除网络的模拟软件。Packer Tracer模拟器软件比Boson功能强大，比Dynamips操作简单，非常适合网络设备初学者使用。但是，这毕竟是一个模拟实验，有很多命令不能使用的，只有带着实验目的去做配置学习，才能收到满意效果。

1.组建小型局域网

利用1台型号为2960的交换机将2台PC互连组建一个小型局域网，其实验原理图如图7.1所示。

(1)启动Packet Tracer 6.0程序后，出现如图7.2所示的界面。

(2)单击菜单“File”→“New”，按照图7.1，新建小型局域网。单击模拟器启动界面底部“Switches”的交换机图标，则右侧出现模拟机的交换机型号列表，如图7.3所示。

(3)用鼠标把模拟器显示的交换机型号列表中的“2960”交换机图标拖到绘图区中。单击模拟器底部“End Devices”的终端图标，则右侧出现模拟机的终端型号列表。用鼠标把模拟器显示的终端型号列表中的“Generic”电脑图标拖到绘图区中 2 次，如图 7.4 所示。

(4)单击模拟器启动界面底部“Connections”的连接线图标，则右侧出现模拟机的连接器型号列表。单击模拟器显示的连接器型号列表中的“ Copper Straigh - Through”直连线图标。再单击绘图区中的“PC0”设备，出现连接图标，选择“FastEthernet0”，出现“一根直线”，拖到交换机“Switch0”设备，在交换机选择端口“FastEthernet0/1”，如图 7.5 所示。

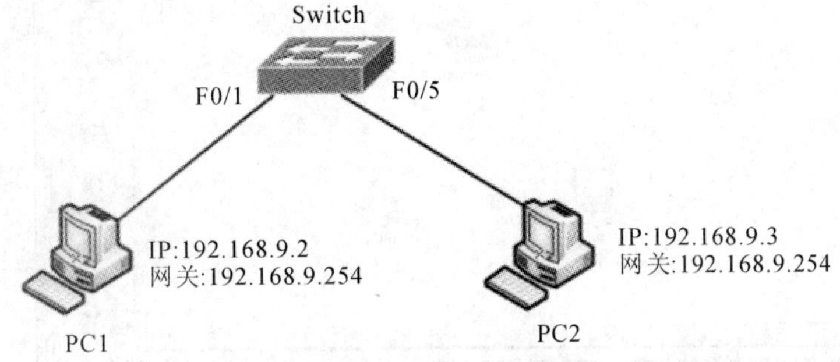

图 7.1　小型局域网的实验原理图

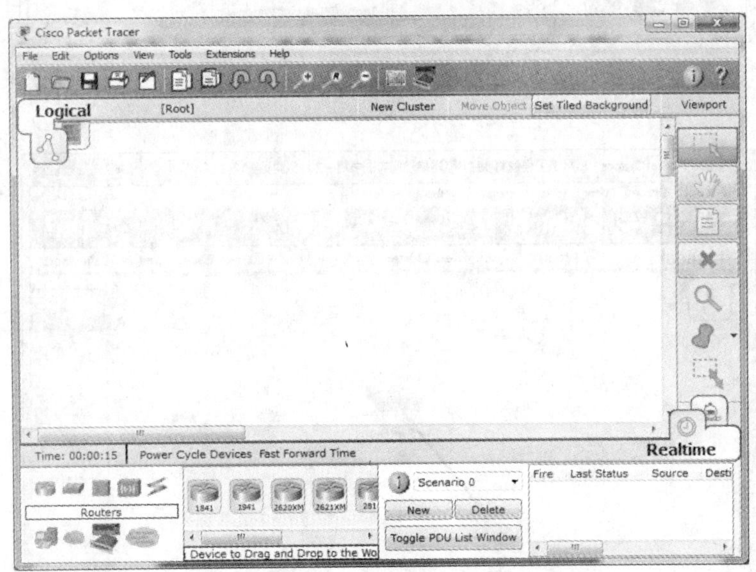

图 7.2　Packet Tracer 启动界面

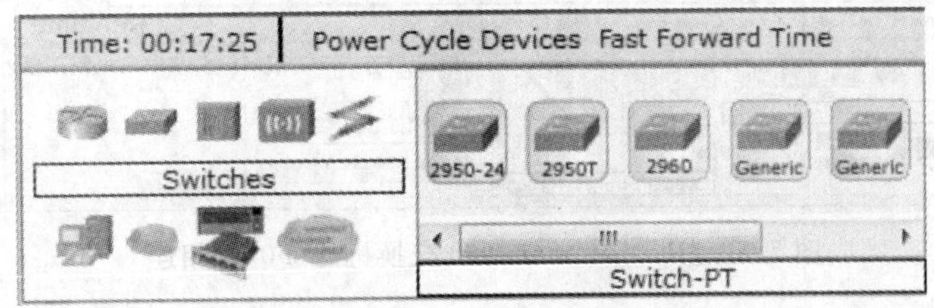

图 7.3　显示模拟器的交换机型号列表

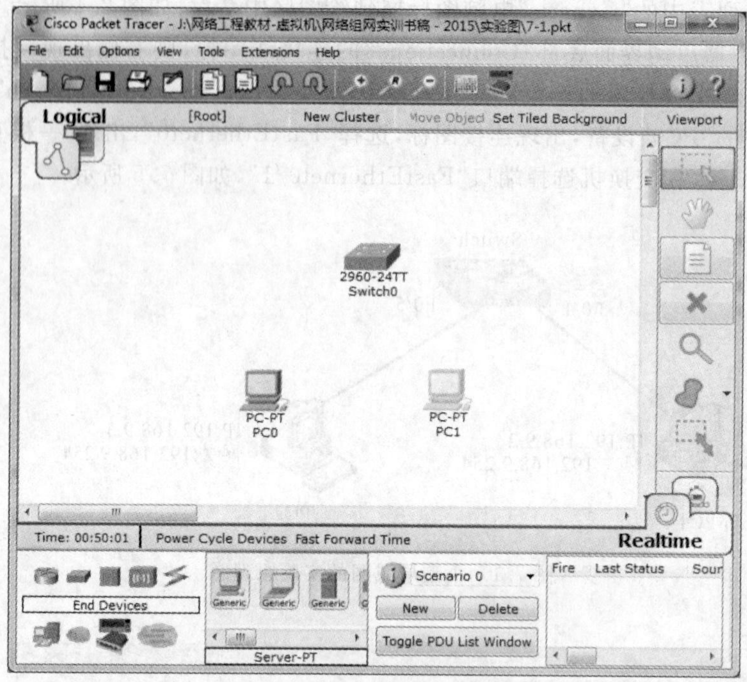

图 7.4 绘图区中添加交换机和终端设备

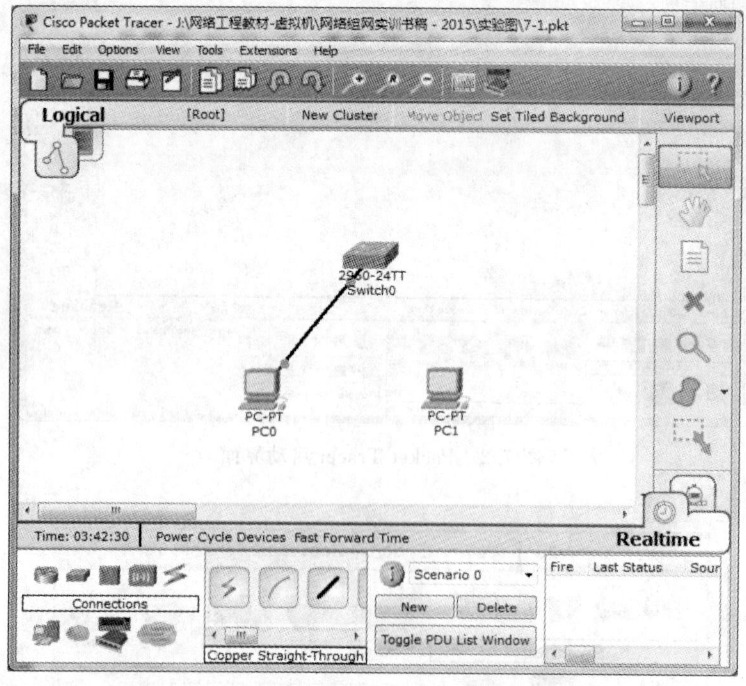

图 7.5 “PC0”终端与 2960 交换机的“F0/1”相连

(5)同理，单击模拟器显示的连接器型号列表中的“ Copper Straigh - Through”直连线图标。再单击绘图区中的“PC1”设备，出现连接图标，选择“FastEthernet0”，出现“一根直线”，拖到交换机“Switch0”设备，在交换机选择端口“FastEthernet0/5”，出现“PC1”设备与交换机“Switch0”设备的端口“FastEthernet0/5”相连。

(6)单击绘图区中的“Switch0”设备，出现“Switch”对话框，单击“CLI”选项卡，进入“IOS Command Line Interface”配置对话框。在对话框内，单击回车，出现“Switch＞”的配置终端，如图 7.6 所示。

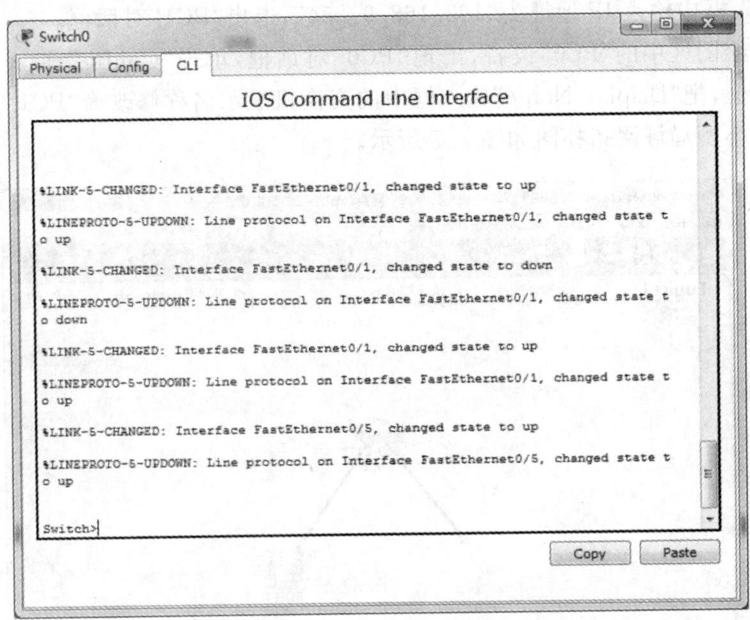

图 7.6　“Switch0”交换机的配置终端

(7)按真实 Cisco 2960 的交换机的配置命令进行配置。

Switch＞enable　　　　　　　　// 进入特权执行模式 //

Switch＃config t　　　　　　　// 进入全局配置模式 //

Switch(config)＃ip default－gateway 192.168.9.254　　// 设置交换机的默认网关 //

Switch(config)＃exit　　　　　// 退出 //

Switch＃show ru　　　　　　　// 显示交换机的配置结果 //

Switch＃

单击右下角的“Copy”按钮，保存配置结果。

(8)单击“Config”选项卡，进入“Global Settings”对话框，把“Display Name”输入框中的交换机显示名称修改为“Switch”。退出“Switch”对话框，绘图区中的 2960 交换机的设备名称显示为“Switch”。

(9)单击绘图区中的“PC0”设备，出现“PC0”对话框，单击“Config”选项卡，进入“Global Settings”对话框，单击左侧的“FastEthernet0”按钮，出现

“FastEthernet0”对话框。在“Mac Address”描述中的“IP Address”输入框中输入 IP 地址为“192.168.9.2”，在“Subnet Mask”输入框中输入子网掩码为“255.255.255.0”。单击左侧的“Settings”按钮，进入“Gateway”对话框，在“Gateway/DNS”描述中的“Gateway”输入框中输入 IP 地址为“192.168.9.254”。

(10)单击绘图区中的"PC1"设备,出现"PC1"对话框,单击"Config"选项卡,进入"Global Settings"对话框,单击左侧的"FastEthernet0"按钮,出现"FastEthernet0"对话框。在"Mac Address"描述中的"IP Address"输入框中输入IP地址为"192.168.9.3",在"Subnet Mask"输入框中输入子网掩码为"255.255.255.0"。单击左侧的"Settings"按钮,进入"Gateway"对话框,把"Display Name"输入框中的交换机显示名称修改为"PC2",在"Gateway/DNS"描述中的"Gateway"输入框中输入IP地址为"192.168.9.254",退出"PC1"对话框。

(11)单击绘图区中的"PC0"设备,出现"PC0"对话框,单击"Config"选项卡,进入"Global Settings"对话框,把"Display Name"输入框中的交换机显示名称修改为"PC1",退出"PC0"对话框。新建的小型局域网拓扑图如图7.7所示。

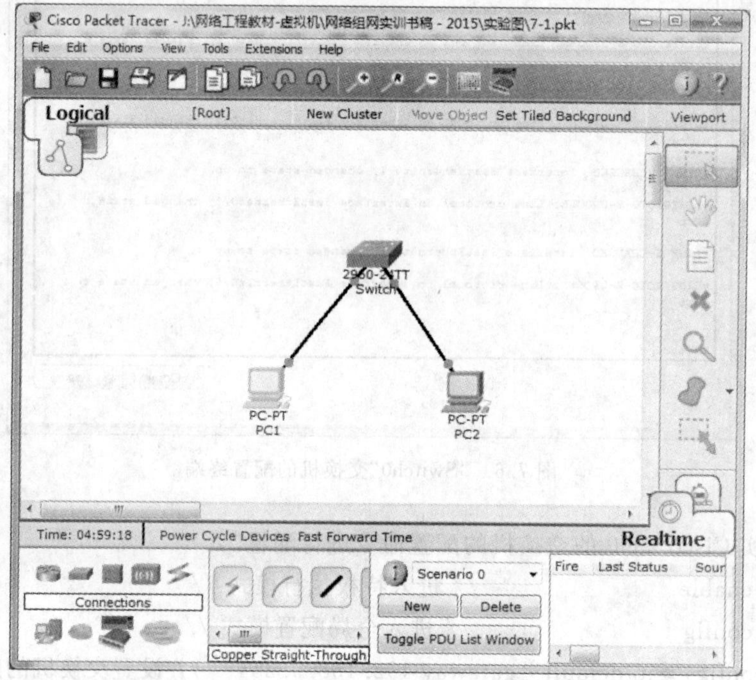

图7.7 新建的小型局域网拓扑图

(12)测试PC1与PC2的连通性。单击绘图区中的"PC1"设备,出现"PC1"对话框,单击"Desktop"选项卡,单击选择"Command Prompt",进入"Command Prompt"对话框,出现"PC>"的命令行终端。

```
PC>ping 192.168.9.3

Pinging 192.168.9.3 with 32 bytes of data:

Reply from 192.168.9.3: bytes=32 time=0ms TTL=128
Reply from 192.168.9.3: bytes=32 time=0ms TTL=128
Reply from 192.168.9.3: bytes=32 time=0ms TTL=128
Reply from 192.168.9.3: bytes=32 time=3ms TTL=128
```

```
Ping statistics for 192.168.9.3:
    Packets: Sent = 4, Received = 4, Lost = 0 (0% loss),
Approximate round trip times in milli-seconds:
    Minimum = 0ms, Maximum = 3ms, Average = 0ms

PC>
```

(13)测试PC2与PC1的连通性。单击绘图区中的“PC2”设备，出现“PC2”对话框，单击“Desktop”选项卡，单击选择“Command Prompt”，进入“Command Prompt”对话框，出现“PC>”的命令行终端。

```
PC>ping 192.168.9.2

Pinging 192.168.9.2 with 32 bytes of data:

Reply from 192.168.9.2: bytes=32 time=0ms TTL=128
Reply from 192.168.9.2: bytes=32 time=0ms TTL=128
Reply from 192.168.9.2: bytes=32 time=0ms TTL=128
Reply from 192.168.9.2: bytes=32 time=0ms TTL=128

Ping statistics for 192.168.9.2:
    Packets: Sent = 4, Received = 4, Lost = 0 (0% loss),
Approximate round trip times in milli-seconds:
    Minimum = 0ms, Maximum = 0ms, Average = 0ms

PC>
```

这表明PC1可以ping通PC2，PC2可以ping通PC1，结论是小型局域网的建立与配置完成。

2.搭建无线网络

利用1台型号为2621XM的路由器、1台型号为2950的交换机、1台型号为Linksys的无线路由器和3台PC互连搭建无线网络的实验原理图，如图7.8所示。

(1)启动Packet Tracer 6.0程序后，出现如图7.2所示的界面。

(2)单击菜单“File”→“New”，按照如图7.8所示的原理图，搭建无线网络的连接。单击模拟器启动界面底部“Routers”的路由器图标，则右侧出现模拟机的路由器型号列表。

(3)用鼠标把模拟器显示的路由器型号列表中的“2621XM”路由器图标拖到绘图区中1次。单击模拟器底部“Switches”的交换机图标，则右侧出现模拟机的交换机型号列表。用鼠标把模拟器显示的交换机型号列表中的“2950-24”交换机图标拖到绘图区中。单击模拟器底部“Wireless Devices”的无线设备图标，则右侧出现模拟机的无线设备型号列表。用鼠标把模拟器显示的无线设备型号列表中的“Linksys”无线设备图标拖到绘图区中。单击模拟器底部“End Devices”的终端图标，则右侧出现模拟机的终端型号列表。用鼠标把模拟器显示的终端型号列表中的“Generic”电脑图标拖到绘图区中3次，如图7.9所示。

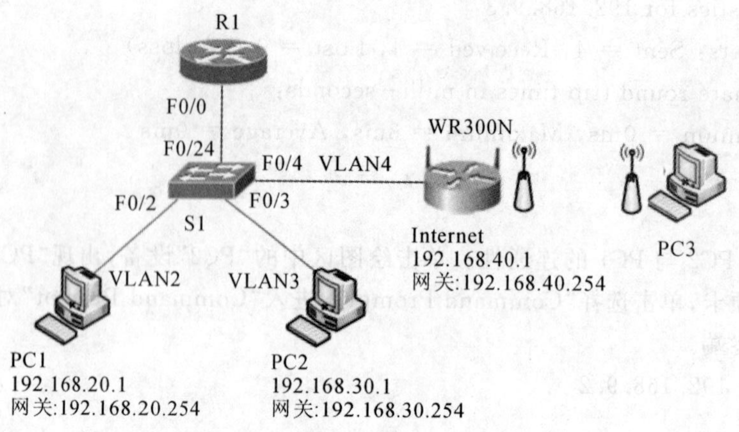

图 7.8 搭建无线网络的实验原理图

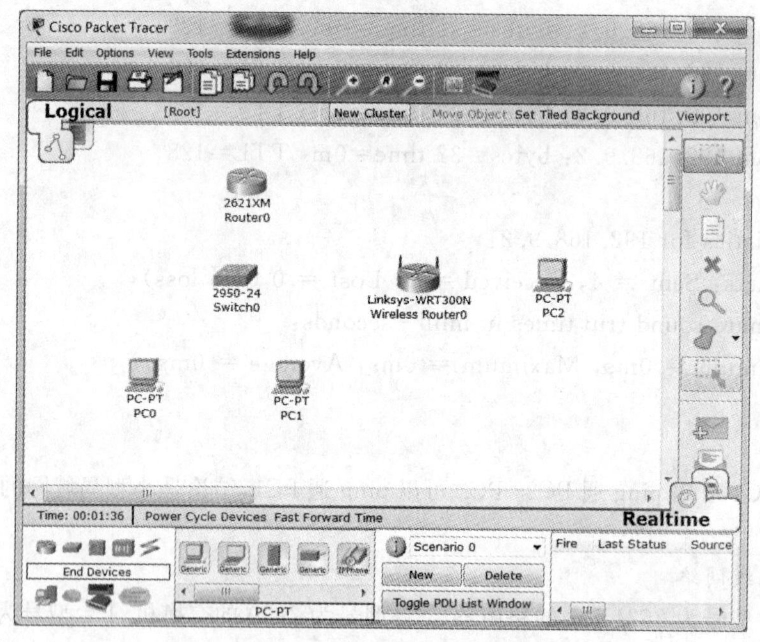

图 7.9 绘图区中添加路由器、交换机、无线设备和电脑设备

(4)双击“Router0”路由器图标,更改其设备名称为“R1”。双击“Switch0”交换机图标,更改其设备名称为“S1”。双击“Wireless Router0”无线设备图标,更改其设备名称为“WR1”。双击“PC2”电脑图标,更改其设备名称为“PC3”。双击“PC1”电脑图标,更改其设备名称为“PC2”。双击“PC0”电脑图标,更改其设备名称为“PC1”。单击“PC3”的电脑图标,出现“PC3”对话框。单击“Physical”选项卡,单击 PC3 的电源开关(电源绿色指示灯),即关闭 PC3 电源(电源绿色指示灯消失)。把鼠标移到主机的底部,把主机的“网卡”拖出至右下角。用鼠标把左侧的“Linksys - WMP300N”无线网卡模块拖到主机的“网卡”插槽,单击 PC3 电脑电源开关,电源绿色指示灯亮,如图 7.10 所示。单击“Config”选项卡,在左侧底部看到“Wireless0”图标。过一会,可看到 PC3 与“Linksys”无线设备的连接图标。

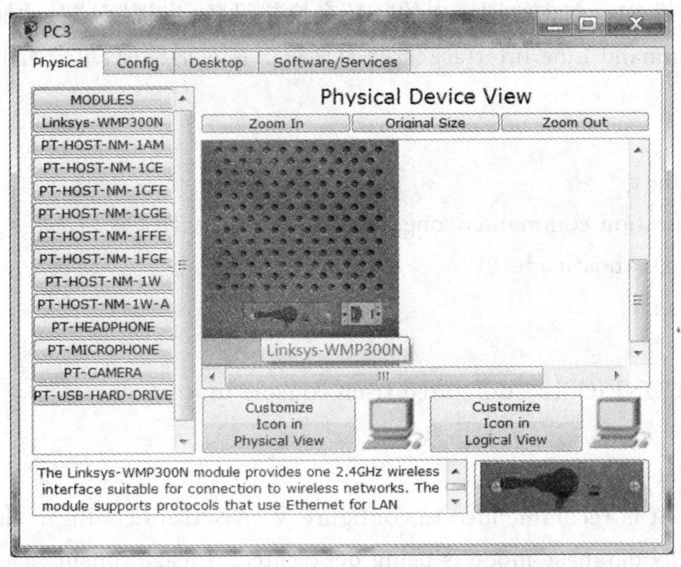

图 7.10　PC3 添加无线网卡模块

(5)单击模拟器启动界面底部“Connections”的连接图标,则右侧出现模拟机的连接器型号列表。单击模拟器显示的连接器型号列表中的“Copper Straight - Through”直连图标,再单击绘图区中的“PC1”电脑设备,出现连接图标,选择“FastEthernet0”,出现“一根直线”,拖到交换机“S1”设备,在交换机选择端口“FastEthernet0/2”。同理,单击模拟器显示的连接器型号列表中的“Copper Straight - Through”直连图标,再单击绘图区中的“PC2”电脑设备,出现连接图标,选择“FastEthernet0”,出现“一根直线”,拖到交换机“S1”设备,在交换机选择端口“FastEthernet0/3”。单击模拟器显示的连接器型号列表中的“Copper Straight - Through”直连图标,再单击绘图区中的“S1”交换机设备,出现连接图标,选择“FastEthernet0/24”,出现“一根直线”,拖到路由器“R1”设备,在路由器选择端口“FastEthernet0/0”。单击模拟器显示的连接器型号列表中的“Copper Straight - Through”直连图标,再单击绘图区中的“S1”交换机设备,出现连接图标,选择“FastEthernet0/4”,出现“一根直线”,拖到无线设备“WR1”设备,在无线设备选择端口“Internet”,如图 7.11 所示。

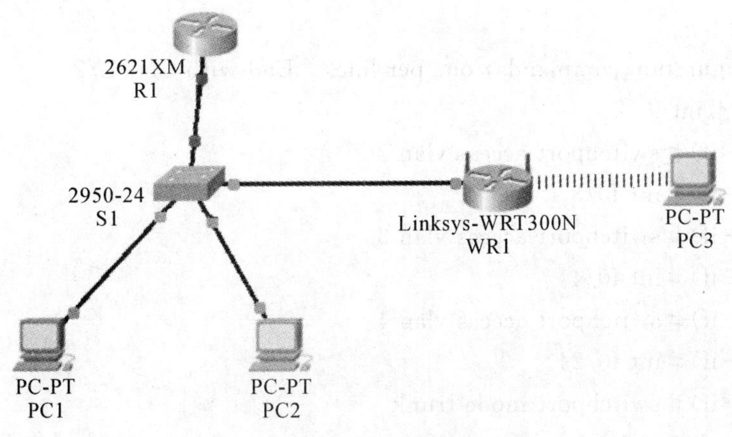

图 7.11　各设备之间添加连接线

(6)配置交换机S1。单击绘图区中的“S1”交换机设备,出现“S1”对话框,单击“CLI”选项卡,进入“IOS Command Line Interface”配置对话框。在对话框内,单击回车,出现“Switch>”的配置终端。

```
Switch>en
Switch#config t
Enter configuration commands, one per line.   End with CNTL/Z.
Switch(config)#hostname S1
S1(config)#exit
S1#
%SYS-5-CONFIG_I: Configured from console by console

S1#vlan database
% Warning: It is recommended to configure VLAN from config mode,
    as VLAN database mode is being deprecated. Please consult user
    documentation for configuring VTP/VLAN in config mode.

S1(vlan)#vlan 2 name VLAN2
VLAN 2 added:
    Name: VLAN2
S1(vlan)#vlan 3 name VLAN3
VLAN 3 added:
    Name: VLAN3
S1(vlan)#vlan 4 name VLAN4
VLAN 4 added:
    Name: VLAN4
S1(vlan)#exit
APPLY completed.
Exiting....
S1#config t
Enter configuration commands, one per line.   End with CNTL/Z.
S1(config)#int f0/2
S1(config-if)#switchport access vlan 2
S1(config-if)#int f0/3
S1(config-if)#switchport access vlan 3
S1(config-if)#int f0/4
S1(config-if)#switchport access vlan 4
S1(config-if)#int f0/24
S1(config-if)#switchport mode trunk
S1(config-if)#end
```

```
S1#
%SYS-5-CONFIG_I: Configured from console by console

S1#show ru
```

(7)配置路由器R1。单击绘图区中的"R1"路由器设备,出现"R1"对话框,单击"CLI"选项卡,进入"IOS Command Line Interface"配置对话框。在对话框内,单击回车,出现"Router>"的配置终端。

```
Router>
Router>en
Router#config t
Enter configuration commands, one per line. End with CNTL/Z.
Router(config)#hostname R1
R1(config)#int f0/0
R1(config-if)#no shut

R1(config-if)#
%LINK-5-CHANGED: Interface FastEthernet0/0, changed state to up

%LINEPROTO-5-UPDOWN: Line protocol on Interface FastEthernet0/0, changed state to up

R1(config-if)#exit
R1(config)#int f0/0.2
R1(config-subif)#
%LINK-5-CHANGED: Interface FastEthernet0/0.2, changed state to up

%LINEPROTO-5-UPDOWN: Line protocol on Interface FastEthernet0/0.2, changed state to up

R1(config-subif)#encapsulation dot1q 2
R1(config-subif)#ip add 192.168.20.254 255.255.255.0
R1(config-subif)#exit
R1(config)#int f0/0.3
R1(config-subif)#
%LINK-5-CHANGED: Interface FastEthernet0/0.3, changed state to up

%LINEPROTO-5-UPDOWN: Line protocol on Interface FastEthernet0/0.3, changed state to up
```

```
R1(config-subif)#encapsulation dot1q 3
R1(config-subif)#ip add 192.168.30.254 255.255.255.0
R1(config-subif)#exit
R1(config)#int f0/0.4
R1(config-subif)#
%LINK-5-CHANGED: Interface FastEthernet0/0.4, changed state to up

%LINEPROTO-5-UPDOWN: Line protocol on Interface FastEthernet0/0.4, changed state to up

R1(config-subif)#encapsulation dot1q 4
R1(config-subif)#ip add 192.168.40.254 255.255.255.0
R1(config-subif)#exit
R1(config)#end
R1#
%SYS-5-CONFIG_I: Configured from console by console

R1#show ru
```

(8)配置 PC1 和 PC2 的 IP 地址、子网掩码和默认网关。单击绘图区中的"PC1"设备，出现"PC1"对话框，单击"Config"选项卡，进入"Global Settings"对话框，单击左侧的"FastEthernet0"按钮，出现"FastEthernet0"对话框。在"Mac Address"描述中的"IP Address"输入框中输入 IP 地址，如"192.168.20.1"，在"Subnet Mask"输入框中输入子网掩码"255.255.255.0"。单击左侧的"Settings"按钮，进入"Gateway"对话框，在"Gateway/DNS"描述中的"Gateway"输入框中输入 IP 地址，如"192.168.20.254"。

同理，单击绘图区中的"PC2"设备，出现"PC2"对话框，单击"Config"选项卡，进入"Global Settings"对话框，单击左侧的"FastEthernet0"按钮，出现"FastEthernet0"对话框。在"Mac Address"描述中的"IP Address"输入框中输入 IP 地址，如"192.168.30.1"，在"Subnet Mask"输入框中输入子网掩码"255.255.255.0"。单击左侧的"Settings"按钮，进入"Gateway"对话框，在"Gateway/DNS"描述中的"Gateway"输入框中输入 IP 地址，如"192.168.30.254"。

(9)测试 PC1 和 PC2 的连通性。单击绘图区中的"PC1"电脑设备，出现"PC1"对话框，单击"Desktop"选项卡，单击选择"Command Prompt"，进入"Command Prompt"对话框，出现"PC>"的命令行终端。

```
PC>ping 192.168.30.1

Pinging 192.168.30.1 with 32 bytes of data:

Reply from 192.168.30.1: bytes=32 time=1ms TTL=127
Reply from 192.168.30.1: bytes=32 time=1ms TTL=127
Reply from 192.168.30.1: bytes=32 time=6ms TTL=127
```

```
Reply from 192.168.30.1: bytes=32 time=0ms TTL=127

Ping statistics for 192.168.30.1:
    Packets: Sent = 4, Received = 4, Lost = 0 (0% loss),
Approximate round trip times in milli - seconds:
    Minimum = 0ms, Maximum = 6ms, Average = 2ms

PC>
```

(10)测试 PC2 和 PC1 的连通性。单击绘图区中的“PC2”电脑设备，出现“PC2”对话框，单击“Desktop”选项卡，单击选择“Command Prompt”，进入“Command Prompt”对话框，出现“PC>”的命令行终端。

```
PC>ping 192.168.20.1

Pinging 192.168.20.1 with 32 bytes of data:

Reply from 192.168.20.1: bytes=32 time=0ms TTL=127
Reply from 192.168.20.1: bytes=32 time=1ms TTL=127
Reply from 192.168.20.1: bytes=32 time=0ms TTL=127
Reply from 192.168.20.1: bytes=32 time=0ms TTL=127

Ping statistics for 192.168.20.1:
    Packets: Sent = 4, Received = 4, Lost = 0 (0% loss),
Approximate round trip times in milli - seconds:
    Minimum = 0ms, Maximum = 1ms, Average = 0ms

PC>
```

(11)配置 WR1 的对外连接。单击绘图区中的“WR1”无线设备，出现“WR1”对话框，单击“GUI”选项卡，在下拉列表中选择“Static IP”，在“Internet IP Add”栏中输入互联网 IP 地址，如“192.168.40.1”。在“Subnet Mask”栏中输入子网掩码，如“255.255.255.0”，在“Default Gateway”栏中输入默认网关，如“192.168.40.254”，如图 7.12 所示。

(12)配置 WR1 的对内连接。单击绘图区中的“WR1”无线设备，出现“WR1”对话框，单击“Config”选项卡，单击左侧“LAN”按钮，出现“LAN Settings”对话框，在“IP Address”栏中输入 IP 地址，如“172.16.10.254”。在“Subnet Mask”栏中输入子网掩码，如“255.255.255.0”，如图 7.13 所示。单击“GUI”选项卡查看，可见“Start IP Add”为“172.16.10.100”，“Router IP”的最大用户数为 50，“IP Add Range”为“172.16.10.100 - 149”，如图 7.14 所示。

(13)WR1 无线网络的基本配置。单击绘图区中的“WR1”无线设备，出现“WR1”对话框，单击“GUI”选项卡，单击“Wireless”，出现“Wireless Basic Settings”对话框，看到“Network Mode”的默认配置为“Mixed”，在“Network Name(SSID)”栏输入 SSID 号，如“cisco”，如图 7.15所示，单击虚拟机“保存”按钮，这时“PC3”设备与无线设备“WR1”的无线连接信号中断。

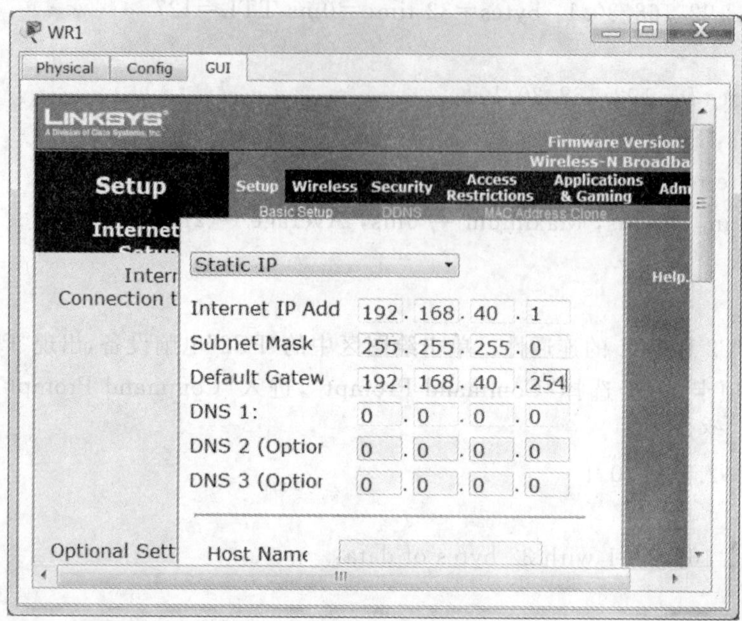

图 7.12　配置 WR1 的对外连接

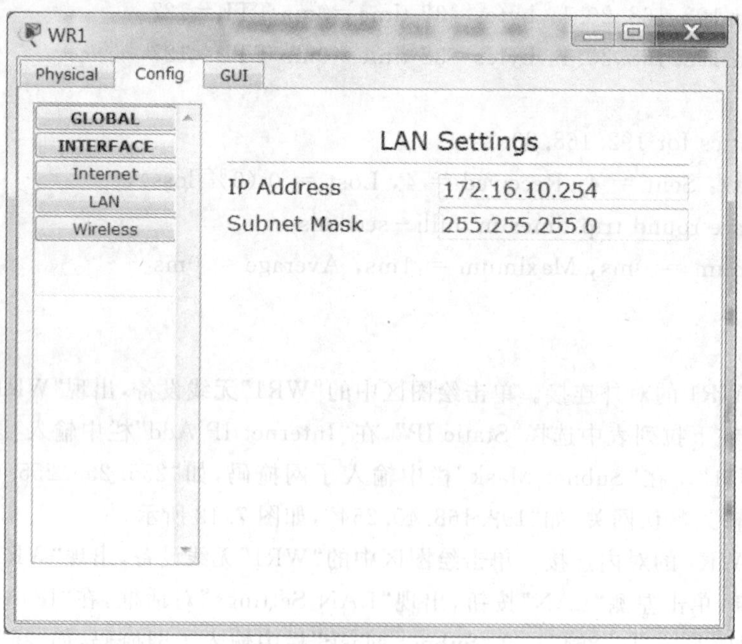

图 7.13　配置 WR1 的对内连接

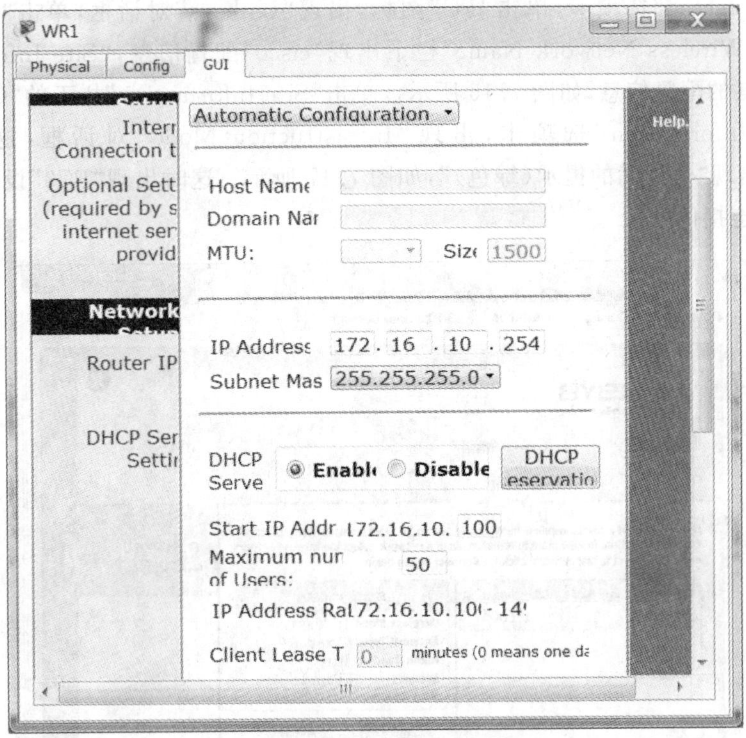

图 7.14　查看 WR1 的对内连接配置

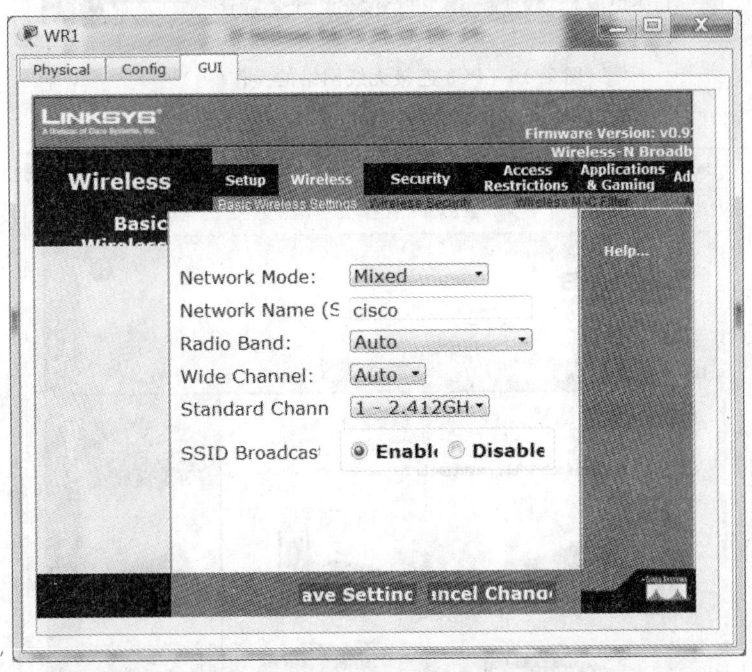

图 7.15　WR1 无线网络的基本配置

(14)用 PC3 设备连接无线网络的操作。单击绘图区中的“WR1”无线设备，出现“WR1”

对话框，单击"Desktop"选项卡，单击"PC"图标，出现"Linksys"对话框，单击"Connect"选项卡，过一会，在"Wireless Network Name"栏下出现"cisco"配置信息，"Site Information"栏下也出现无线站点的配置信息，如图 7.16 所示。单击"Site Information"栏下的"Connect"按钮，再单击"Link Information"选项卡，出现"Infrastruction Mode"对话框，这时在"Signal Strengh"栏内出现"信号满的提示(绿色)"，如图 7.17 所示。这时出现"PC3"设备与无线设备"WR1"的无线连接信号。

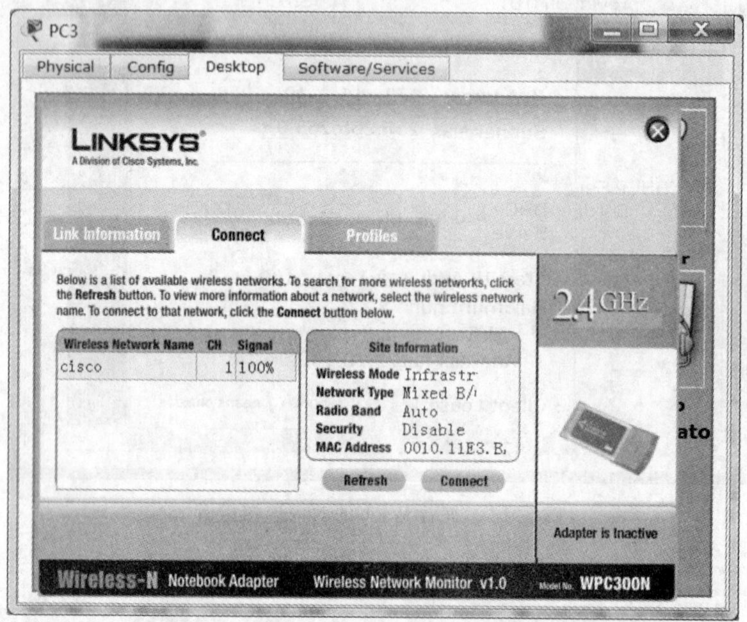

图 7.16　PC3 连接无线网络的操作(一)

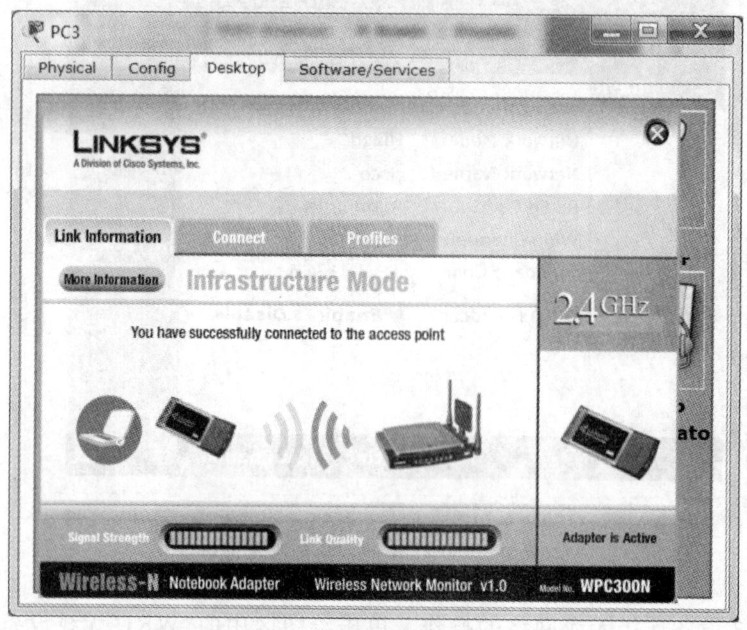

图 7.17　PC3 连接无线网络的操作(二)

(15)配置 WR1 无线设备的安全特性。单击绘图区中的“WR1”无线设备，出现“WR1”对话框，单击“GUI”选项卡，单击“Wireless”，出现“Wireless Basic Settings”对话框，单击“Wireless Security”按钮，在“Security Mode”的下拉列表中选择“WEP”，在“key1”栏中输入10位十进制的密钥，如为“8560305929”，如图 7.18 所示。在对话框的右下部单击“Save Setting”保存按钮。

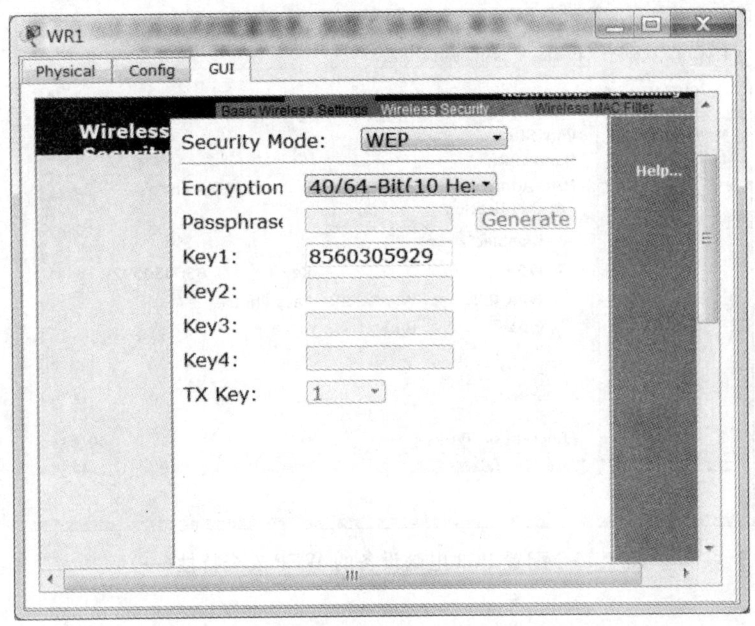

图 7.18 配置 WR1 无线设备的安全特性

(16)配置 PC3 的 WEP 安全特性。单击绘图区中的“PC3”电脑设备，出现“PC3”对话框，单击“Config”选项卡，单击左侧的“Wireless0”按钮，出现“Wireless0”对话框，在“Authentication”栏中选择“WEP”，在“key”栏中输入10位十进制的密钥，如“8560305929”，如图 7.19 所示。再单击“Desktop”选项卡，单击“PC”图标，出现“Linksys”对话框，单击“Connect”选项卡，过一会，在“Wireless Network Name”栏下出现“cisco”配置信息，“Site Information”栏下也出现无线站点的配置信息，单击“Site Information”栏下的“Connect”按钮，出现“WEP Key Needed for Connection”对话框，在“WEP key 1”栏中输入10位十进制的密钥，如“8560305929”，如图 7.20 所示，单击右下角“Connect”按钮。

(17)配置 WR1 无线设备的管理配置。单击绘图区中的“WR1”无线设备，出现“WR1”对话框，单击“GUI”选项卡，单击“Administration”按钮，在“Router Password”栏输入密码，如“cisco”，修改默认密码，这里注意此处密码默认是“admin”。在“Remote Management”栏中选择“Enable”，在对话框的右下部单击“Save Setting”保存按钮，这时可在外网远程管理无线设备，如图 7.21 所示。

(18)测试 PC3 能否远程管理无线设备 WR1。单击绘图区中的“PC3”电脑设备，出现“PC3”对话框，单击“Desktop”选项卡，单击“Web Browser”图标，出现“Web Brower”对话框。在“URL”栏中输入网址，如“http://172.16.10.254”，单击“Go”按钮，出现“Authorization”对话框。在“User Name”栏输入用户名，如“admin”，在“Password”栏输入密码，如“cisco”，如图

7.22 所示。单击“OK”按钮，出现 PC3 进入远程无线设备 WR1 管理页面，如图 7.23 所示。

(19)测试 PC1 或 PC2 能否远程管理无线设备 WR1。单击绘图区中的“PC1”电脑设备，出现“PC1”对话框，单击“Desktop”选项卡，单击“Web Browser”图标，出现“Web Brower”对话框。在“URL”栏中输入网址，如“http://192.168.40.1”，或“172.16.10.254”，单击“Go”按钮，均出现无法登录远程管理无线设备 WR1。

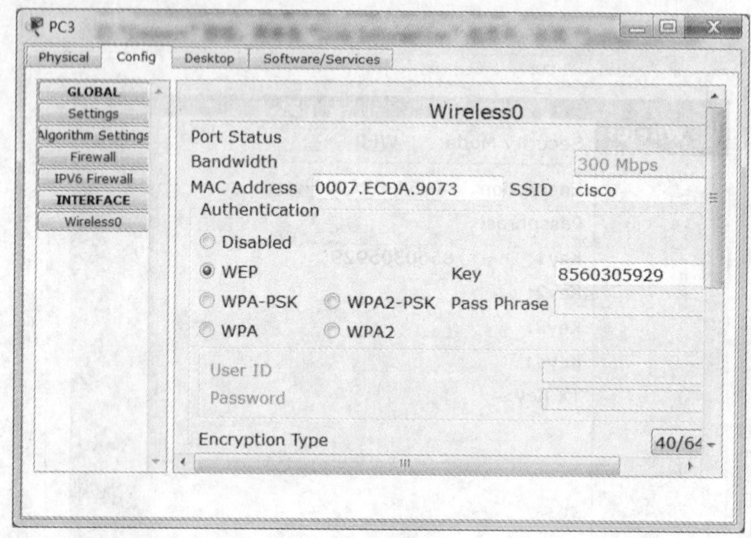

图 7.19　配置 PC3 电脑设备的 WEP 安全特性(一)

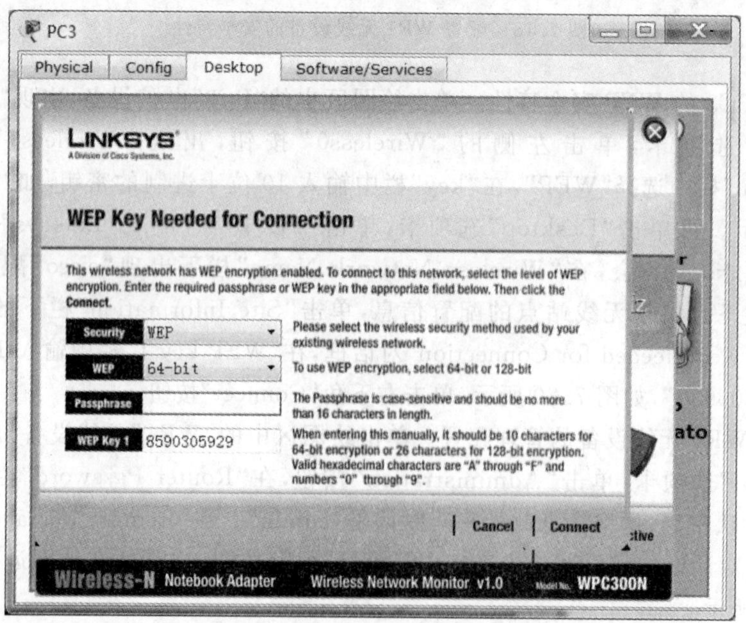

图 7.20　配置 PC3 电脑设备的 WEP 安全特性(二)

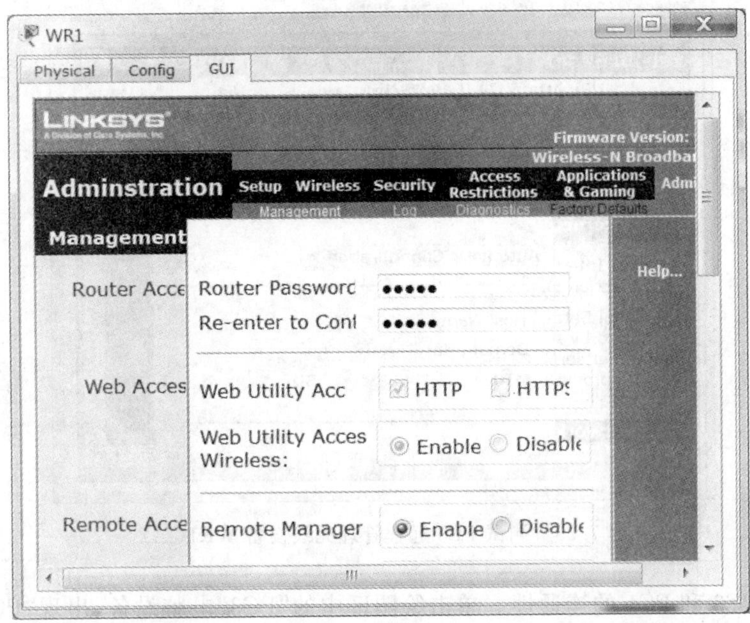

图 7.21　配置 WR1 无线设备的管理配置

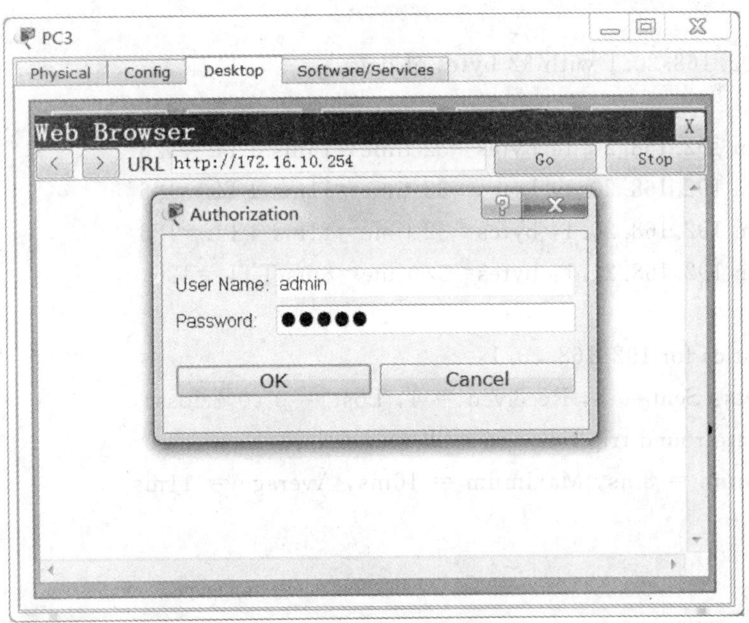

图 7.22　测试 PC3 远程管理无线设备 WR1(一)

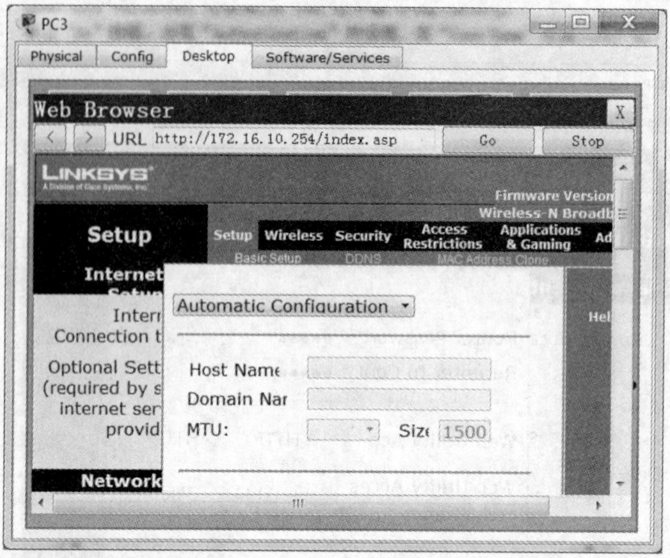

图 7.23　测试 PC3 远程管理无线设备 WR1(二)

(20)测试 PC3 和 PC1 的连通性。单击绘图区中的“PC3”电脑设备,出现“PC3”对话框,单击“Desktop”选项卡,单击选择“Command Prompt”,进入“Command Prompt”对话框,出现“PC>”的命令行终端。

```
PC>ping 192.168.20.1

Pinging 192.168.20.1 with 32 bytes of data:

Reply from 192.168.20.1: bytes=32 time=16ms TTL=126
Reply from 192.168.20.1: bytes=32 time=11ms TTL=126
Reply from 192.168.20.1: bytes=32 time=11ms TTL=126
Reply from 192.168.20.1: bytes=32 time=8ms TTL=126

Ping statistics for 192.168.20.1:
    Packets: Sent = 4, Received = 4, Lost = 0 (0% loss),
Approximate round trip times in milli-seconds:
    Minimum = 8ms, Maximum = 16ms, Average = 11ms

PC>
```

7.2　配置 RIP 协议

一、实训目的

掌握 RIP(路由选择信息协议)协议的基本配置与验证。

二、实训内容

(1)通过对 RIP 路由选择协议的配置,实现全网的连通;
(2)声明相应网络进入 RIP 路由进程;
(3)查看路由表并理解相关字段含义;
(4)监测 RIP 协议的路由更新发送和接收情况等相关信息。

三、实训环境的搭建

动态路由协议分两大类:距离矢量协议和链路状态协议,各有其优缺点。最常用的两个距离矢量路由协议是 RIP 和 EIGRP。

采用距离矢量路由协议的路由器可以与直接连接的邻居路由器共享网络信息。然后,这些路由器又把信息传递给它们的邻居,直到企业的所有路由器都获知此信息。采用距离矢量协议的路由器并不知道通往目的地址的全部路径,它只知道通往远程网络的距离和方向,即矢量。

像所有的路由器协议一样,距离矢量协议使用度量决定最佳路由。而其计算最佳路由的方法是基于路由器到网络的距离。条数是一种常用的典型度量,它表示从一个特定路由器到目的网络之间需要经过的路由器数量。

采用距离矢量协议的路由器可将其维护的整个路由按固定间隔广播或组播给与它们直接相连的邻居路由器。而且,如果路由器获知了通往同一目的地址的多条路由,它将通过计算并通告度量值最低的一条路由。但是,这种传递路由信息的方法在大型网络中就显得效率低了。

距离矢量协议可以运行在较老式的和功能不是很强大的路由器上,对内存和处理器资源的要求也相对较低。与链路状态协议相比,通常距离矢量协议的配置和管理复杂度较低。

路由选择信息协议 RIP 有 2 个版本,分别是 RIPv1 和 RIPv2。RIPv1 是最早且唯一的 IP 路由协议,RIPv1 没有身份验证功能,由于 RIPv1 在路由更新时不发送子网掩码信息,因此 RIPv1 不支持 VLSM 和 CIDR,如果网络是不连续的,RIPv1 有可能不能正确报告路由。由于 RIPv2 是 RIPv1 的改进版,RIPv2 具有身份验证功能,是无类路由协议,因此 RIPv2 可以支持 VLSM 和 CIDR,由于 RIPv2 包含子网掩码字段,因此 RIPv2 支持非连续的网络。

配置 RIP 协议的实验原理如图 7.24 所示。注意 s0 端口的网段一定不能与 F0/0 端口的网段 IP 地址相同。

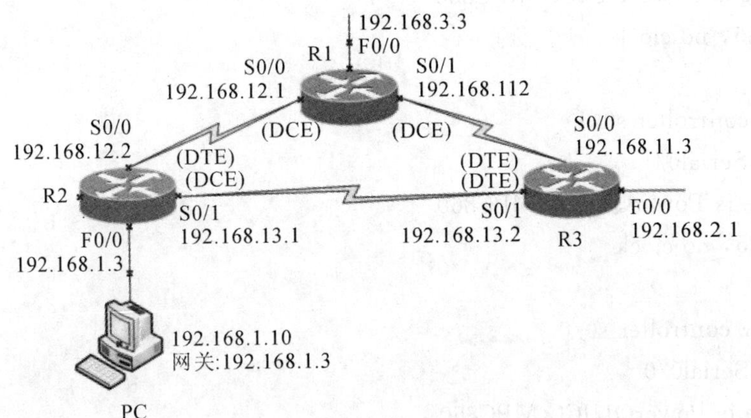

图 7.24　配置 RIP 协议实验原理图

(1)PC 1 台,操作系统为 Windows Server 2008;

(2)Cisco 2621XM 路由器 3 台,分别为 R1,R2 和 R3;

(3)WIC－2T 模块 6 个,每 2 个分别安装在路由器 R1,R2 和 R3;

(4)V.35 DTE 电缆 3 条,一条的一端连接在路由器 R3 的 S0/0 端口,另一端连接与 R1 的 S0/1 端口相连的 DCE 电缆;另一条的一端连接在路由器 R3 的 S0/1 端口,另一端连接与 R2 的 S0/1 端口相连的 DCE 电缆;第三条的一端连接在路由器 R2 的 S0/0 端口,另一端连接与 R1 的 S0/0 端口相连的 DCE 电缆;

(5)V.35 DCE 电缆 3 条,一条的一端连接在路由器 R1 的 S0/1 端口,另一端连接与 R3 的 S0/0 端口相连的 DTE 电缆;另一条的一端连接在路由器 R1 的 S0/0 端口,另一端连接与 R2 的 S0/0 端口相连的 DTE 电缆;第三条的一端连接在路由器 R2 的 S0/1 端口,另一端连接与 R3 的 S0/1 端口相连的 DTE 电缆;

(6)Console 电缆 1 条，通过 Console 电缆把 PC 的 COM 端口和路由器的 Console 端口连接起来，配置路由器;交叉网线 1 条;

(7)实验中分配的 IP 地址：路由器 R1 的 f0/0 口为 192.168.3.3，S0/0 口为 192.168.12.1，S0/1 口为 192.168.11.2；路由器 R2 的 f0/0 口为 192.168.1.3，S0/0 口为 192.168.12.2，S0/1 口为 192.168.13.1；路由器 R3 的 f0/0 口为 192.168.2.1，S0/0 口为 192.168.11.3，S0/1 口为 192.168.13.2;PC 的 IP 为 192.168.1.10,网关为 192.168.1.3,子网掩码为 255.255.255.0.

四、实训操作实践

RIP 协议是距离矢量路由选择协议的一种,由于它允许的最大跳数为 15,每隔 30s 广播一次路由信息,故只适用于小型的同构网络。但是,由于 RIP 协议简单、可靠,便于配置,因此其使用非常广泛。

在本实验中,路由器 R1 为 DCE,R3 为 DTE ,R2 的 S0/0 口为 DTE,R2 的 S0/1 口为 DCE。

1.查看 DTE/DCE 电缆

```
R1＃show controllers s0/0          // 查看 s0/0 端口的连接电缆 //
Interface Serial0/0
Hardware is PowerQUICC MPC860
DCE V.35，no clock

R1＃sho controller s0/1
Interface Serial0/1
Hardware is PowerQUICC MPC860
DCE V.35，no clock

R2＃show controller s0/0
Interface Serial0/0
Hardware is PowerQUICC MPC860
```

```
DTE V.35 clocks stopped.

R2＃show controller s0/1
Interface Serial0/1
Hardware is PowerQUICC MPC860
DCE V.35，no clock

R3＃show controller s0/0
Interface Serial0/0
Hardware is PowerQUICC MPC860
DTE V.35 clocks stopped.

R3＃show controller s0/1
Interface Serial0/1
Hardware is PowerQUICC MPC860
DTE V.35 clocks stopped.
```

2. R1 的配置过程

```
Router>en                    // 进入特权执行模式 //
Router＃config t                           // 进入全局配置模式 //
Router(config)＃hostname R1                  // 给路由器命名为 R1 //
R1(config)＃no logging console
// 防止大量的端口状态变化信息和报警信息对配置过程的影响 //
R1(config)＃int f0/0                  // 进入 f0/0 端口 //
R1(config-if)＃ip address 192.168.3.3 255.255.255.0
// 设置 f0/0 端口的 IP 地址 //
R1(config-if)＃no keepalive            // f0/0 端口不检测存活(keepalive)信号 //
R1(config-if)＃no shutdown             // 激活 f0/0 端口 //
R1(config)＃int s0/0                  // 进入 s0/0 端口 //
R1(config-if)＃ip address 192.168.12.1 255.255.255.0
// 设置 s0/0 端口的 IP 地址 //
R1(config-if)＃clock rate 512000
// 设置 s0/0 端口的同步时钟速率为 512000 //
R1(config-if)＃bandwidth 512                // 设置 s0/0 端口的带宽为 512 //
R1(config-if)＃no shutdown                // 激活 s0/0 端口 //
R1(config)＃int s0/1                  // 进入 s0/1 端口 //
R1(config-if)＃ip address 192.168.11.2 255.255.255.0
// 设置 s0/1 端口的 IP 地址 //
R1(config-if)＃clock rate 512000
//设置 s0/1 端口的同步时钟速率为 512000 //
```

```
R1(config-if)#bandwidth 512                  // 设置 s0/1 端口的带宽为 512 //
R1(config-if)#no shutdown                    // 激活 s0/1 端口 //
R1(config-if)#end                 // 退出配置模式 //
R1#show running-config                                   // 查看运行配置 //
R1#
```

3. R2 的配置过程

```
Router>en
Router#config t
Router(config)#hostname R2
R2(config)#no logging console
R2(config)#int f0/0               // 进入 f0/0 端口 //
R2(config-if)#ip address 192.168.1.3 255.255.255.0
// 设置 f0/0 端口的 IP 地址 //
R2(config-if)#no keepalive                 // f0/0 端口不检测存活(keepalive)信号 //
R2(config-if)#no shutdown                    // 激活 f0/0 端口 //
R2(config)#int s0/0               // 进入 s0/0 端口 //
R2(config-if)#ip address 192.168.12.2 255.255.255.0
// 设置 s0/0 端口的 IP 地址 //
R2(config-if)#bandwidth 512                  // 设置 s0/0 端口的带宽为 512 //
R2(config-if)#no shutdown                    // 激活 s0/0 端口 //
R2(config)#int s0/1               // 进入 s0/1 端口 //
R2(config-if)#ip address 192.168.13.1 255.255.255.0
// 设置 s0/1 端口的 IP 地址 //
R2(config-if)#clock rate 64000
//设置 s0/1 端口的同步时钟速率为 64000 //
R2(config-if)#bandwidth 64                   // 设置 s0/1 端口的带宽为 64 //
R2(config-if)#no shutdown                    // 激活 s0/1 端口 //
R2(config-if)#end                 // 退出配置模式 //
R2#show running-config                                   // 查看运行配置 //
R2#
```

4. R3 的配置过程

```
Router>en
Router#config ter
Router(config)#hostname R3
R3(config)#no logging console
R3(config)#int f0/0               // 进入 f0/0 端口 //
R3(config-if)#ip address 192.168.2.1 255.255.255.0
// 设置 f0/0 端口的 IP 地址 //
R3(config-if)#no keepalive                 // f0/0 端口不检测存活(keepalive)信号 //
```

```
R3(config-if)#no shutdown              // 激活 f0/0 端口 //
R3(config)#int s0/0              // 进入 s0/0 端口 //
R3(config-if)#ip address 192.168.11.3 255.255.255.0
// 设置 s0/0 端口的 IP 地址 //
R3(config-if)#bandwidth 512            // 设置 s0/0 端口的带宽为 512 //
R3(config-if)#no shutdown              // 激活 s0/0 端口 //
R3(config)#int s0/1              // 进入 s0/1 端口 //
R3(config-if)#ip address 192.168.13.2 255.255.255.0
// 设置 s0/1 端口的 IP 地址 //
R3(config-if)#bandwidth 64             // 设置 s0/1 端口的带宽为 64 //
R3(config-if)#no shutdown              // 激活 s0/1 端口 //
R3(config-if)#end                                    // 退出配置模式 //
R3# show running-config                              // 查看运行配置 //
R3#
```

5.测试 R1,R2 和 R3 之间的连通性

```
R1#ping 192.168.12.2                   // 测试 R1 和 R2 的连通性 //

Type escape sequence to abort.
Sending 5, 100-byte ICMP Echos to 192.168.12.2, timeout is 2 seconds:
!!!!!
Success rate is 100 percent (5/5), round-trip min/avg/max =4/4/8 ms

R1#ping 192.168.11.3                   // 测试 R1 和 R3 的连通性 //

Type escape sequence to abort.
Sending 5, 100-byte ICMP Echos to 192.168.11.3, timeout is 2 seconds:
!!!!!
Success rate is 100 percent (5/5), round-trip min/avg/max =4/4/8 ms

R2#ping 192.168.13.2               // 测试 R2 和 R3 的连通性 //

Type escape sequence to abort.
Sending 5, 100-byte ICMP Echos to 192.168.13.2, timeout is 2 seconds:
!!!!!
Success rate is 100 percent (5/5), round-trip min/avg/max = 28/28/28 ms

R2#ping 192.168.12.1                   // 测试 R2 和 R1 的连通性 //
R3#ping 192.168.11.2                   // 测试 R3 和 R1 的连通性 //
R3#ping 192.168.13.1                   // 测试 R3 和 R2 的连通性 //
```

6. 配置 RIP 协议

(1)R1 配置 RIP 协议。

```
R1＃config ter
R1(config)＃router rip                    // 选择 rip 作为路由选择协议 //
R1(config－router)＃network 192.168.11.0
// 设置 R1 参与动态路由的网络主类地址//
R1(config－router)＃network 192.168.12.0
R1(config－router)＃network 192.168.3.0
R1(config－router)＃end
R1＃
```

(2)R2 配置 RIP 协议。

```
R2＃config ter
R2(config)＃router rip
R2(config－router)＃network 192.168.12.0
R2(config－router)＃network 192.168.13.0
R2(config－router)＃network 192.168.1.0
R2(config－router)＃end
R2＃
```

(3)R3 配置 RIP 协议。

```
R3＃config ter
R3(config)＃router rip
R3(config－router)＃network 192.168.11.0
R1(config－router)＃network 192.168.13.0
R3(config－router)＃network 192.168.2.0
R3(config－router)＃end
R3＃
```

7. 查看路由表

```
R1＃show ip route                    // 查看路由器 R1 的路由 //
Codes：C－connected，S－static，I－IGRP，R－RIP，M－mobile，B－BGP
D－EIGRP，EX－EIGRP external，O－OSPF，IA－OSPF inter area
N1－OSPF NSSA external type 1，N2－OSPF NSSA external type 2
E1－OSPF external type 1，E2－OSPF external type 2，E－EGP
i－IS－IS，L1－IS－IS level－1，L2－IS－IS level－2，ia－IS－IS inter area
*－candidate default，U－per－user static route，o－ODR
P－periodic downloaded static route

Gateway of last resort is not set

C    192.168.12.0/24 is directly connected，Serial0/0
```

```
R      192.168.13.0/24 [120/1] via 192.168.11.3, 00:00:11, Serial0/1
                       [120/1] via 192.168.12.2, 00:00:09, Serial0/0
```

// R 表示此项路由是由 rip 协议获取的；192.168.13.0/24 表示目标网段；[120/1]-120 表示是 rip 协议的管理距离，[120/1]-1 表示当前路由器的度量值，也表示跳数；via 表示经由；192.168.11.3 表示是由当前路由器 R1 出发，到达目标网段所需经过的下一跳的 IP 地址；Serial0/1 表示由路由器 R3 到达目标网段所需使用的接口；00:00:11 表示该条路由产生的时间 //

```
C      192.168.11.0/24 is directly connected, Serial0/1
R      192.168.2.0/24 [120/1] via 192.168.11.3, 00:00:11, Serial0/1
C      192.168.3.0/24 is directly connected, FastEthernet0/0

R2#show ip route                        // 查看路由器 R2 的路由 //
Codes: C - connected, S - static, I - IGRP, R - RIP, M - mobile, B - BGP
       D - EIGRP, EX - EIGRP external, O - OSPF, IA - OSPF inter area
       N1 - OSPF NSSA external type 1, N2 - OSPF NSSA external type 2
       E1 - OSPF external type 1, E2 - OSPF external type 2, E - EGP
       i - IS-IS, L1 - IS-IS level-1, L2 - IS-IS level-2, ia - IS-IS inter area
       * - candidate default, U - per-user static route, o - ODR
       P - periodic downloaded static route

Gateway of last resort is not set

C      192.168.12.0/24 is directly connected, Serial0/0
```

// 和 R2 路由器直接相连的网段 //

```
C      192.168.13.0/24 is directly connected, Serial0/1
R      192.168.11.0/24 [120/1] via 192.168.13.2, 00:00:06, Serial0/1
                       [120/1] via 192.168.12.1, 00:00:02, Serial0/0
```

// 到达目标网段 192.168.11.0/24 有 2 个路径：可通过 R3，带宽为 64；也可通过 R1，带宽为 512 //

```
C      192.168.1.0/24 is directly connected, FastEthernet0/0
R      192.168.2.0/24 [120/1] via 192.168.13.2, 00:00:06, Serial0/1
R      192.168.3.0/24 [120/1] via 192.168.12.1, 00:00:02, Serial0/0
```

上述结果表明：和 R2 路由器直接相连的网段有 192.168.12.0/24，192.168.11.0/24 和 192.168.1.0/24；路由表中多了 3 条 RIP 路由信息，使 R2 路由器可访问到 192.168.11.0/24 网段、192.168.2.0/24 网段和 192.168.3.0/24 网段。其中访问 192.168.11.0/24 网段的有 2 条路径，分别是通过 R3 的 192.168.13.2 IP 地址和 R1 的 192.168.12.1 IP 地址。

```
R3#show ip route                        // 查看路由器 R3 的路由 //
```

```
Codes: C - connected, S - static, I - IGRP, R - RIP, M - mobile, B - BGP
       D - EIGRP, EX - EIGRP external, O - OSPF, IA - OSPF inter area
       N1 - OSPF NSSA external type 1, N2 - OSPF NSSA external type 2
       E1 - OSPF external type 1, E2 - OSPF external type 2, E - EGP
       i - IS - IS, L1 - IS - IS level - 1, L2 - IS - IS level - 2, ia - IS - IS inter area
       * - candidate default, U - per - user static route, o - ODR
       P - periodic downloaded static route

Gateway of last resort is not set

R    192.168.12.0/24 [120/1] via 192.168.13.1, 00:00:21, Serial0/1
                     [120/1] via 192.168.11.2, 00:00:00, Serial0/0
C    192.168.13.0/24 is directly connected, Serial0/1
C    192.168.11.0/24 is directly connected, Serial0/0
C    192.168.2.0/24 is directly connected, FastEthernet0/0
R    192.168.3.0/24 [120/1] via 192.168.11.2, 00:00:00, Serial0/0
```

8. RIP 协议常用的监测命令

仔细观察下列带下画线的信息的含义：

```
R1# show ip protocol                    // 查看路由器 R1 的路由协议 //
Routing Protocol is "rip"
  Sending updates every 30 seconds, next due in 3 seconds
  Invalid after 180 seconds, hold down 180, flushed after 240
  Outgoing update filter list for all interfaces is not set
  Incoming update filter list for all interfaces is not set
  Redistributing: rip
Default version control: send version 1, receive any version
//发送 version 1,接收任何 version //
Interface       Send   Recv   Triggered RIP   Key - chain
//各接口的发送和接收版本 //
    FastEthernet0/0 1     1 2
    Serial0/0       1     1 2
    Serial0/11      1 2
Automatic network summarization is in effect      // 自动汇总生效 //
  Maximum path: 4
  Routing for Networks:                           // 所路由的网络 //
    192.168.3.0
    192.168.11.0
    192.168.12.0
Routing Information Sources:                      // 路由信息源 //
```

```
    Gateway            Distance       Last Update
    192.168.11.3          120          00:00:21
    192.168.12.2          120          00:00:17
  Distance: (default is 120)
R2#show ip protocol                       // 查看路由器 R2 的路由协议 //
R3#show ip protocol                       // 查看路由器 R3 的路由协议 //

R2#trace 192.168.2.1        // 路由跟踪 //

Type escape sequence to abort.
Tracing the route to 192.168.2.1

  1 192.168.13.2 12 msec 12 msec
R2#debug ip rip           // 监测到 RIP 协议的路由更新发送和接收情况 //
RIP protocol debugging is on
R2#
R2#config t
R2(config)#logging console
R2(config)#
01:07:27: RIP: received v1 update from 192.168.12.1 on Serial0/0
01:07:27:        192.168.2.0 in 2 hops
01:07:27:        192.168.3.0 in 1 hops
01:07:27:        192.168.11.0 in 1 hops
01:07:34: RIP: received v1 update from 192.168.13.2 on Serial0/1
01:07:34:        192.168.2.0 in 1 hops
01:07:34:        192.168.3.0 in 2 hops
01:07:34:        192.168.11.0 in 1 hops
R2(config)#
01:07:43: RIP: sending v1 update to 255.255.255.255 via FastEthernet0/0 (192.168
.1.3)
01:07:43: RIP: build update entries
01:07:43:         network 192.168.2.0 metric 2
01:07:43:         network 192.168.3.0 metric 2
01:07:43:         network 192.168.11.0 metric 2
01:07:43:         network 192.168.12.0 metric 1
01:07:43:         network 192.168.13.0 metric 1
01:07:43: RIP: sending v1 update to 255.255.255.255 via Serial0/0 (192.168.12.2)

01:07:43: RIP: build update entries
```

```
01:07:43:        network 192.168.1.0 metric 1
01:07:43:        network 192.168.2.0 metric 2
01:07:43:        network 192.168.13.0 metric 1
01:07:43: RIP: sending v1 update to 255.255.255.255 via Serial0/1 (192.168.13.1)

01:07:43: RIP: build update entries
01:07:43:        network 192.168.1.0 metric 1
01:07:43:        network 192.168.3.0 metric 2
01:07:43:        network 192.168.12.0 metric 1
01:07:56: RIP: received v1 update from 192.168.12.1 on Serial0/0
01:07:56:       192.168.2.0 in 2 hops
01:07:56:       192.168.3.0 in 1 hops
01:07:56:       192.168.11.0 in 1 hops
```

上述结果表明 RIP 协议工作有下述特点:更新信息缺省情况下向所有参与路由的接口发送;RIP 协议版本 1 的更新包是广播包(sending v1 update to 255.255.255.255),

RIP 把整个路由表向相邻路由器发送;当前所有接口发送和接收的 RIP 更新包的版本均为 1。

```
R2#undebug all                    //关闭 DEBUG 进程 //
All possible debugging has been turned off
R2#
```

7.3 配置 OSPF 协议

一、实训目的

(1)掌握 OSPF(开放最短路经优生)协议的基本配置;
(2)查看 OSPF 协议的配置、邻居、接口和路由等信息。

二、实训内容

(1)在路由器上启动和基本配置 OSPF 协议;
(2)声明相应网络进入 OSPF 路由信息;
(3)查看 OSPF 协议的配置、邻居、接口和路由等信息。

三、实训环境的搭建

配置 OSPF 协议的实验原理图,如图 7.25 所示。
(1)PC 2 台,操作系统为 Windows 2000 Professional;
(2)Cisco 2621XM 路由器 3 台,分别为 R,R1 和 R2;

(3)WIC－2T 模块 4 个,路由器 R 安装 2 个,R1 和 R2 分别安装 1 个;

(4)V.35 DTE 电缆 2 条,DTE 一端分别连接在 R1,R2 的 S0 端口,另一端连接 DCE 电缆;

(5)V.35 DCE 电缆 2 条,DCE 一端分别连接在 R 的 S0,S1 端口,另一端连接 DTE 电缆;

(6)Console 电缆 1 条,通过 Console 电缆把 PC 的 COM 端口和路由器的 Console 端口连接起来,配置路由器;交叉网线 2 条;

(7)实验中分配的 IP 地址:PC1 的 IP 为 192.168.20.20,网关为 192.168.20.1;PC2 的 IP 为 192.168.10.10,网关为 192.168.10.1;路由器 R1 的 F0/0 口为 192.168.20.1,S0/0 口为 192.168.1.6;路由器 R2 的 F0/0 口为 192.168.10.1,S0/0 口为 192.168.1.1;路由器 R 的 S0/0 口为 192.168.1.5,S0/1 口为 192.168.1.2;子网掩码均为 255.255.255.0。

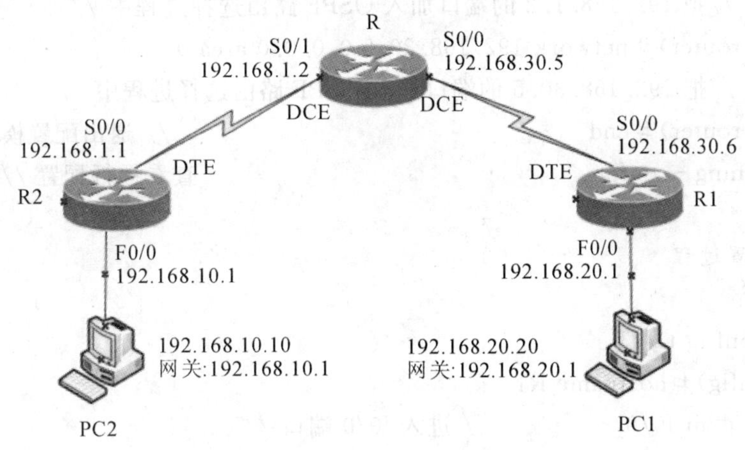

图 7.25　配置 OSPF 协议实验原理图

四、实训操作实践

OSPF 协议是一种链路状态(接口的状态)路由选择协议,是重要的路由选择协议。OSPF 通过路由器之间通告网络接口的状态来建立链路状态数据库,生成最短路径树,每个 OSPF 路由器使用这些最短路径构造路由表。OSPF 又是一种层次化的路由选择协议,区域(Area)0 是一个 OSPF 网络中必须具备的主干区域,其他区域要求通过 Area0 互连到一起。

在本实验中,路由器 R1,R2 为 DTE,R 为 DCE。

1. R 的配置过程

```
Router>en                      // 进入特权执行模式 //
Router#config t                          // 进入全局配置模式 //
Router(config)#hostname R                  // 给路由器命名为 R //
R(config)#int s0/0                       // 进入 s0/0 端口 //
R(config-if)#ip address 192.168.30.5 255.255.255.0
          // 设置 s0/0 端口的 IP 地址 //
R(config-if)#clock rate 64000                   // 设置同步时钟速率为 64000 //
R(config-if)#no shutdown                               // 激活 s0/0 端口 //
```

R(config－if)＃exit

R(config)＃int s0/1　　　　　　　　// 进入 s0/1 端口 //

R(config－if)＃ip address 192.168.1.2 255.255.255.0

// 设置 s0/1 端口的 IP 地址 //

R(config－if)＃ clock rate 125000　　　　// 设置同步时钟速率为 125000 //

R(config－if)＃no shutdown　　　　　　　　// 激活 s0/1 端口 //

R(config－if)＃exit

R(config)＃router ospf 100

// 启动一个 OSPF 路由选择协议进程，进程号为 100 //

R(config－router)＃network 192.168.1.2 0.0.0.0 area 0

//把 192.168.1.2 的端口加入 OSPF 路由选择进程中 //

R(config－router)＃network 192.168.30.5 0.0.0.0 area 0

//把 192.168.30.5 的端口加入 OSPF 路由选择进程中 //

R(config－router)＃end　　　　　　　　　　// 退出配置模式 //

R＃shorunning－config　　　　　　　　// 查看运行配置 //

R＃

2. R1 的配置过程

Router>en

Router＃conf ig t

Router(config)＃hostname R1

R1(config)＃int f0/0　　　　　// 进入 f0/0 端口 //

R1(config－if)＃ ip address 192.168.20.1 255.255.255.0

R1(config－if)＃no shutdown

R1(config－if)＃exit

R1 (config)＃int s0/0

R1(config－if)＃ip address 192.168.30.6 255.255.255.0

R1(config－if)＃no shutdown

R1(config－if)＃exit

R1(config)＃router ospf 100　　　// 启动一个 OSPF 路由选择协议进程 //

R1(config－router)＃network 192.168.30.6 0.0.0.0 area 0

//把 192.168.30.6 的端口加入 OSPF 路由选择进程中 //

R1(config－router)＃network 192.168.20.10.0.0.0 area 0

//把 192.168.20.1 的端口加入 OSPF 路由选择进程中 //

R1(config－router)＃end

R1＃show ru

R1＃

3. R2 的配置过程

Router>en

Router＃conf ig t

```
Router(config) # hostname R2
R2(config) # int f0/0                  // 进入 f0/0 端口 //
R2(config-if) # ip address 192.168.10.1 255.255.255.0
R2(config-if) # no shutdown
R2(config-if) # exit
R2 (config) # int s0/0
R2(config-if) # ip address 192.168.1.1 255.255.255.0
R2(config-if) # no shutdown
R2(config-if) # exit
R2(config) # router ospf 100
R2(config-router) # network 192.168.1.1 0.0.0.0 area 0
R2(config-router) # network 192.168.10.1 0.0.0.0 area 0
R2(config-router) # end
R2 # show ru
R2 #
```

4. 查看 DTE/DCE 电缆

```
R1 # sho controllers s0/0              // 查看 s0/0 端口的连接电缆 //
Interface Serial0/0
Hardware is PowerQUICC MPC860
DTE V.35 clocksdetected.

R # sho controller s0/0
Interface Serial0/0
Hardware is PowerQUICC MPC860
DCE V.35, no clock
```

5. 测试连通性

```
R # ping 192.168.20.1                  // 测试 R 和 R1 的连通性 //

Type escape sequence to abort.
Sending 5, 100-byte ICMP Echos to 192.168.20.1, timeout is 2 seconds:
!!!!!
Success rate is 100 percent (5/5), round-trip min/avg/max = 12/14/16 ms
R # ping 192.168.10.1                  // 测试 R 和 R2 的连通性 //

Type escape sequence to abort.
Sending 5, 100-byte ICMP Echos to 192.168.10.1, timeout is 2 seconds:
!!!!!
Success rate is 100 percent (5/5), round-trip min/avg/max = 28/29/32 ms
```

```
R#ping 192.168.20.20                    //测试 R 和 PC1 的连通性//
R#ping 192.168.10.10                    //测试 R 和 PC2 的连通性//
R1#ping 192.168.30.5                    //测试 R1 和 R 的连通性//
R2#ping 192.168.1.2                     //测试 R2 和 R 的连通性//
R1#ping 192.168.1.1                     //测试 R1 和 R2 的连通性//
R2#ping 192.168.30.6                    //测试 R2 和 R1 的连通性//

Type escape sequence to abort.
Sending 5, 100-byte ICMP Echos to 192.168.30.6, timeout is 2 seconds:
!!!!!
Success rate is 100 percent (5/5), round-trip min/avg/max = 40/41/44 ms
R#trace 192.168.10.1                    //测试 R 到 R2 所经过的网关//

Type escape sequence to abort.
Tracing the route to 192.168.10.1

1 192.168.1.18 msec 8 msec *

R#trace 192.168.20.1                    //测试 R 到 R1 所经过的网关//

Type escape sequence to abort.
Tracing the route to 192.168.20.1

1 192.168.30.6 13 msec 12 msec *
```

6.查看 OSPF 协议的路由、邻居和接口等信息

```
R#sho ip route                          //查看路由器 R 的 IP 路由//
Codes: C - connected, S - static, I - IGRP, R - RIP, M - mobile, B - BGP
       D - EIGRP, EX - EIGRP external, O - OSPF, IA - OSPF inter area
       N1 - OSPF NSSA external type 1, N2 - OSPF NSSA external type 2
       E1 - OSPF external type 1, E2 - OSPF external type 2, E - EGP
       i - IS-IS, L1 - IS-IS level-1, L2 - IS-IS level-2, ia - IS-IS inter area
       * - candidate default, U - per-user static route, o - ODR
       P - periodic downloaded static route

Gateway of last resort is not set

C    192.168.30.0/24 is directly connected, Serial0/0
O    192.168.10.0/24 [110/65] via 192.168.1.1, 00:14:09, Serial0/1
O    192.168.20.0/24 [110/65] via 192.168.30.6, 00:14:09, Serial0/0
```

C　　192.168.1.0/24 is directly connected, Serial0/1

上述[110/65]中110表示：OSPF的缺省管理距离，65表示本条路由的费用。

R1＃sho ip route　　　　　　// 查看路由器R1的IP路由 //

O　　192.168.10.0/24 [110/129] via 192.168.1.2, 02:33:21, Serial0/0

C　　192.168.20.0/24 is directly connected, FastEthernet0/0

C　　192.168.1.0/24 is directly connected, Serial0/0

R2＃sho ip route　　　　　　// 查看路由器R2的IP路由 //

C　　192.168.10.0/24 is directly connected, FastEthernet0/0

O　　192.168.20.0/24 [110/129] via 192.168.1.5, 02:27:13, Serial0/0

C　　192.168.1.0/24 is directly connected, Serial0/0

R＃sho ip route ospf　　　　// 查看路由器R的OSPF路由 //

O　　192.168.10.0/24 [110/65] via 192.168.1.1, 02:49:43, Serial0/0

O　　192.168.20.0/24 [110/65] via 192.168.30.6, 02:49:43, Serial0/1

R1＃sho ip route ospf　// 查看路由器R1的OSPF路由 //

O　　192.168.10.0/24 [110/129] via 192.168.30.5, 00:37:13, Serial0/0

O　　192.168.1.0/24 [110/128] via 192.168.30.5, 00:37:13, Serial0/0

R2＃sho ip route ospf　　　// 查看路由器R2的OSPF路由 //

O　　192.168.30.0/24 [110/128] via 192.168.1.2, 00:50:04, Serial0/0

O　　192.168.20.0/24 [110/129] via 192.168.1.2, 00:50:04, Serial0/0

R＃sho ip protocol　　　　// 查看路由器R的IP协议 //

Routing Protocol is "ospf 100"

　Outgoing update filter list for all interfaces is not set

　Incoming update filter list for all interfaces is not set

　Router ID 192.168.30.5

　Number of areas in this router is 1. 1 normal 0 stub 0 nssa

　Maximum path: 4

　Routing for Networks:

　　192.168.1.20.0.0.0 area 0

　　192.168.30.5 0.0.0.0 area 0

　Routing Information Sources:

Gateway	Distance	Last Update
192.168.10.1	110	00:18:22
192.168.30.6	110	00:18:22
192.168.30.5	110	00:18:22

　Distance: (default is 110)

R1＃sho ip protocol　　　　//查看路由器R1的IP协议 //

Routing Protocol is "ospf 100"

```
  Outgoing update filter list for all interfaces is not set
  Incoming update filter list for all interfaces is not set
  Router ID 192.168.30.6
  Number of areas in this router is 1. 1 normal 0 stub 0 nssa
  Maximum path: 4
  Routing for Networks:
    192.168.20.1 0.0.0.0 area 0
    192.168.30.6 0.0.0.0 area 0
  Routing Information Sources:
    Gateway         Distance      Last Update
    192.168.10.1         110       00:38:52
    192.168.30.6         110       00:38:52
    192.168.30.5         110       00:38:52
  Distance: (default is 110)
```

R2#sho ip protocol　　　　// 查看路由器 R2 的 IP 协议 //

```
Routing Protocol is "ospf 100"
  Outgoing update filter list for all interfaces is not set
  Incoming update filter list for all interfaces is not set
  Router ID 192.168.10.1
  Number of areas in this router is 1. 1 normal 0 stub 0 nssa
  Maximum path: 4
  Routing for Networks:
    192.168.1.1 0.0.0.0 area 0
    192.168.10.1 0.0.0.0 area 0
  Routing Information Sources:
    Gateway         Distance      Last Update
    192.168.10.1         110       00:51:22
    192.168.30.6         110       00:51:22
    192.168.30.5         110       00:51:22
  Distance: (default is 110)
```

R#sho ip ospf neighbor　　　　// 查看路由器 R 当前的邻居 //

Neighbor ID	Pri	State	Dead Time	Address	Interface
192.168.30.6	1	FULL/ -	00:00:33	192.168.30.6	Serial0/0
192.168.10.1	1	FULL/ -	00:00:31	192.168.1.1	Serial0/1

```
R1#sho ip ospf neighbor            // 查看路由器 R1 当前的邻居 //

Neighbor ID  Pri  State       Dead Time  Address        Interface
192.168.30.5 1    FULL/  -    00:00:30   192.168.30.5   Serial0/0
R2#sho ip ospf neighbor            // 查看路由器 R2 当前的邻居 //

Neighbor ID    Pri  State       Dead Time  Address      Interface
192.168.30.5   1    FULL/  -    00:00:38   192.168.1.2  Serial0/0

R#sho ip ospf neighbor detail      // 查看路由器 R 的邻居详细信息 //
Neighbor 192.168.30.6, interface address 192.168.30.6
In the area 0 via interface Serial0/0
Neighbor priority is 1, State is FULL, 6 state changes
DR is 0.0.0.0 BDR is 0.0.0.0
Options is 0x42
Dead timer due in 00:42:20
Neighbor is up for 04:05:42
Index 1/1, retransmission queue length 0, number of retransmission 1
First 0x0(0)/0x0(0) Next 0x0(0)/0x0(0)
Last retransmission scan length is 1, maximum is 1
Last retransmission scan time is 0 msec, maximum is 0 msec
Neighbor 192.168.10.1, interface address 192.168.1.1
In the area 0 via interface Serial0/1
Neighbor priority is 1, State is FULL, 6 state changes
DR is 0.0.0.0 BDR is 0.0.0.0
Options is 0x42
Dead timer due in 00:00:37
Neighbor is up for 00:24:21
Index 2/2, retransmission queue length 0, number of retransmission 1
First 0x0(0)/0x0(0) Next 0x0(0)/0x0(0)
Last retransmission scan length is 1, maximum is 1
Last retransmission scan time is 0 msec, maximum is 0 msec

R1#sho ip ospf neighbor detail     // 查看路由器 R1 的邻居详细信息 //
Neighbor 192.168.1.5, interface address 192.168.30.5
In the area 0 via interface Serial0/0
Neighbor priority is 1, State is FULL, 6 state changes
DR is 0.0.0.0 BDR is 0.0.0.0
  Options is 0x42
```

```
Dead timer due in 00:00:37
  Neighbor is up for 00:59:24
Index 1/1, retransmission queue length 0, number of retransmission 1
First 0x0(0)/0x0(0) Next 0x0(0)/0x0(0)
Last retransmission scan length is 1, maximum is 1
Last retransmission scan time is 0 msec, maximum is 0 msec

R2#sho ip ospf neighbor detail     //查看路由器R2的邻居详细信息//
Neighbor 192.168.30.5, interface address 192.168.1.2
In the area 0 via interface Serial0/0
Neighbor priority is 1, State is FULL, 6 state changes
DR is 0.0.0.0 BDR is 0.0.0.0
  Options is 0x42
Dead timer due in 00:00:38
Neighbor is up for 00:58:06
Index 1/1, retransmission queue length 0, number of retransmission 2
  First 0x0(0)/0x0(0) Next 0x0(0)/0x0(0)
  Last retransmission scan length is 1, maximum is 1
  Last retransmission scan time is 0 msec, maximum is 0 msec

R#sho ip ospf interface s0/0          //查看路由器R的s0/0接口信息//
Serial0/0 is up, line protocol is up
  Internet Address 192.168.30.5/24, Area 0
  Process ID 100, Router ID 192.168.30.5, Network Type POINT_TO_POINT,
Cost: 64
  Transmit Delay is 1 sec, State POINT_TO_POINT,
  Timer intervals configured, Hello 10, Dead 40, Wait 40, Retransmit 5
    Hello due in 00:00:05
  Index 2/2, flood queue length 0
  Next 0x0(0)/0x0(0)
  Last flood scan length is 1, maximum is 1
  Last flood scan time is 0 msec, maximum is 0 msec
  Neighbor Count is 1, Adjacent neighbor count is 1
    Adjacent with neighbor 192.168.30.6
  Suppress hello for 0 neighbor(s)
R#sho ip ospf interface s0/1       //查看路由器R的s0/1接口信息//
Serial0/1 is up, line protocol is up
  Internet Address 192.168.1.2/24, Area 0
  Process ID 100, Router ID 192.168.30.5, Network Type POINT_TO_POINT,
```

```
Cost：64
      Transmit Delay is 1 sec，State POINT_TO_POINT，
      Timer intervals configured，Hello 10，Dead 40，Wait 40，Retransmit 5
        Hello due in 00:00:00
      Index 1/1，flood queue length 0
      Next 0x0(0)/0x0(0)
      Last flood scan length is 1，maximum is 1
      Last flood scan time is 0 msec，maximum is 0 msec
      Neighbor Count is 1，Adjacent neighbor count is 1
        Adjacent with neighbor 192.168.10.1
      Suppress hello for 0 neighbor(s)

   R1#sho ip ospf interface s0/0      //查看路由器R1的s0/0接口信息//
   Serial0/0 is up，line protocol is up
      Internet Address 192.168.30.6/24，Area 0
      Process ID 100，Router ID 192.168.30.6，Network Type POINT_TO_POINT，
Cost：64
      Transmit Delay is 1 sec，State POINT_TO_POINT，
      Timer intervals configured，Hello 10，Dead 40，Wait 40，Retransmit 5
        Hello due in 00:00:04
      Index2/2，flood queue length 0
      Next 0x0(0)/0x0(0)
      Last flood scan length is 1，maximum is 1
      Last flood scan time is 0 msec，maximum is 0 msec
      Neighbor Count is 1，Adjacent neighbor count is 1
        Adjacent with neighbor 192.168.30.5
      Suppress hello for 0 neighbor(s)

   R2#sho ip ospf interface s0/0        //查看路由器R2的s0/0接口信息//
   Serial0/0 is up，line protocol is up
      Internet Address 192.168.1.1/24，Area 0
      Process ID 100，Router ID 192.168.10.1，Network Type POINT_TO_POINT，
Cost：64
      Transmit Delay is 1 sec，State POINT_TO_POINT，
      Timer intervals configured，Hello 10，Dead 40，Wait 40，Retransmit 5
        Hello due in 00:00:07
      Index 1/1，flood queue length 0
      Next 0x0(0)/0x0(0)
      Last flood scan length is 1，maximum is 1
```

```
    Last flood scan time is 0 msec, maximum is 0 msec
    Neighbor Count is 1, Adjacent neighbor count is 1
      Adjacent with neighbor 192.168.30.5
    Suppress hello for 0 neighbor(s)

R# sho ip ospf database                  // 查看路由器 R 的链路状态数据库 //

            OSPF Router with ID (192.168.1.5) (Process ID 100)

                Router Link States (Area 0)

Link ID          ADV Router        Age     Seq#          Checksum    Link count
192.168.10.1     192.168.10.1      1783    0x80000004    0x7A57      3
192.168.30.5     192.168.30.5      1824    0x80000005    0xD625      4
192.168.30.6     192.168.30.6      1900    0x80000008    0x88C9      3
R1# sho ip ospf database                 // 查看路由器 R1 的链路状态数据库 //

            OSPF Router with ID (192.168.20.1) (Process ID 100)

                Router Link States (Area 0)

Link ID          ADV Router        Age     Seq#          Checksum    Link count
192.168.10.1     192.168.10.1      1560    0x80000009    0x705C      3
192.168.30.5     192.168.30.5      1575    0x8000000A    0xCC2A      4
192.168.30.6     192.168.30.6      1883    0x8000000E    0x7CCF      3
R2# sho ip ospf database                 // 查看路由器 R2 的链路状态数据库 //

OSPF Router with ID (192.168.10.1) (Process ID 100)

                Router Link States (Area 0)

Link ID          ADV Router        AgeSeq#                Checksum    Link count
192.168.10.1     192.168.10.1      1576    0x80000005 0x7858          3
192.168.30.5     192.168.30.5      1588    0x80000006 0xD426          4
192.168.30.6     192.168.30.6      1652    0x80000009 0x86CA          3

R2# debug ip ospf packet                 // 查看路由器 R2 的 OSPF 数据包 //
OSPF packet debugging is on
R2#
```

```
03:29:52: OSPF: rcv. v:2 t:1 l:48 rid:192.168.30.5
      aid:0.0.0.0 chk:5343 aut:0 auk: from Serial0/0
03:30:02: OSPF: rcv. v:2 t:1 l:48 rid:192.168.30.5
      aid:0.0.0.0 chk:5343 aut:0 auk: from Serial0/0
03:30:12: OSPF: rcv. v:2 t:1 l:48 rid:192.168.30.5
      aid:0.0.0.0 chk:5343 aut:0 auk: from Serial0/0
03:30:22: OSPF: rcv. v:2 t:1 l:48 rid:192.168.30.5
      aid:0.0.0.0 chk:5343 aut:0 auk: from Serial0/0
03:30:32: OSPF: rcv. v:2 t:1 l:48 rid:192.168.30.5
      aid:0.0.0.0 chk:5343 aut:0 auk: from Serial0/0
03:30:42: OSPF: rcv. v:2 t:1 l:48 rid:192.168.30.5
      aid:0.0.0.0 chk:5343 aut:0 auk: from Serial0/0

R1# debug ip ospf packet              // 查看路由器 R1 的 OSPF 数据包 //
OSPF packet debugging is on
R1#
03:11:21: OSPF: rcv. v:2 t:1 l:48 rid:192.168.30.5
      aid:0.0.0.0 chk:3F3E aut:0 auk: from Serial0/0
03:11:31: OSPF: rcv. v:2 t:1 l:48 rid:192.168.30.5
      aid:0.0.0.0 chk:3F3E aut:0 auk: from Serial0/0
03:11:41: OSPF: rcv. v:2 t:1 l:48 rid:192.168.30.5
      aid:0.0.0.0 chk:3F3E aut:0 auk: from Serial0/0
03:11:51: OSPF: rcv. v:2 t:1 l:48 rid:192.168.30.5
      aid:0.0.0.0 chk:3F3E aut:0 auk: from Serial0/0
03:12:01: OSPF: rcv. v:2 t:1 l:48 rid:192.168.30.5
      aid:0.0.0.0 chk:3F3E aut:0 auk: from Serial0/0
03:12:11: OSPF: rcv. v:2 t:1 l:48 rid:192.168.30.5
      aid:0.0.0.0 chk:3F3E aut:0 auk: from Serial0/0
03:12:21: OSPF: rcv. v:2 t:1 l:48 rid:192.168.30.5
      aid:0.0.0.0 chk:3F3E aut:0 auk: from Serial0/0
03:12:31: OSPF: rcv. v:2 t:1 l:48 rid:192.168.30.5
      aid:0.0.0.0 chk:3F3E aut:0 auk: from Serial0/0
03:12:41: OSPF: rcv. v:2 t:1 l:48 rid:192.168.30.5
      aid:0.0.0.0 chk:3F3E aut:0 auk: from Serial0/0
03:12:51: OSPF: rcv. v:2 t:1 l:48 rid:192.168.30.5
      aid:0.0.0.0 chk:3F3E aut:0 auk: from Serial0/0
03:13:01: OSPF: rcv. v:2 t:1 l:48 rid:192.168.30.5
      aid:0.0.0.0 chk:3F3E aut:0 auk: from Serial0/0
03:13:11: OSPF: rcv. v:2 t:1 l:48 rid:192.168.30.5
```

aid:0.0.0.0 chk:3F3E aut:0 auk: from Serial0/0

7.4 配置访问控制列表

一、实训目的

(1)从实验角度来帮助理解 IP 访问控制列表,包过滤规则的工作机理;
(2)掌握对 IP 访问控制列表进行配置和监测,包括标准、扩展和命名的访问控制列表。

二、实训内容

(1)配置标准 IP 访问控制列表;
(2)配置扩展 IP 访问控制列表;
(3)配置命名的标准 IP 访问控制列表;
(4)配置命名的扩展 IP 访问控制列表;
(5)在网络接口上引用 IP 访问控制列表;
(6)在 VTY 上引用 IP 访问控制列表;
(7)查看和监测 IP 访问控制列表。

三、实训环境的搭建

配置访问控制列表的实验原理图,如图 7.26 所示。

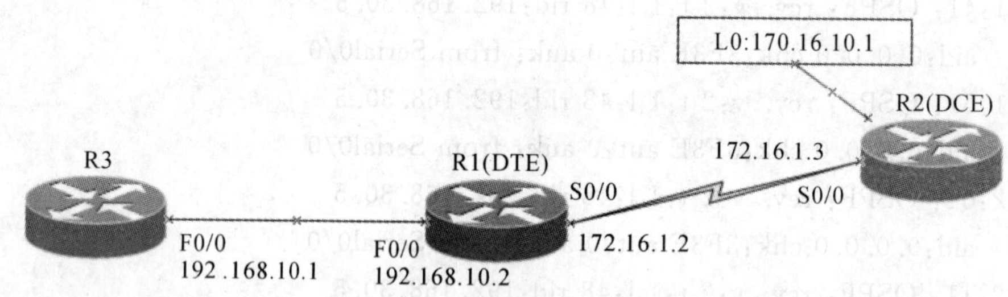

图 7.26 配置访问控制列表实验原理图

(1)PC 1 台,操作系统为 Windows Server 2008;
(2)Cisco 2621XM 路由器 3 台,分别为 R1,R2 和 R3;
(3)WIC - 2T 模块 2 个,分别安装在路由器 R1 和 R2;
(4)V.35 DTE 电缆 1 条,一端连接在路由器 R1 的 S0/0 端口,另一端连接 DCE 电缆;
(5)V.35 DCE 电缆 1 条,一端连接在路由器 R2 的 S0/0 端口,另一端连接 DTE 电缆;
(6)交叉网线 1 条,连接路由器 R3 和 R1;
(7)Console 电缆 1 条,通过 Console 电缆把 PC 的 COM 端口和路由器的 Console 端口连接起来,配置路由器;
(8)实验中分配的 IP 地址:路由器 R1 的 F0/0 口为 192.168.10.2,S0/0 口为 172.16.1.2;路由器 R2 的 S0/0 口为 172.16.1.3;路由器 R3 的 F0/0 口为 192.168.10.1。子网掩码为

255.255.255.0。

四、实训操作实践

路由器 R1 配置 IP 访问控制列表，且 R1 为 DTE，R2 为 DCE；R3 完成测试目的。执行访问控制列表的顺序是从上而下的。

1. 配置和引用标准 IP 访问控制列表

(1)R1 的配置过程。

Router＞en　　　　// 进入特权执行模式 //

Router＃conf ig t　　　　// 进入全局配置模式 //

Router(config)＃hostname R1　　　　// 给路由器命名为 R1 //

R1(config)＃access－list 1 deny 170.16.10.00.0.0.255

//定义标准包过滤规则，除了 170.16.10.0 以外的所有网段都接受 //

R1(config)＃access－list 1 permit any　　　　// 定义标准包过滤规则 //

R1(config)＃int s0/0　　　　// 进入 s0/0 端口 //

R1(config－if)＃ip address 172.16.1.2 255.255.255.0

// 设置 s0/0 端口的 IP 地址 //

R1(config－if)＃ip access－group1 in　// 在 s0/0 端口激活访问控制列表 1 //

R1(config－if)＃no shutdown　　　　// 激活 s0/0 端口 //

R1(config)＃int f0/0　　　　// 进入 f0/0 端口 //

R1(config－if)＃ip address 192.168.10.2 255.255.255.0

// 设置 f0/0 端口的 IP 地址 //

R1(config－if)＃no shutdown　　　　// 激活 f0/0 端口 //

R1(config－if)＃exit

R1(config)＃router rip　　　　// 选择 rip 作为路由选择协议 //

R1(config－router)＃network 172.16.1.0

//设置 R1 参与动态路由的网络主类地址//

R1(config－router)＃network 192.168.10.0

R1(config－if)＃end　　　　// 退出配置模式 //

R1＃shorunning－config　　　　// 查看运行配置 //

R1＃

(2)R2 的配置过程。

Router＞en

Router＃conf ig t

Router(config)＃hostname R2

R2(config)＃interface loopback 0

R2(config－if)＃ip address 170.16.10.1 255.255.255.0

// 设置 L0 端口的 IP 地址 //

R2(config)＃int s0/0　　// 进入 s0/0 端口 //

R2(config－if)＃ip address 172.16.1.3 255.255.255.0

// 设置 s0/0 端口的 IP 地址 //

R2(config - if)＃clock rate 64000

//设置 s0/0 端口的同步时钟速率为 64000 //

R2(config - if)＃no shutdown// 激活 s0/0 端口 //

R2(config - if)＃exit

R2(config)＃router rip

R2(config - router)＃network 172.16.1.0

R2(config - router)＃network 170.16.10.0

R2(config - if)＃end //退出配置模式//

R2＃show run // 查看运行配置 //

R2＃

(3)R3 的配置过程。

Router>en

Router＃conf ig t

Router(config)＃hostname R3

R3(config)＃int f0/0 // 进入 f0/0 端口 //

R3(config - if)＃ip address 192.168.10.1 255.255.255.0

// 设置 f0/0 端口的 IP 地址 //

R3(config - if)＃no shutdown // 激活 f0/0 端口 //

R3(config - if)＃exit

R3(config)＃line vty 0 4 // 为 Telenet 做准备 //

R3(config - line)＃login

R3(config - line)＃password cisco1

R3(config - line)＃exit

R3(config)＃enable password cisco

R3(config)＃ip routing

R3(config)＃router rip

R3(config - router)＃network 192.168.10.0

R3(config - router)＃end // 退出配置模式 //

R3＃show run // 查看运行配置 //

R3＃

(4)测试 R1,R2 和 R3 之间的连通性。

R1＃ping 172.16.1.3 // 测试 R1 的 s0/0 端口和 R2 的 s0/0 端口的连通性 //

Type escape sequence to abort.

Sending 5，100 - byte ICMP Echos to 172.16.1.3，timeout is 2 seconds：

!!!!!

Success rate is 100 percent (5/5)，round - trip min/avg/max = 28/28/32 ms

R2＃ping 172.16.1.2 //测试 R2 和 R1 的 s0/0 端口的连通性 //

Type escape sequence to abort.
Sending 5, 100 - byte ICMP Echos to 172.16.1.2, timeout is 2 seconds:
!!!!!
Success rate is 100 percent (5/5), round - trip min/avg/max = 28/28/32 ms
R1#ping 192.168.10.1 // 测试 R2 和 R3 的连通性 //

Type escape sequence to abort.
Sending 5, 100 - byte ICMP Echos to 192.168.10.1, timeout is 2 seconds:
!!!!!
Success rate is 100 percent (5/5), round - trip min/avg/max = 28/28/32 ms
R2#ping 192.168.10.2 // 测试 R2 和 R1 的 f0/0 端口的连通性 //

Type escape sequence to abort.
Sending 5, 100 - byte ICMP Echos to 192.168.10.2, timeout is 2 seconds:
!!!!!
Success rate is 100 percent (5/5), round - trip min/avg/max =1/1/1 ms
R1#

(5)查看和监测标准 IP 访问控制列表。

R1#sho ip access - list 1 // 查看 R1 路由器的 IP 访问列表 //
Standard IP access list 1
    deny 170.16.10.0, wildcard bits0.0.0.255 (28 matches) check=327
    permit any (327 matches)

R1#sho ip int s0/0 // 查看 R1 路由器的 s0/0 端口的 IP 访问列表 //
Serial0/0 is up, line protocol is up
  Internet address is 172.16.1.2/24
  Broadcast address is 255.255.255.255
  Address determined by non - volatile memory
  MTU is 1500 bytes
  Helper address is not set
  Directed broadcast forwarding is disabled
  Multicast reserved groups joined: 224.0.0.9
  Outgoing access list is not set
  Inbound access list is 1
  Proxy ARP is enabled
  Local Proxy ARP is disabled
  Security level is default

```
  Split horizon is enabled
  ICMP redirects are always sent
  ICMP unreachables are always sent
  ICMP mask replies are never sent
  IP fast switching is enabled
  IP fast switching on the same interface is enabled
  IP Flow switching is disabled
  IP Feature Fast switching turbo vector
  IP multicast fast switching is enabled
  IP multicast distributed fast switching is disabled
  IP route-cache flags are Fast
  Router Discovery is disabled
  IP output packet accounting is disabled
  IP access violation accounting is disabled
  TCP/IP header compression is disabled
  RTP/IP header compression is disabled
  Probe proxy name replies are disabled
  Policy routing is disabled
  Network address translation is disabled
  WCCP Redirect outbound is disabled
  WCCP Redirect inbound is disabled
  WCCP Redirect exclude is disabled
  BGP Policy Mapping is disabled
R1#clear access-list counters  //清空了 R1 路由器的 IP 访问列表的计数器//
R1#sho ip access-list 1          // 查看 R1 路由器的 IP 访问列表 //
Standard IP access list 1        // 标准 IP 访问列表 //
  deny    170.16.10.0, wildcard bits 0.0.0.255
  permit any
R2#ping 192.168.10.1

Type escape sequence to abort.
Sending 5, 100-byte ICMP Echos to 192.168.10.1, timeout is 2 seconds:
//从 172.16.1.2 发往 192.168.10.1 的 IP 包被 R2 接收和路由 //
!!!!!
Success rate is 100 percent (5/5), round-trip min/avg/max = 28/28/28 ms

R2#ping
Protocol [ip]:
Target IP address: 192.168.10.1
```

```
Repeat count [5]:
Datagram size [100]:
Timeout in seconds [2]:
Extended commands [n]: y
Source address or interface: 170.16.10.1
Type of service [0]:
Set DF bit in IP header? [no]:
Validate reply data? [no]:
Data pattern [0xABCD]:
Loose, Strict, Record, Timestamp, Verbose[none]:
Sweep range of sizes [n]:
Type escape sequence to abort.
Sending 5, 100 - byte ICMP Echos to 192.168.10.1, timeout is 2 seconds:
//从 170.16.10.1 发往 192.168.10.1 的 IP 包被 R2 过滤掉 //
U.U.U
Success rate is 0 percent (0/5)
```

以上测试结果表明:符合访问控制列表的设置。

2. 配置和引用扩展 IP 访问控制列表

(1)R1 的配置过程。

```
R1#conf ig t                  // 进入全局配置模式 //
R1(config)#access - list 101 deny icmp 172.16.1.00.0.0.255 192.168.10.0 0.0.0.255
echo
//定义扩展包过滤规则 //
// 不允许从 172.16.1.0 网段到 192.168.10.0 网段的 icmp echo 包的发送 //
R1(config)#access - list 101 permit ip any any
R1(config)#int s0/0              // 进入 s0/0 端口 //
R1(config - if)# no ip access - group1 in
// 取消在 s0/0 端口激活访问控制列表 1 //
R1(config)#int f0/0              // 进入 f0/0 端口 //
R1(config - if)#ip access - group 101 out
//在 f0/0 端口激活访问控制列表 101//
R1(config - if)#end              // 退出配置模式 //
R1#shorunning - config                              // 查看运行配置 //
R1#
```

(2)测试 R1,R2 和 R3 之间的连通性。

```
R1#ping 172.16.1.3          // 测试 R1 的 s0/0 端口和 R2 的 s0/0 端口的连通性 //

Type escape sequence to abort.
Sending 5, 100 - byte ICMP Echos to 172.16.1.3, timeout is 2 seconds:
```

```
!!!!!
Success rate is 100 percent (5/5), round - trip min/avg/max = 28/28/32 ms

R2#ping 172.16.1.2          // 测试 R2 和 R1 的 s0/0 端口的连通性 //

Type escape sequence to abort.
Sending 5, 100 - byte ICMP Echos to 172.16.1.2, timeout is 2 seconds:
!!!!!
Success rate is 100 percent (5/5), round - trip min/avg/max = 28/28/28 ms

R2#ping 192.168.10.1        // 测试 R2 和 R3 的连通性 //

Type escape sequence to abort.
Sending 5, 100 - byte ICMP Echos to 192.168.10.1, timeout is 2 seconds:
U.U.U
Success rate is 0 percent (0/5)

R2#telnet 192.168.10.1      // 虽然 R2 ping 不通 R3,但可以 telnet R3 //
Trying 192.168.10.1 ... Open

User Access Verification

Password:
R3>en
Password:
R3#
```

(3)查看和监测标准 IP 访问控制列表。

```
R1#sho ip access - list              // 查看 R1 路由器的 IP 访问列表 //
Extended IP access list 101        // 扩展 IP 访问列表 //
    deny icmp 172.16.1.00.0.0.255 192.168.10.0 0.0.0.255 echo
    permit ip any any

R1#sho ip access - list 101   // R2 telnet R3 后再查看 R1 路由器的 IP 访问列表 //
Extended IP access list 101
    deny icmp 172.16.1.00.0.0.255 192.168.10.0 0.0.0.255 echo (29 matches)
    permit ip any any (44 matches)
```

3. 配置和引用命名的标准和扩展 IP 访问控制列表

(1)R1 的配置过程。

```
R1＃conf ig t            // 进入全局配置模式 //
R1(config)＃ip access－list standard TEST1
        // 创建标准 IP 访问控制列表 TEST1 //
R1(config－std－nacl)＃deny 170.16.10.00.0.0.255
R1(config－std－nacl)＃permit any
R1(config－std－nacl)＃exit
R1(config)＃int s0/0
R1(config－if)＃ip access－group TEST1 in
      //在 s0/0 端口激活访问控制列表 TEST1 //
R1(config－if)＃exit
R1(config)＃ ip access－list extended TEST2
      // 创建扩展 IP 访问控制列表 TEST2 //
R1(config－ext－nacl)＃ deny icmp 172.16.1.0 0.0.0.255 192.168.10.0 0.0.0.
255 echo
R1(config－ext－nacl)＃ permit ip any any
R1(config－ext－nacl)＃exit
R1(config)＃int f0/0             //进入 f0/0 端口 //
R1(config－if)＃ ip access－group TEST2 out
R1(config－if)＃end              // 退出配置模式 //
R1＃shorunning－config                        // 查看运行配置 //
R1＃
```

(2)测试 R1,R2 和 R3 之间的连通性。

```
R1＃ping 172.16.1.3     // 测试 R1 的 s0/0 端口和 R2 的 s0/0 端口的连通性 //

Type escape sequence to abort.
Sending 5, 100－byte ICMP Echos to 172.16.1.3, timeout is 2 seconds:
!!!!!
Success rate is 100 percent (5/5), round－trip min/avg/max = 28/28/28 ms

R2＃ping 172.16.1.2       // 测试 R2 和 R1 的 s0/0 端口的连通性 //

Type escape sequence to abort.
Sending 5, 100－byte ICMP Echos to 172.16.1.2, timeout is 2 seconds:
!!!!!
Success rate is 100 percent (5/5), round－trip min/avg/max = 28/28/28 ms

R2＃ping 192.168.10.1         // 测试 R2 和 R3 的连通性 //

Type escape sequence to abort.
```

```
Sending 5, 100 - byte ICMP Echos to 192.168.10.1, timeout is 2 seconds:
U.U.U
Success rate is 0 percent (0/5)

R2#telnet 192.168.10.1        // 虽然 R2 ping 不通 R3,但可以 telnet R3 //
Trying 192.168.10.1 ... Open


User Access Verification

Password:
R3>en
Password:
R3#
```

(3)查看和监测标准 IP 访问控制列表。

```
R1#sho ip access - list                    // 查看 R1 路由器的 IP 访问列表 //
Standard IP access list TEST1        // 标准 IP 访问列表 TEST1 //
deny    170.16.10.0, wildcard bits 0.0.0.255 check=24
permit any (24 matches)
Extended IP access list 101           // 扩展 IP 访问列表 101 //
deny icmp 172.16.1.0 0.0.0.255 192.168.10.0 0.0.0.255 echo (29 matches)
permit ip any any (56 matches)
Extended IP access list TEST2        // 扩展 IP 访问列表 TEST2 //
deny icmp 172.16.1.0 0.0.0.255 192.168.10.0 0.0.0.255 echo
permit ip any any
```

4. 使用 IP 访问控制列表及限制 telnet 访问

清除路由器 R1 上的 s0/0 端口和 f0/0 端口所引用的访问控制列表的配置。

(1)R3 的配置过程。

```
R3#conf ig t// 进入全局配置模式 //
R3(config)#access - list 2 permit 172.16.1.00.0.0.255
// 路由器 R3 只允许 172.16.1.0 网段 telnet //
R3(config)#access - list 2 deny any
R3(config)#line vty 0 4
R3(config - line)#access - class 2 in
R3(config - line)#end
R3#shorunning - config                                // 查看运行配置 //
显示信息
Building configuration...
```

```
Current configuration : 588 bytes
!
version 12.2
service timestamps debug uptime
service timestamps log uptime
no service password-encryption
!
hostname R3
!
enable password cisco
!
ip subnet-zero
!
!
!
!
!
!
interface FastEthernet0/0
ip address 192.168.10.1 255.255.255.0
duplex auto
speed auto
!
interface FastEthernet0/1
no ip address
shutdown
duplex auto
speed auto
!
router rip
network 192.168.10.0
!
ip classless
ip http server
ip pim bidir-enable
!
!
access-list 2 permit 172.16.1.00.0.0.255
access-list 2 deny   any
```

```
!
line con 0
line aux 0
line vty 0 4
access - class2 in
password cisco1
login
!
!
end

R3 #
```

(2)测试 R1,R2 和 R3 之间的连通性。

```
R1 # ping 172.16.1.3      // 测试 R1 的 s0/0 端口和 R2 的 s0/0 端口的连通性 //

Type escape sequence to abort.
Sending 5, 100 - byte ICMP Echos to 172.16.1.3, timeout is 2 seconds:
!!!!!
Success rate is 100 percent (5/5), round - trip min/avg/max = 28/28/32 ms

R2 # ping 172.16.1.2      // 测试 R2 和 R1 的 s0/0 端口的连通性 //

Type escape sequence to abort.
Sending 5, 100 - byte ICMP Echos to 172.16.1.2, timeout is 2 seconds:
!!!!!
Success rate is 100 percent (5/5), round - trip min/avg/max = 28/28/29 ms

R2 # ping 192.168.10.1      // 测试 R2 和 R3 的连通性 //

Type escape sequence to abort.
Sending 5, 100 - byte ICMP Echos to 192.168.10.1, timeout is 2 seconds:
U.U.U
Success rate is 0 percent (0/5)

R1 # telnet 192.168.10.1      // R1 限制 telnet R3 //
// 表明对 R1 的访问控制列表和引用的配置完全正确 //
Trying 192.168.10.1 ...
% Connection refused by remote host
```

R2＃telnet 192.168.10.1　　// 虽然 R2 ping 不通 R3，但可以通 telnet R3 //

Trying 192.168.10.1 ... Open

User Access Verification

Password：

R3>en

Password：

R3＃

(3)查看和监测标准 IP 访问控制列表。

R3＃sho ip access－list　　// 查看 R3 路由器的 IP 访问列表 //

Standard IP access list 2　　// 标准 IP 访问列表 2 //

permit 172.16.1.0，wildcard bits0.0.0.255 (2 matches) check＝1

// 路由器 R3 只允许 172.16.1.0 网段 telnet，表明对 R1 的访问控制列表和引用的配置完全正确 //

deny　any (1 match)

第 8 章　网络管理软件的配置与使用

8.1　Cisco works 6.0 网络管理软件的安装与应用

一、实训目的

(1)掌握 Cisco works 6.0 网络管理软件的安装、账户管理和应用，熟悉该软件的组成模块；

(2)帮助理解网络管理软件在网络管理、配置与维护中的作用和功能。

二、实训内容

(1)在 Windows Server 2008 下安装 Cisco works 6.0 网络管理软件；

(2)从服务器或客户端浏览器进行 Cisco works 6.0 系统的登录；

(3)Cisco works 6.0 的用户账户管理；

(4)利用 WhatsUp Gold 提供的网络拓扑图对网络设备进行管理和监视；

(5)利用 Cisco View 实现对 Cisco 网络设备的管理；

(6)利用 Show Commands 功能模块来显示 Cisco 网络设备的信息；

(7)利用 Threshold Manager 功能模块来监控 Cisco 网络设备。

三、实训环境的准备

(1)Cisco works 6.0 软件；

(2)含有 Cisco 网络设备的局域网；

(3)PC 1 台，操作系统为 Windows Server 2008，并已安装 Java Web Start 应用程序管理器。

四、实训操作实践

1. Cisco works 6.0 的安装

(1)双击“Install 目录中的 Setup.exe”安装软件，出现“Setup”对话框，如图 8.1 所示。

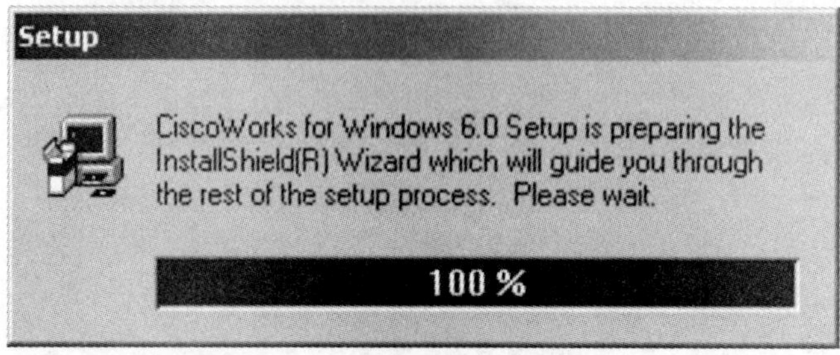

图 8.1　“Setup”对话框

(2)完成后，出现"Welcome"对话框，如图 8.2 所示。

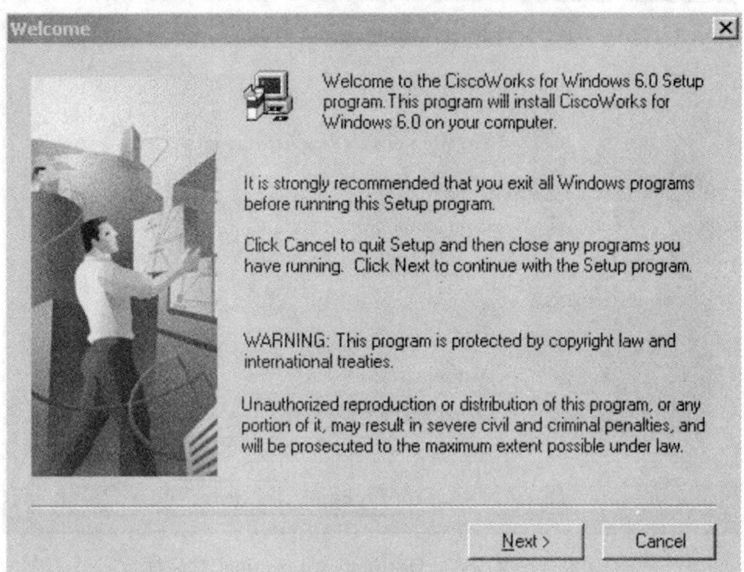

图 8.2　"Welcome"对话框

(3)单击"Next" 按钮，出现"Setup Type"对话框，如图 8.3 所示。

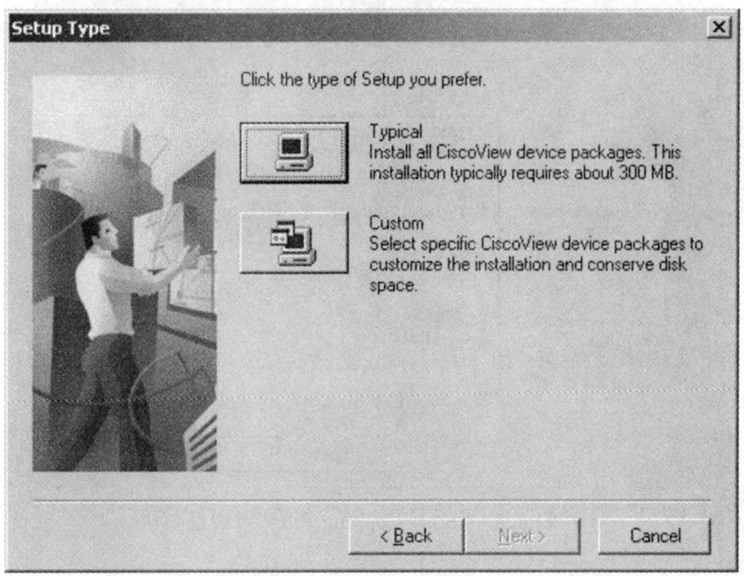

图 8.3　"Setup Type"对话框

(4)单击选择"Typical"典型安装按钮，再单击"Next" 按钮，出现"Choose Destination Location"对话框，如图 8.4 所示。

(5)选择安装目录路径，单击 "Next"按钮，出现"Start Copying Files"对话框，如图 8.5 所示。

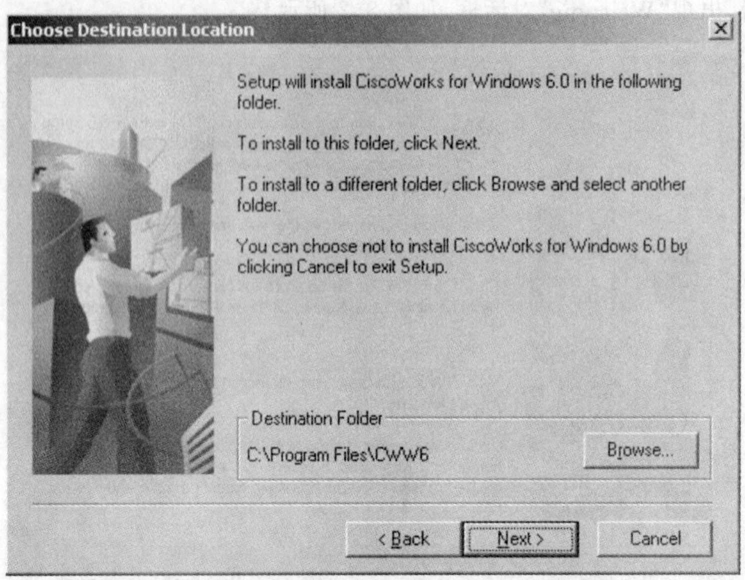

图 8.4 "Choose Destination Location"对话框

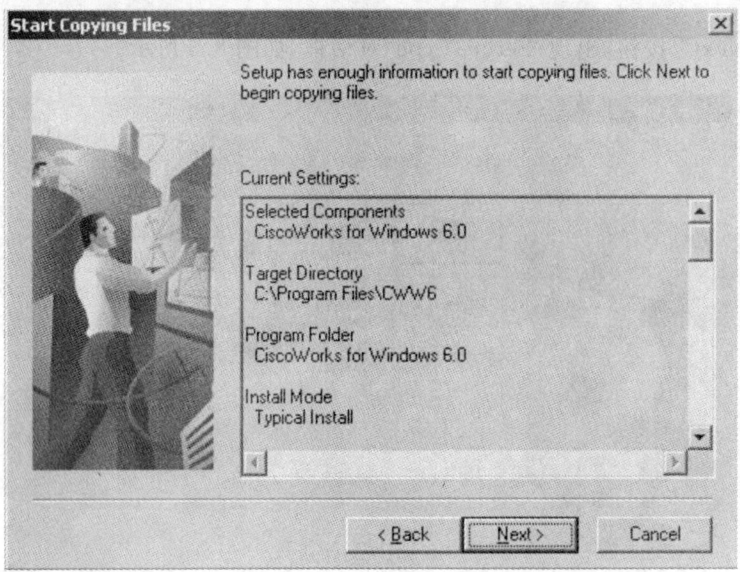

图 8.5 "Start Copying Files"对话框

(6)确认安装目录路径,单击"Next"按钮,出现"Installing CiscoView Device Packages"对话框,如图 8.6 所示。

(7)安装完毕后,出现"Setup Complete"对话框,如图 8.7 所示。单击"Finish"按钮确认完成安装。

图 8.6　“Installing CiscoView Device Packages”对话框

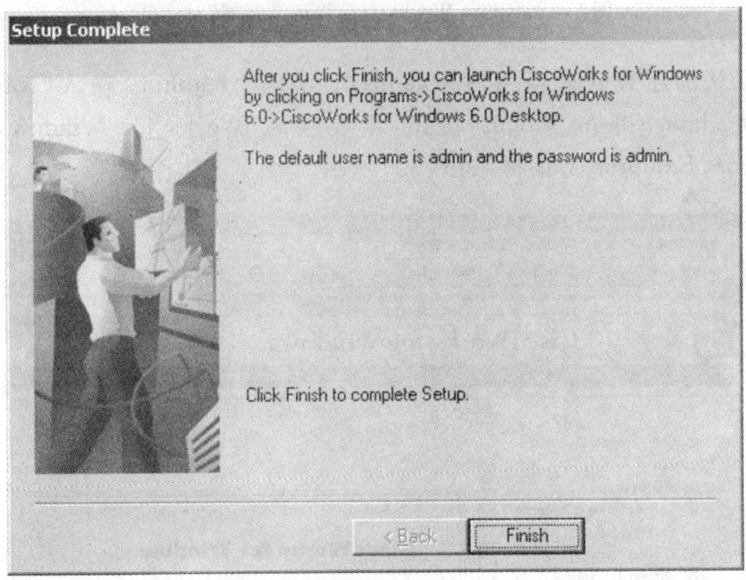

图 8.7　“Setup Complete”对话框

2. Cisco works 6.0 系统的登录

用下列两种方法可以进行 Cisco works 6.0 系统的登录：

(1) 在服务器上登录。单击“开始”➔“程序”➔“Ciscoworks for Windows 6.0”➔“Ciscoworks for Windows 6.0 Desktop”，出现“Cisco Works 登录管理浏览器”对话框。

(2)利用客户端浏览器进行远程登录。打开浏览器，在地址栏输入：http://sx404-teacher:1741/index.jsp，出现“Cisco Works 登录管理浏览器”对话框，如图 8.8 所示。其中 sx404-teache 为安装 Cisco works 6.0 系统的服务器名称。

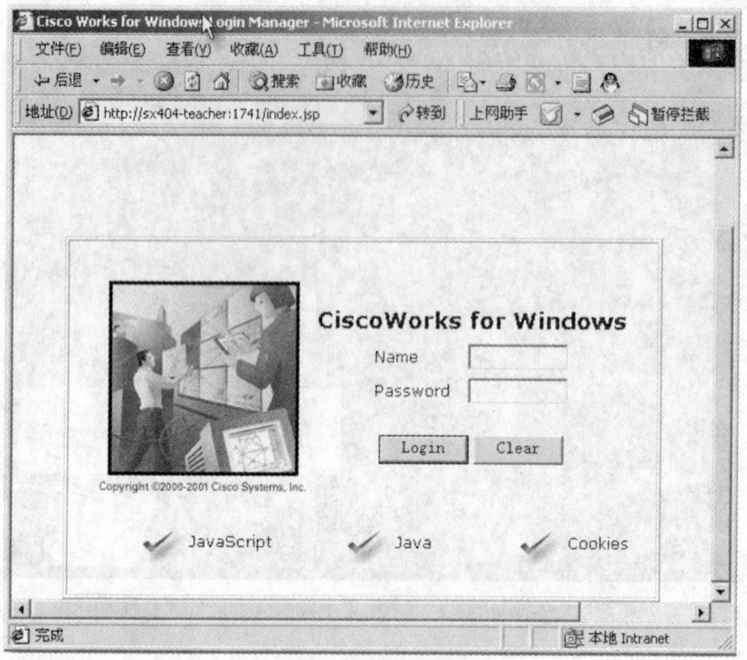

图 8.8 “Cisco Works 登录管理浏览器”对话框

(3)系统默认的超级管理员用户为:admin，密码为:admin。输入“Name”为 admin，“Password” 为 admin，单击“Login”按钮，出现“CiscoWorks for Windows 6.0 Desktop Microsoft Internet Explorer”对话框，如图 8.9 所示。

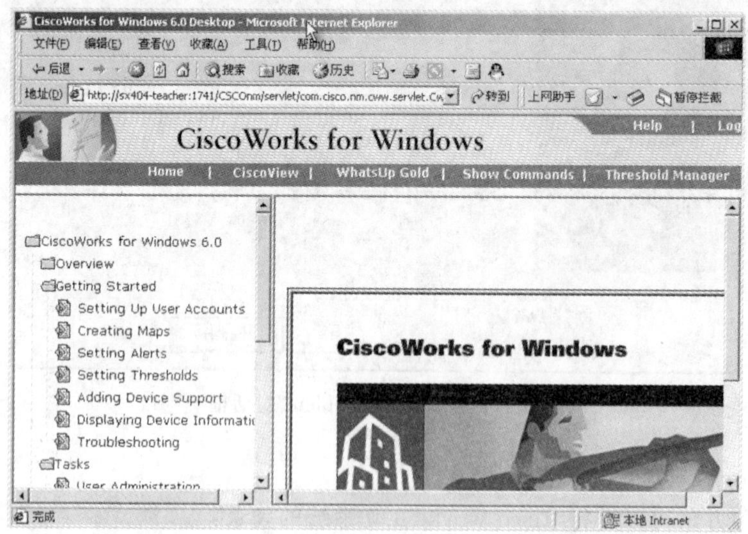

图 8.9 “CiscoWorks for Windows 6.0 Desktop - Microsoft Internet Explorer”对话框

3. Cisco works 6.0 的用户账户管理

只有以超级管理员用户或具有权限的用户才能进行添加新用户和修改用户密码操作。

(1)在“CiscoWorks for Windows 6.0 Desktop - Microsoft Internet Explorer”对话框中，

单击 “Whatsup Gold”按钮，出现“Whatsup Gold”对话框，如图 8.10 所示。

图 8.10　“Whatsup Gold”对话框

(2)单击“Configure”➔“Web Server”，出现“Web Server Properties”对话框，如图 8.11 所示。

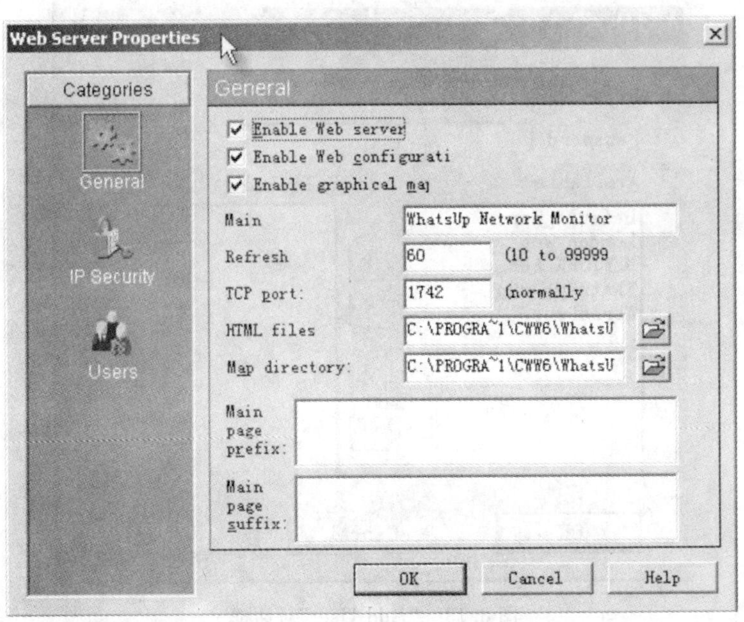

图 8.11　“Web Server Properties”对话框

(3)添加新用户。

1)单击“Categories 选项卡”中的“Users”。出现“Web Server Properties”对话框，如图 8.12所示。

2)单击“Add User”按钮，出现“Add User”对话框，如图 8.13 所示。

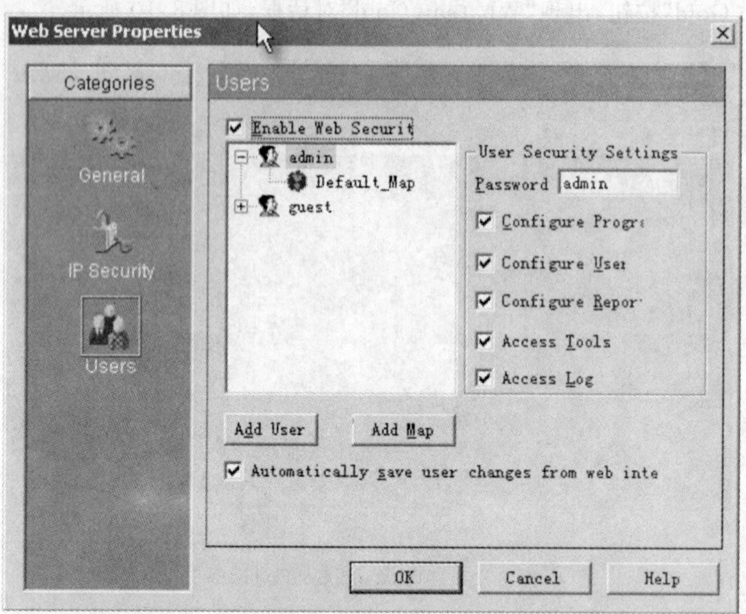

图 8.12 “Web Server Properties”对话框

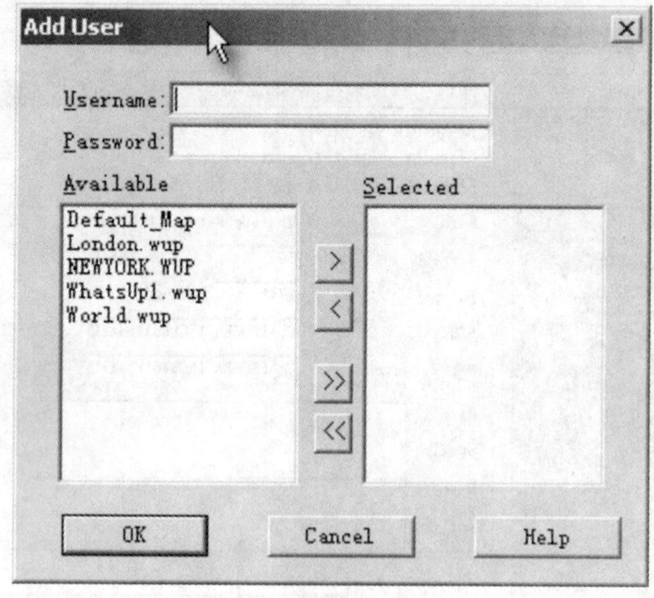

图 8.13 “Add User”对话框

3)输入新添加的用户名称、密码和有效操作,单击“OK”按钮,出现“Add User”对话框,可以看到新增加的用户 zhan,如图 8.14 所示。选择配置用户权限,单击“OK”按钮,添加新用户 zhan 的操作完成。

(4)修改用户名和密码。单击需修改的用户名或密码,修改后,单击“OK”按钮,即完成用户名和密码的修改。

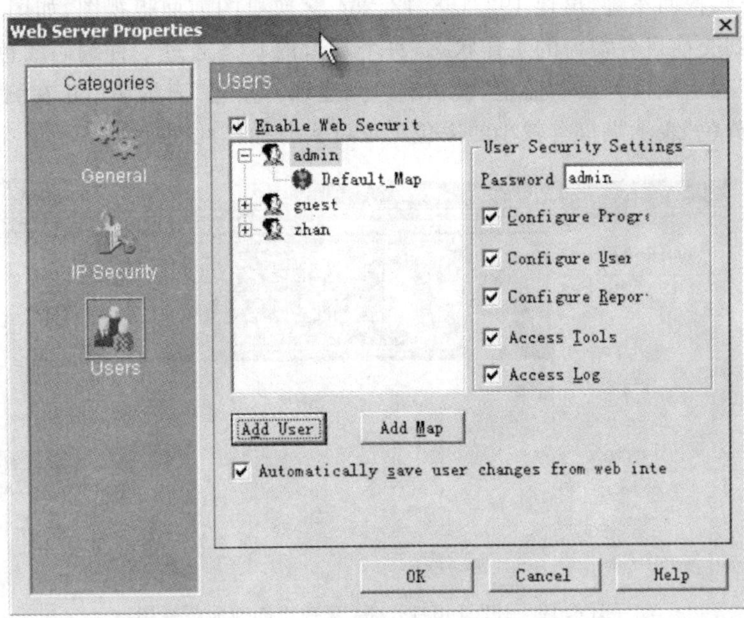

图 8.14　新增加的用户 zhan

4. Cisco works 6.0 的具体应用举例

(1)Cisco View (Cisco 网络设备的管理)。Cisco View 是为 Cisco 网络设备服务的,具有提供图形化的前后面板的视图,能够以各种颜色动态地显示网络设备状态,提供对某一特定设备组件的诊断和配置功能,帮助网络管理员发现并解决随时可能发生的故障。

1)登录 Cisco works 6.0 系统,打开“CiscoWorks for Windows 6.0 Desktop - Microsoft Internet Explorer”对话框,单击菜单“CiscoView”,出现“CiscoView 5.3 - Microsoft Internet Explorer”对话框,如图 8.15 所示。

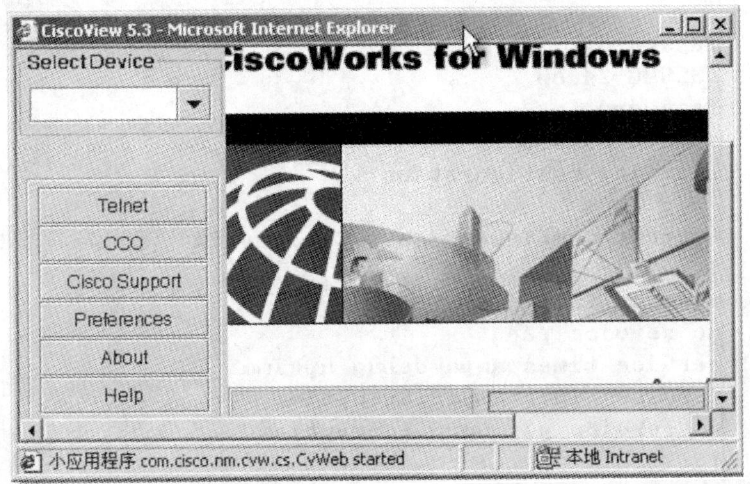

图 8.15　“CiscoView 5.3 - Microsoft Internet Explorer”对话框

2)在“CiscoView 5.3 - Microsoft Internet Explorer”对话框中,输入设备的 IP 地址,如:

192.168.12.254，按回车键，出现192.168.12.254交换机的前面板视图，如图8.16所示。在此可以清楚看到交换机各端口的工作状态，每个端口的状态通过5种编码颜色中的一种报告显示，如"绿色"表示端口开启，"蓝色"表示端口无连线，"紫色"表示端口正在测试中，"橙色"表示端口关闭，"黄色"表示端口有较小的丢包。也可实时操作此交换机。

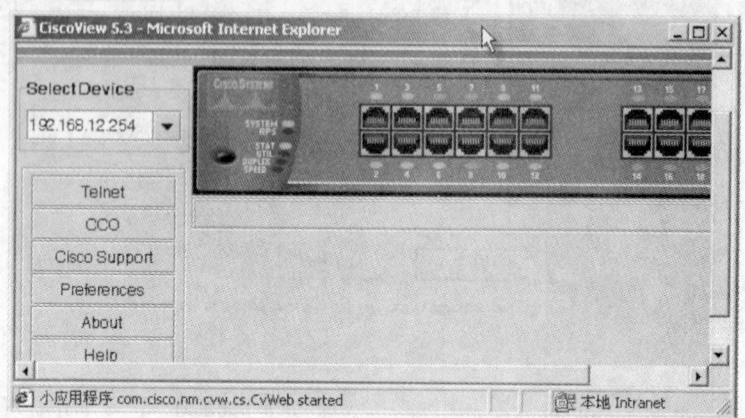

图8.16　192.168.12.254交换机的前面板视图

3）在192.168.12.254交换机的"CiscoView 5.3 - Microsoft Internet Explorer"对话框中，单击"Telnet"按钮，出现"192.168.12.254交换机的配置交互界面"对话框，输入密码，输入进入S3550G-24交换机的特权执行模式命令，输入验证密文密码，输入显示该交换机的配置清单命令，如图8.17所示。在此可修改交换机的配置。

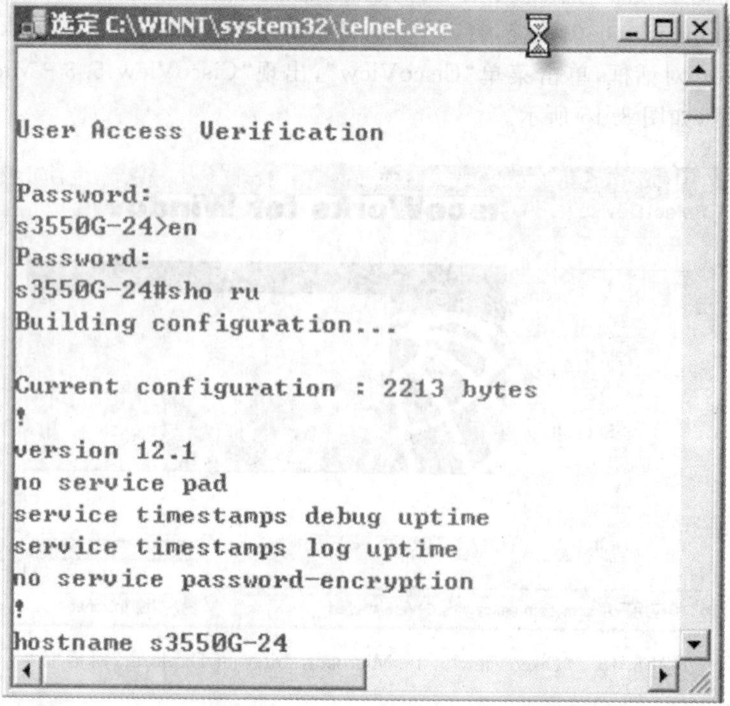

图8.17　192.168.12.254交换机的配置交互界面

4)在 192.168.12.254 交换机的“CiscoView 5.3 - Microsoft Internet Explorer”对话框中，单击“Preferences”按钮，出现 192.168.12.254 交换机的“User Preferences”对话框，如图 8.18 所示。

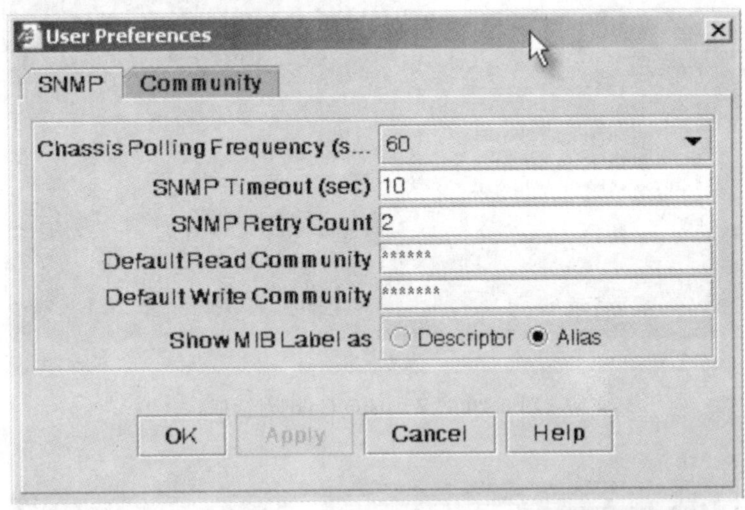

图 8.18　192.168.12.254 交换机的“User Preferences”对话框

5)在“CiscoView 5.3 - Microsoft Internet Explorer”对话框中，输入设备的 IP 地址，如：192.168.12.252，按回车键，出现 192.168.12.252 路由器的后面板视图，如图 8.19 所示。

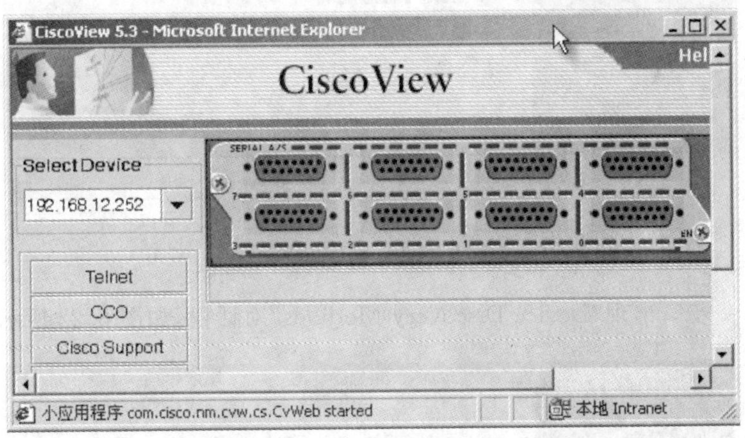

图 8.19　192.168.12.252 路由器的后面板视图

(2)Whatsup Gold(基于 SNMP 的图形化网络管理工具)。Whatsup Gold 是一种基于 SNMP(简单网络管理协议)的图形化网络管理工具，具有网络搜索、映射、监测和报警追踪的功能。利用 Whatsup Gold 提供的网络拓扑图可以同时监视多个网络设备。

1)单击“开始”➔“程序”➔“Whatsup”➔“Whatsup Gold”，出现“Whatsup Gold”对话框，如图 8.20 所示。

2)单击菜单栏“File”➔“New Map Wizard”，出现“Device Discovery Introduction”对话框，如图 8.21 所示。

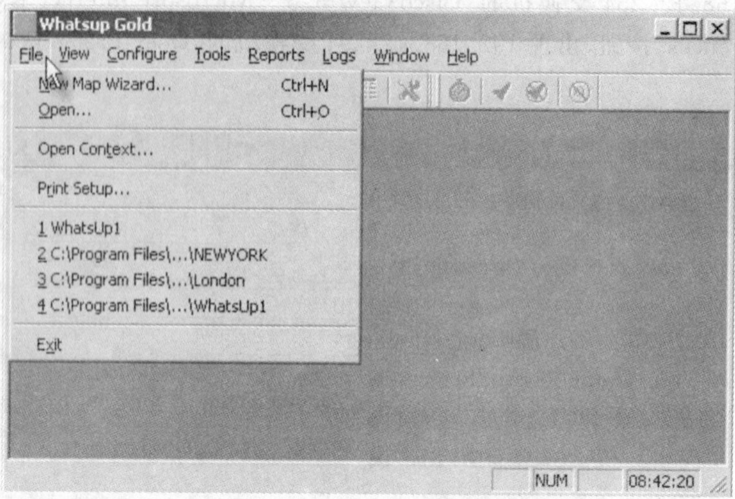

图 8.20 "Whatsup Gold"对话框

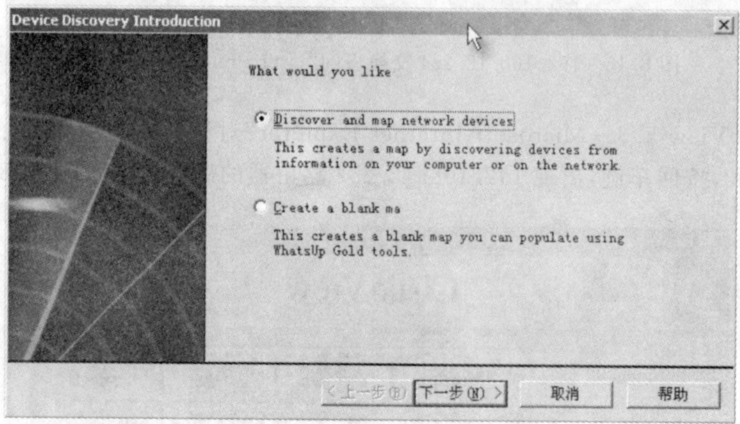

图 8.21 "Device Discovery Introduction"对话框

3)单击"下一步",出现"Device Discovery Methods"对话框,如图 8.22 所示。

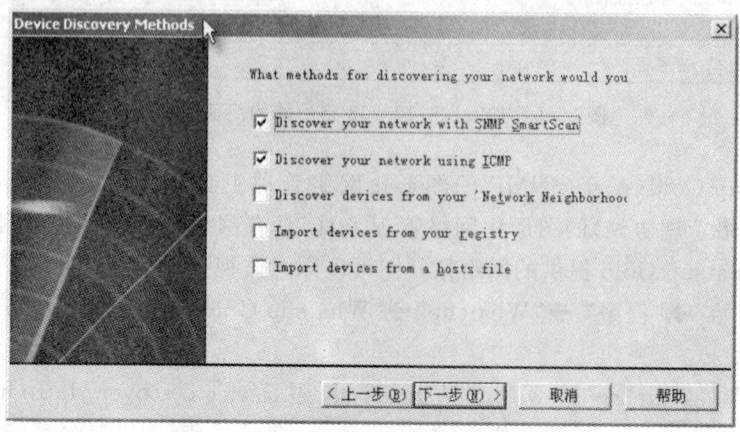

图 8.22 "Device Discovery Methods"对话框

4)选择设备搜索方法“Discovery your network winth SNMP SmartScan”和“Discovery your network using ICMP”,单击“下一步”,出现“SNMP SmartScan”对话框,如图 8.23 所示。

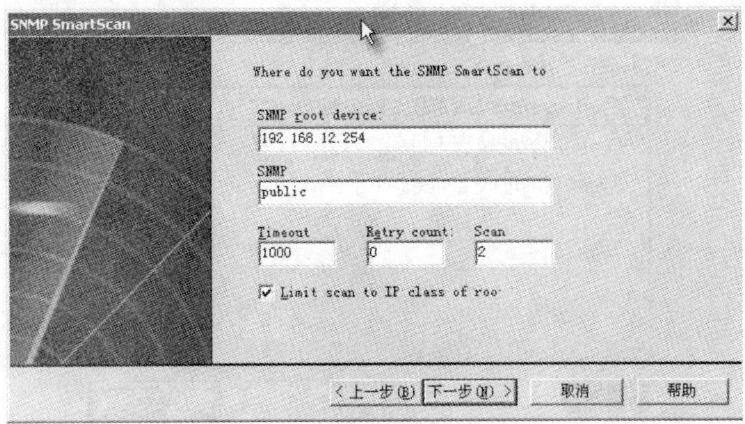

图 8.23　“SNMP SmartScan”对话框

5)单击“下一步”,出现“IP Addess Scan”对话框,如图 8.24 所示。

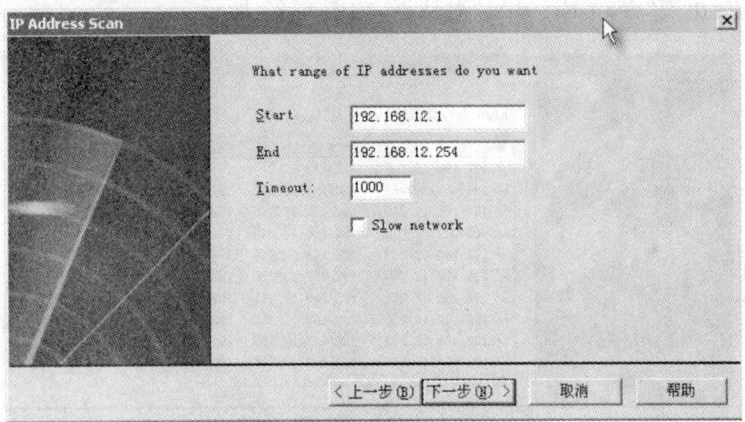

图 8.24　“IP Addess Scan”对话框

6)输入需要扫描的起始 IP 地址和终止 IP 地址后,单击“下一步”,出现“TCP/IP Service Scan”对话框,如图 8.25 所示。

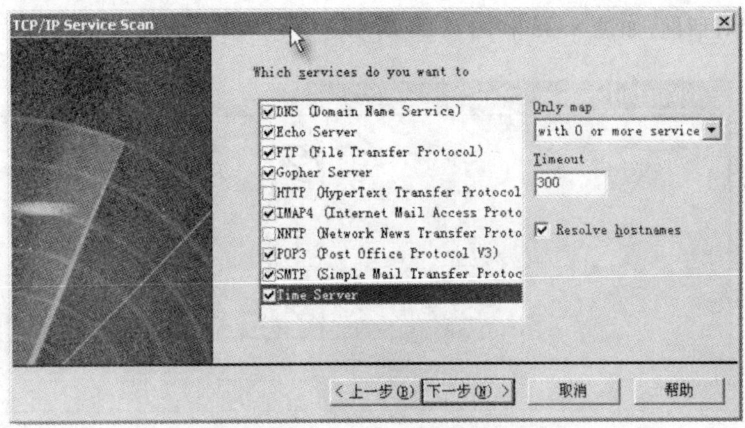

图 8.25　“TCP/IP Service Scan”对话框

7)选择 TCP/IP 服务项目后,单击"下一步",出现"Scan Progress "对话框,如图 8.26 所示。

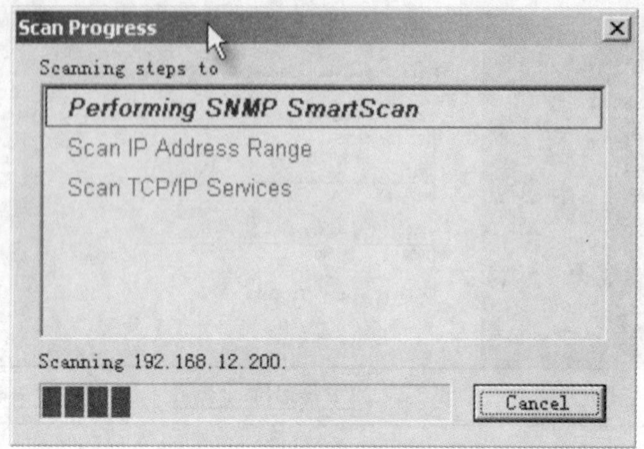

图 8.26 "Scan Progress "对话框

8)扫描完成,出现"Scan Results "对话框,如图 8.27 所示。

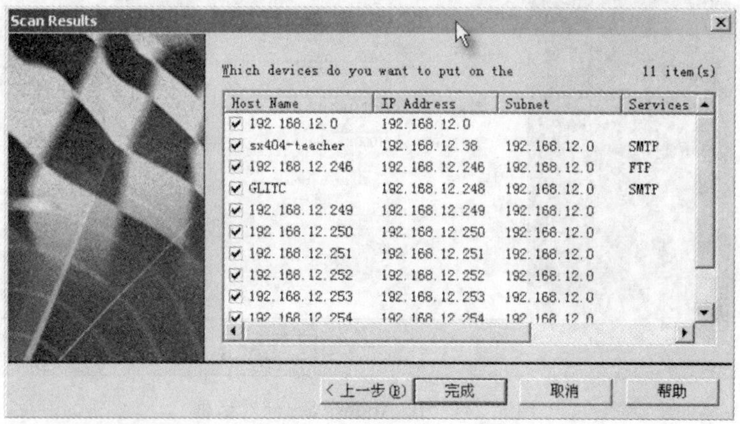

图 8.27 "Scan Results "对话框

9)单击"完成"按钮,出现"Whatsup1:Network Map"对话框和"192.168.12.0.wup:Network Map"对话框,如图 8.28 和图 8.29 所示。

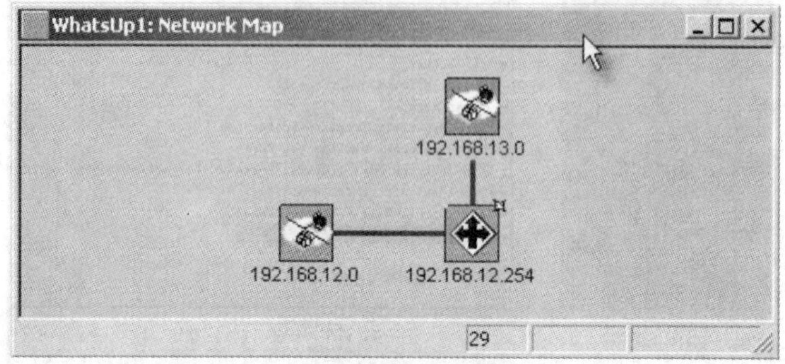

图 8.28 "Whatsup1:Network Map"对话框

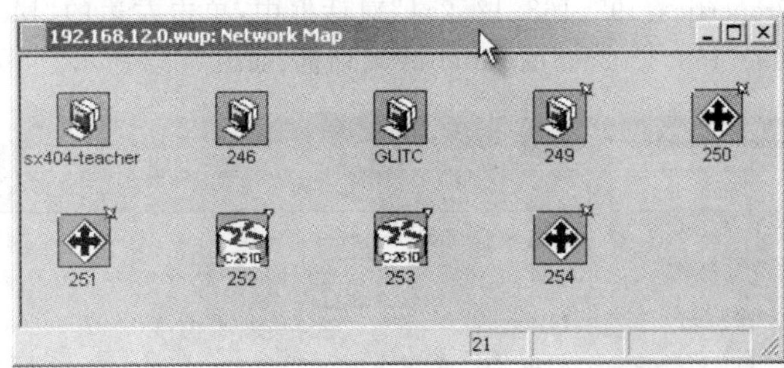

图 8.29　“192.168.12.0.wup:Network Map”对话框

10)在“192.168.12.0wup:Network Map ”对话框中，双击某一网络设备图标，如 254，出现“Item Properties:192.168.12.254”对话框，如图 8.30 所示。

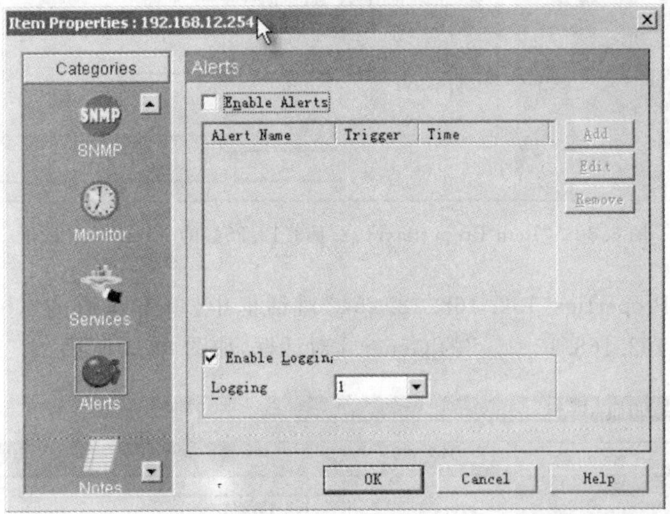

图 8.30　“Item Properties:192.168.12.254”对话框

11)在“Item Properties: 192.168.12.254”对话框中，单击左边的“SNMP”图标，出现“Item Properties:192.168.12.254”的 SNMP 对话框，如图 8.31 所示。

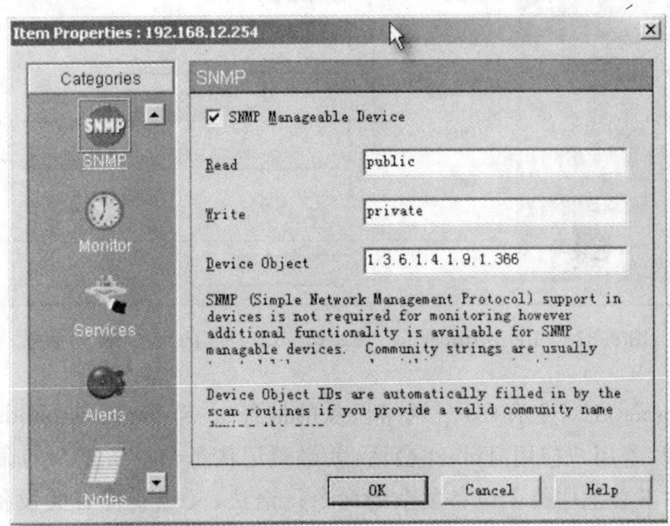

图 8.31　“Item Properties:192.168.12.254”的 SNMP 对话框

12)在"Item Properties：192. 168. 12. 254"对话框中，单击左边的"Monitor"图标，出现"Item Properties：192. 168. 12. 254"的 Monitor 对话框，如图 8. 32 所示。

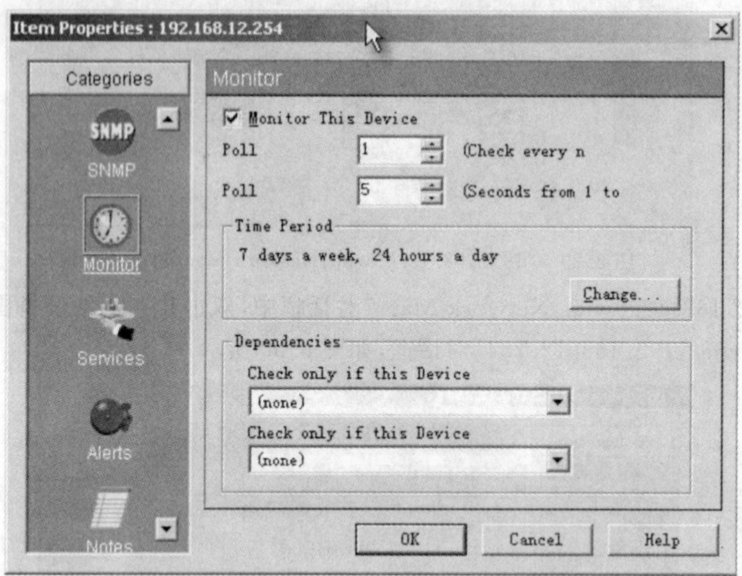

图 8. 32 "Item Properties：192. 168. 12. 254"的 Monitor 对话框

13)在"Item Properties：192. 168. 12. 254"对话框中，单击左边的"General"图标，出现"Item Properties：192. 168. 12. 254"的 General 对话框，如图 8. 33 所示。

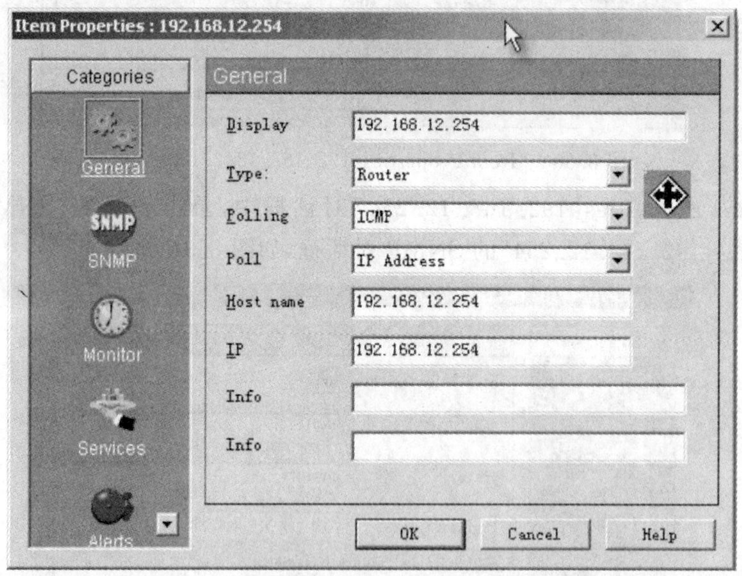

图 8. 33 "Item Properties：192. 168. 12. 254"的 General 对话框

(3)Show Commands（显示 Cisco 网络设备的信息）。Show Commands 隐藏了建立一个 Telnet 会话的过程，若用户使用 Telnet 会话，就必须记住每个设备复杂的命令行语法。Show Commands 使用户不必记住每个设备复杂的命令行语法，又能获得有关设备的详细的系统和协议信息。

1)登录 Cisco works 6.0 系统，打开“CiscoWorks for Windows 6.0 Desktop - Microsoft Internet Explorer”对话框，单击菜单“Show Commands”，出现“Show Commands - Microsoft Internet Explorer”对话框，如图 8.34 所示。

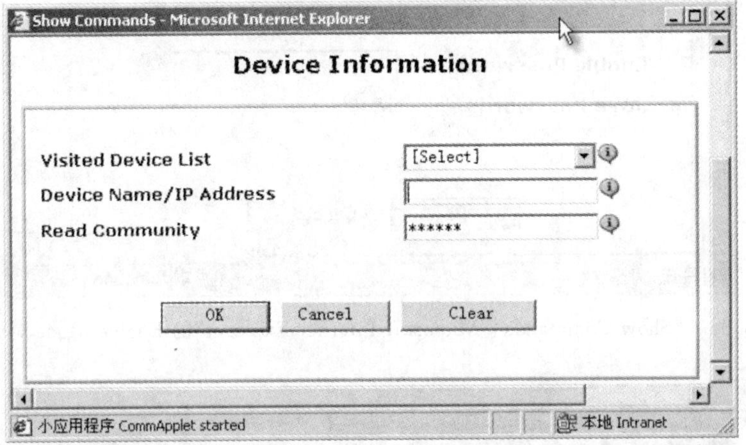

图 8.34　“Show Commands - Microsoft Internet Explorer”对话框

2)选择设备的 IP 地址，如 192.168.12.252，单击“OK”按钮，出现“Show Commands - Microsoft Internet Explorer”的 Telnet Mode 对话框，如图 8.35 所示。

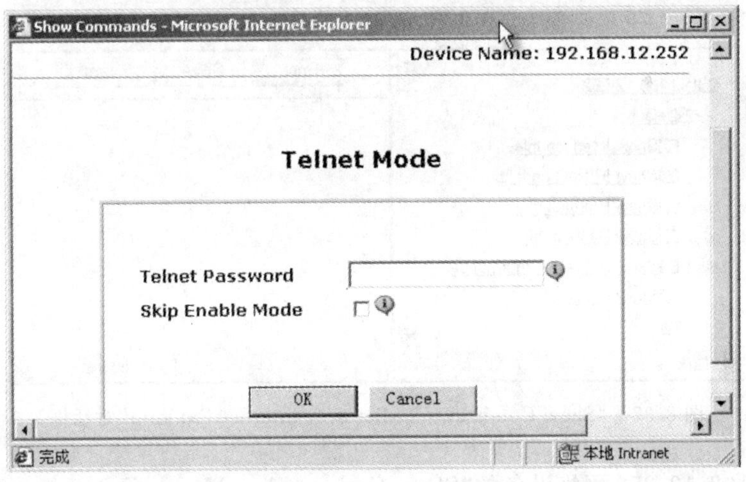

图 8.35　“Show Commands - Microsoft Internet Explorer”的 Telnet Mode 对话框

3)在“Show Commands - Microsoft Internet Explorer”的 Telnet Mode 对话框中，输入 Tenet 密码，就进入普通模式，出现“Show Commands - Microsoft Internet Explorer”的 Enable Mode 对话框，如图 8.36 所示。如无权进入特权模式，则选择“Skip Enable Mode”标志，也可以查询设备的信息和执行普通模式下的所有 Show Commands 的可用命令。

4)在“Show Commands - Microsoft Internet Explorer”的 Enable Mode 对话框中，输入 Enable 密码，就进入特权模式，出现“Show Commands - Microsoft Internet Explorer”对话框，

如图 8.37 所示。此时，Show Commands 的可用命令列表中将会出现所有的命令。

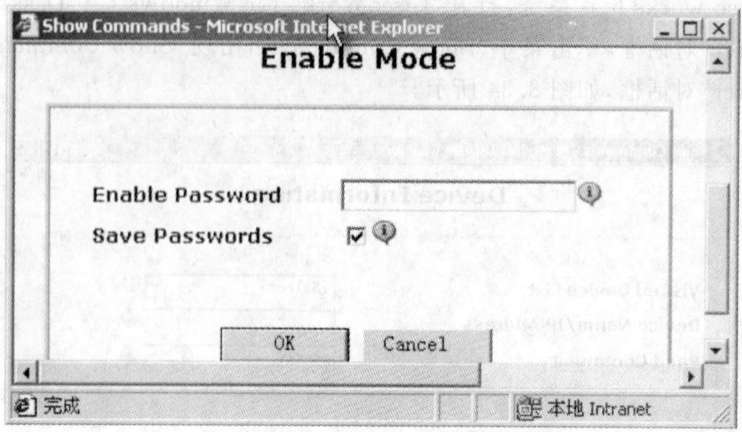

图 8.36 "Show Commands - Microsoft Internet Explorer"的 Enable Mode 对话框

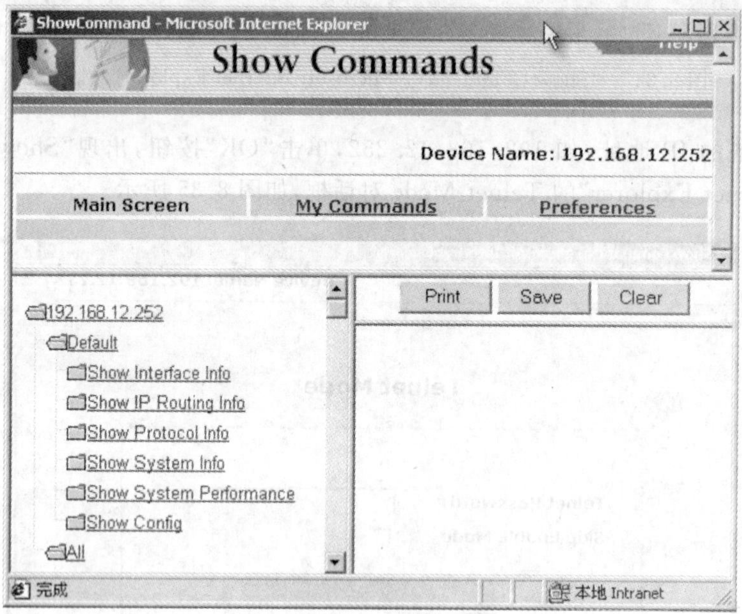

图 8.37 "Show Commands - Microsoft Internet Explorer"对话框

5)在 192.168.12.252 网络设备的"Show Commands - Microsoft Internet Explorer"对话框中，单击左边栏的命令"Show IP Routing Info"➔"IP Route"，执行的结果就在右边栏中显示，如图 8.38 所示。

(4)Threshold Manager(监控 Cisco 网络设备)。Threshold Manager 使用户能够在开启 RMON(Remote Monitoring Network)功能的 Cisco 设备上设置极限值和寻回事件信息，以降低网络管理费用，增强发现并解决网络故障的能力。

1)登录 Cisco works 6.0 系统，打开"CiscoWorks for Windows 6.0 Desktop - Microsoft Internet Explorer"对话框，单击菜单"Threshold Manager"，出现"Threshold Manager -

Microsoft Internet Explorer”对话框，如图 8.39 所示。

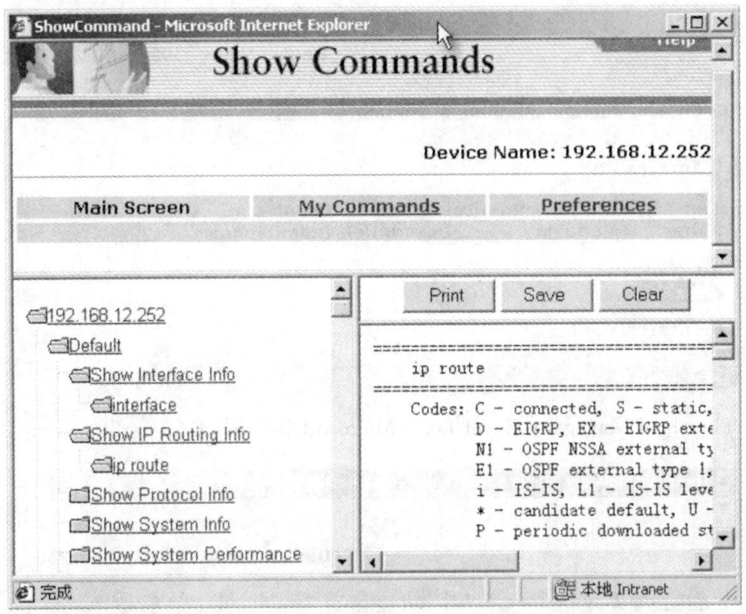

图 8.38　执行 IP Route 的 Show Commands 操作结果

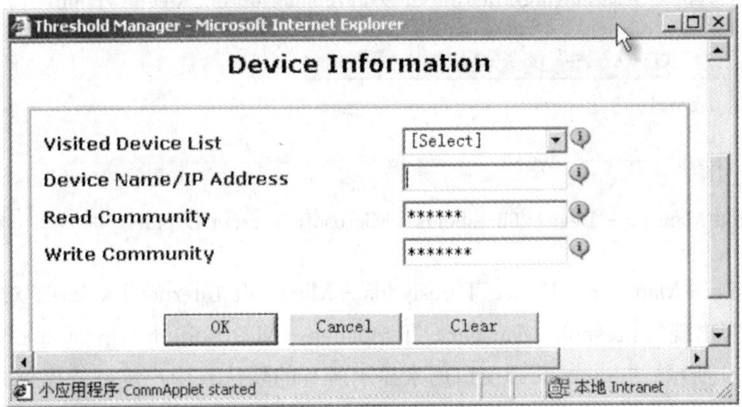

图 8.39　“Threshold Manager - Microsoft Internet Explorer”对话框

2)选择设备的 IP 地址，如 192.168.12.253，单击“OK”按钮，出现“Threshold Manager - Event Log - Microsoft Internet Explorer”的 Event Log 对话框，如图 8.40 所示。“Event Log”窗口以表格方式显示越界事件信息。

3)在“Threshold Manager - Event Log - Microsoft Internet Explorer”对话框中，单击菜单栏“Device Thresholds”，出现“Threshold Manager - Device Thresholds - Microsoft Internet Explorer”的 Device Thresholds 对话框，如图 8.41 所示。“Device Thresholds”窗口用来显示、设置当前对被管理设备的系统或接口的阈值。

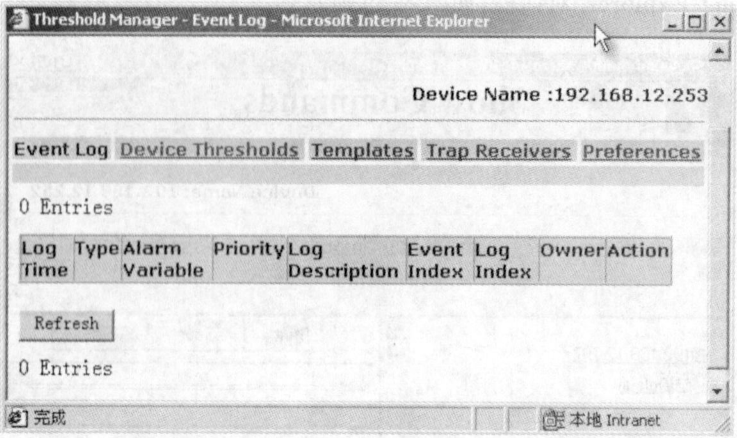

图 8.40 "Threshold Manager – Event Log – Microsoft Internet Explorer"的 Event Log 对话框

Threshold Manager - Device Thresholds - Microsoft Internet Explorer

Device Name :192.168.12.253

Event Log | Device Thresholds | Templates | TrapReceivers | Preferences

0 Entries

Type	Description	Current Value	Interval	Rising	Falling	Alarm Variable	Owner	Action

Create a New Threshold | Refresh

0 Entries

完成 本地 Intranet

图 8.41 "Threshold Manager – Device Thresholds – Microsoft Internet Explorer"的 Device Thresholds 对话框

4)在"Threshold Manager – Device Thresholds – Microsoft Internet Explorer"对话框中,单击菜单栏"Templates",出现"Threshold Manager – Templates – Microsoft Internet Explorer"的 Templates 对话框,如图 8.42 所示。"Templates"窗口用来显示所有的默认或用户定制的模板。

Threshold Manager - Templates - Microsoft Internet Explorer

Device Name : 192.168.12.253

Event Log | Device Thresholds | Templates | Trap Receiver

11 Entries

Filters: ✔Current Device ✔Current Device Type ✔Global ☐Show Te

Type	Description	Interface	Interval	Rising	Falling	Alarm Variable	Own
system	% cpu busy...	dummy	60	90 %	70 %	avgBusy1	admir
system	% CPU b...	dummy	60	90 %	70 %	avgBusy5	admir
system	Count of	dummy	30	5	5	bufferFail	admir

本地 Intranet

图 8.42 "Threshold Manager – Templates – Microsoft Internet Explorer"的 Templates 对话框

5)在“Threshold Manager – Templates – Microsoft Internet Explorer”对话框中，单击菜单栏“Trap Receivers”，出现“TrapReceivers – Tenet Password – Microsoft Internet Explorer”的 Telnet Mode 对话框，如图 8.43 所示。

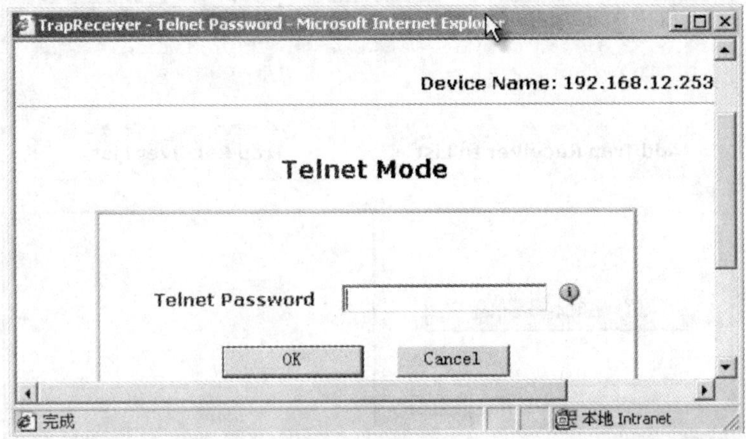

图 8.43　“TrapReceivers – Tenet Password – Microsoft Internet Explorer”的 Telnet Mode 对话框

6)在“TrapReceivers – Tenet Password – Microsoft Internet Explorer”对话框中，输入 Tenet 密码，出现“TrapReceivers – EnablePassword – Microsoft Internet Explorer”的 Enable Mode 对话框，如图 8.44 所示。

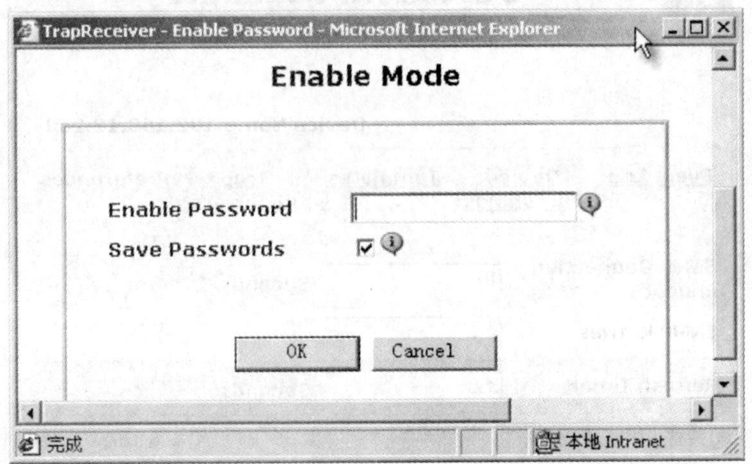

图 8.44　“TrapReceivers – EnablePassword – Microsoft Internet Explorer”的 Enable Mode 对话框

7)在“TrapReceivers – EnablePassword – Microsoft Internet Explorer”对话框中，输入 Enable 密码，出现“Threshold Manager – TrapReceivers – Microsoft Internet Explorer”的 Trap Receivers 对话框，如图 8.45 所示。“TrapReceivers ”窗口用来增加或删除接受陷入事件的管理站点。

8)在“Threshold Manager – TrapReceivers – Microsoft Internet Explorer”对话框中，单击菜单栏“Preferences”，出现“Threshold Manager – Preferences – Microsoft Internet Explorer”的 Preferences 对话框，如图 8.46 所示。“Preferences” 窗口用来设置 Threshold Manager 的

属性。

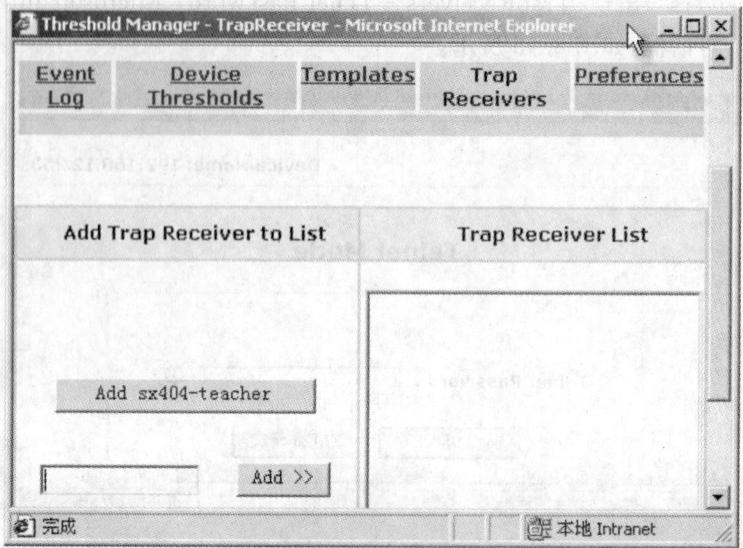

图 8.45 "Threshold Manager - TrapReceivers - Microsoft Internet Explorer"的 Trap Receivers 对话框

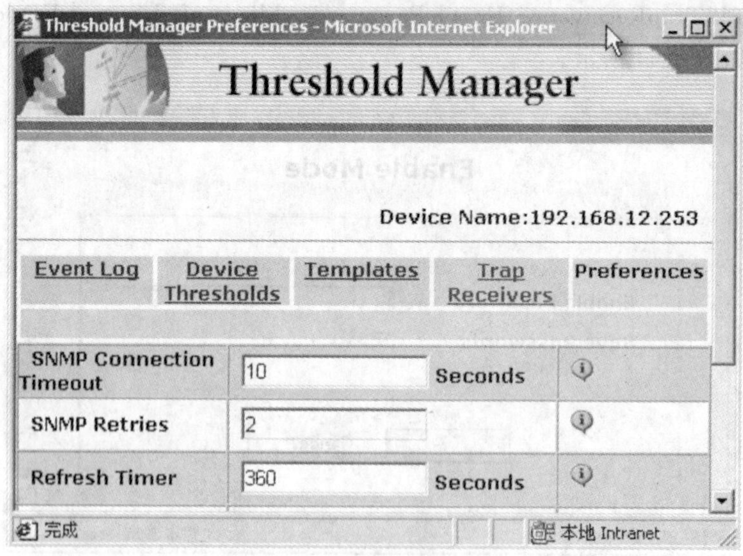

图 8.46 192.168.12.253 的网络设备的 Preferences 界面

8.2 SolarWinds 网络管理软件的安装与应用

一、实训目的

(1)掌握 SolarWinds 2001 Engineer's Edition 网络管理软件的安装和使用，熟悉该软件的组成模块；

(2)帮助理解网络管理软件在网络管理、配置与维护中的作用和功能。

二、实训内容

(1)WindowsServer 2008 下安装 SolarWinds 2001 Engineer's Edition 网络管理软件；
(2)SolarWinds 2001 Engineer's Edition 的具体应用举例。

三、实训环境的准备

(1)SolarWinds 2001 Engineer's Edition 软件；
(2)含有网络设备的局域网；
(3)PC 1 台，操作系统为 Windows Server 2008。

四、实训操作实践

1. SolarWinds 2001 Engineer's Edition 的安装

(1)双击“SolarWinds2001 - ee”安装软件进入安装界面，如图 8.47 所示。单击“Next”，再单击“ Yes”，进入路径选择界面，确定路径后单击“Next”，开始安装，安装完毕后单击“Finish ”完成安装。

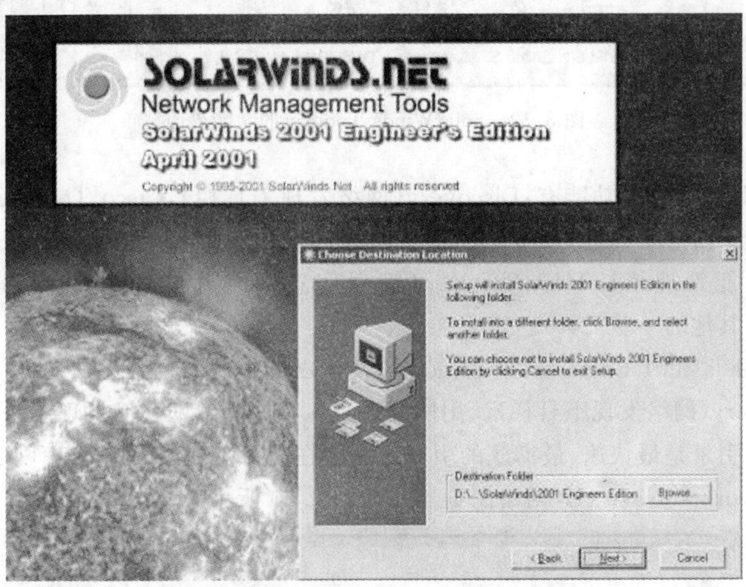

图 8.47 SolarWinds2001 - ee 安装界面

(2)出现提示用户输入 Name，E - mail Address 和 Phone Number 等的“Install SolarWinds Software License Key”对话框，在 Customer ID 中随便输入“123333”ID 号，然后单击右下方的“skip this, and enter Software License Keyboard”选项，就产生一个 Serial Number。

(3)运行软件注册文件 keygen. exe，将安装完毕后得到的 Serial Number 输入到如图 8.48 所示的“Serial Number”输入框位置，单击“Gennerate Key”，就可以得到 License Key。再将所得到的 License Key 输入到“Install SolarWinds Software License Key”对话框所需栏中，单

击“Continue”,出现“License 安装成功”对话框,单击“Continue”便可完成全部安装。

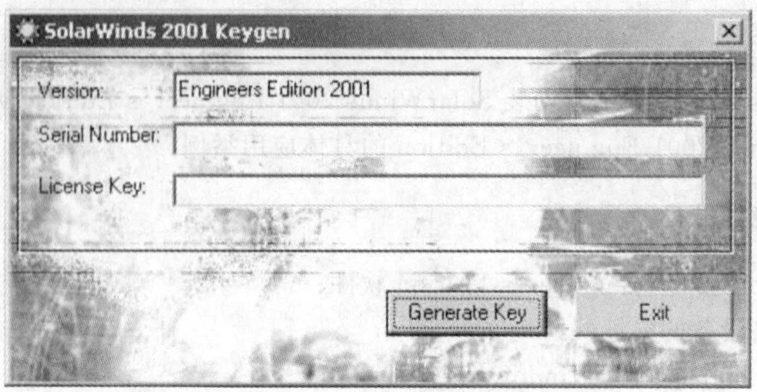

图 8.48　运行软件注册文件 keygen. exe

2. SolarWinds Toolbar 的界面功能

SolarWinds Toolbar 的功能界面如图 8.49 所示。

图 8.49　SolarWinds Toolbar 的功能界面

SolarWinds 所具有的功能有:Discovery(网络发现工具栏),Cisco Tools(Cisco 工具栏),Ping Tools(Ping 扫描工具栏),Address Mgmt(IP 地址管理器),Monitoring(监控工具栏),Perf Mgmt(功能管理栏),MIB Browser(管理信息库浏览器),Security(安全工具栏),Miscellaneous(其他的一些工具)。

3. SolarWinds 2001 Engineer's Edition 的具体应用举例

(1)Discovery(网络发现工具栏)。用网络发现工具能够帮助我们发现网络上很多的 DNS 错误,它的发现引擎是最快速、最彻底的引擎之一。在网络发现工具中有以下几项功能:

1)IP Network Browse (IP 网络浏览器),如图 8.50 所示。

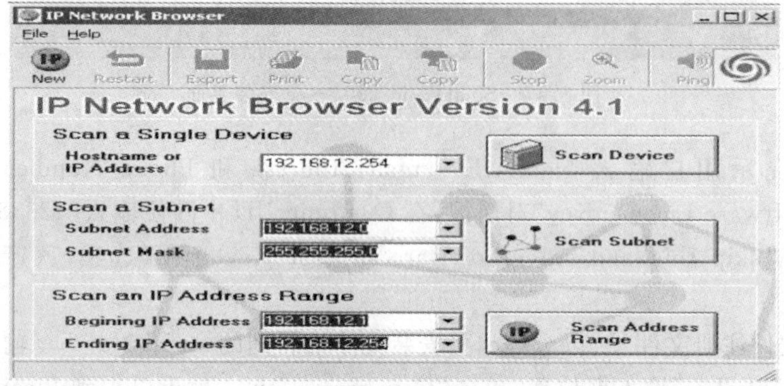

图 8.50　IP 网络浏览器

①输入 IP 地址如 192.168.12.254，单击“Scan device”，扫描到 Cisco s3550－24 交换机设备，如图 8.51 所示。

图 8.51　扫描到 Cisco s3550－24 交换机设备

②输入子网地址和子网掩码，如 192.168.12.0 和 255.255.255.0，单击“Scan Subnet”，扫描到如图 8.52 所示的各设备。

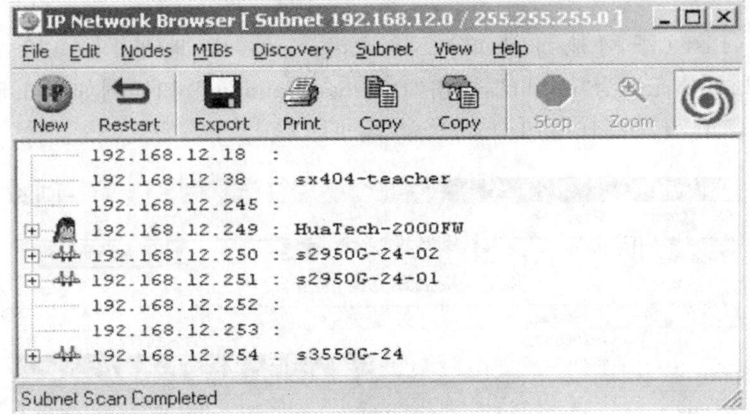

图 8.52　扫描到网络设备

③输入起始 IP 地址和终止 IP 地址，如 192.168.12.1 和 192.168.12.254，单击“Scan Address Range”，扫描到如图 8.53 所示的各设备。

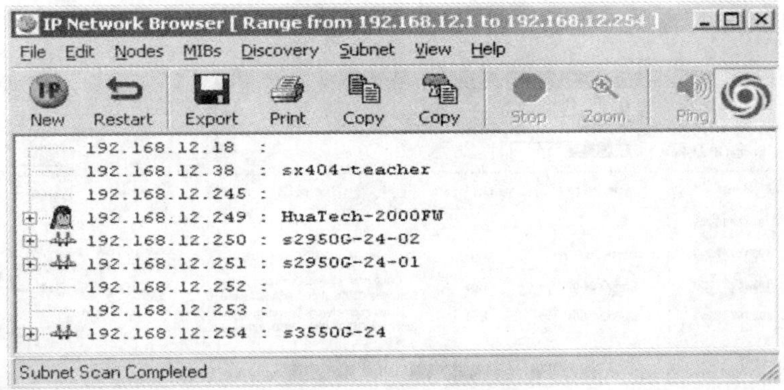

图 8.53　扫描到网络设备

2)Ping Sweep (Ping 扫描)。输入起始 IP 地址和终止 IP 地址,如 192.168.12.1 和 192.168.12.50,单击"Scan",扫描到下列 IP 地址正在使用,即该设备已开机,如图 8.54 所示。

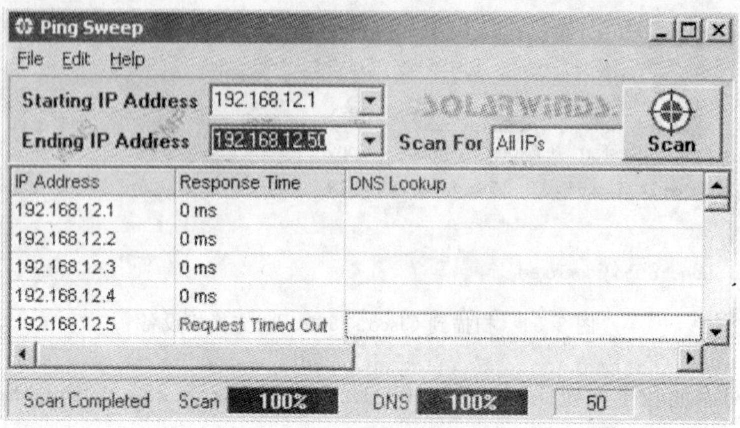

图 8.54 Ping 扫描网段设备的 IP 地址

3) Subnet List(子网地址清单)。输入主机的 IP 地址,如 192.168.12.254,SNMPCommunity String 为"public",单击"Retrieve Subnets",扫描到如图 8.55 所示的两个网段 192.168.12.0 和 192.168.13.0。

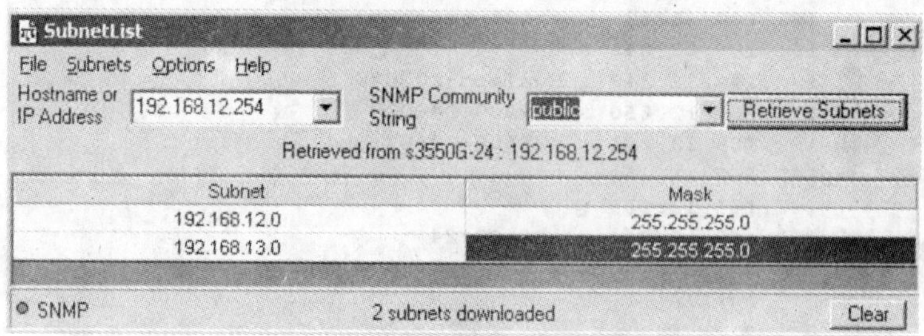

图 8.55 扫描到两个网段

4)SNMP Sweep (SNMP 扫描)。输入起始 IP 地址和终止 IP 地址,如 192.168.12.1 和 192.168.12.254,单击"Scan",对网段扫描后可以扫描到如下设备的详细资料,如设备名称、型号、设备描述、厂商、厂商的网址等资料,如图 8.56 所示。

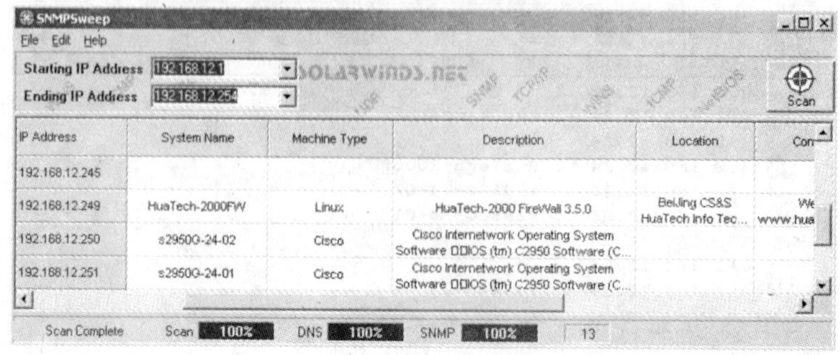

图 8.56 扫描到网络设备的详细资料

5)Network Sonar(网络声呐)。

①网络声呐可以对 TCP/IP 网络设备的搜索结果建立一个 Micosoft 数据库。搜索可以随时暂停或停止。当搜索再次开始的时候,它会接着上次搜索的的结果继续进行扫描。单击“Network Sonar”,出现“Network Sonar”对话框,如图 8.57 所示。

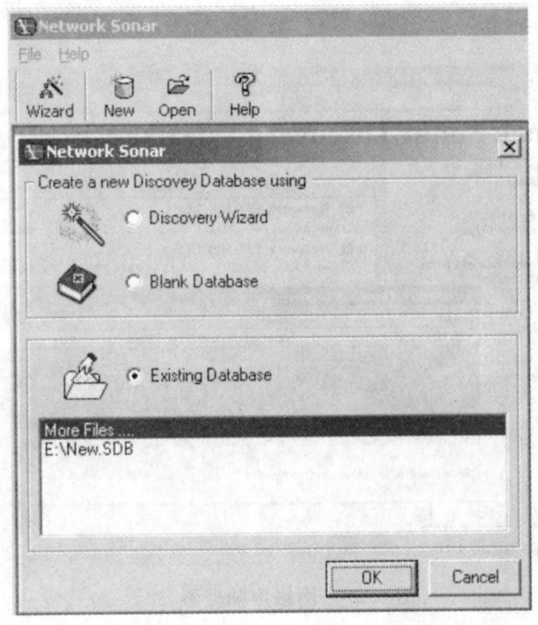

图 8.57　“Network Sonar”对话框

②选择“Discovery Wizard”,单击“OK”按钮,出现“Network Sonar -[Network Discovery Wizard]”对话框,单击右边“Create a New Discovery Database”按钮,出现“New Network Sonar Database”对话框,在“文件名”处输入“New1”文件名,单击“保存”按钮,则“Network Sonar -[Network Discovery Wizard]”对话框的名字变成“Network Sonar[New1. SDB]-[Network Discovery Wizard]”,在该对话框中“Create a New Discovery Database”前面的方框中出现红色钩√,如图 8.58 所示。

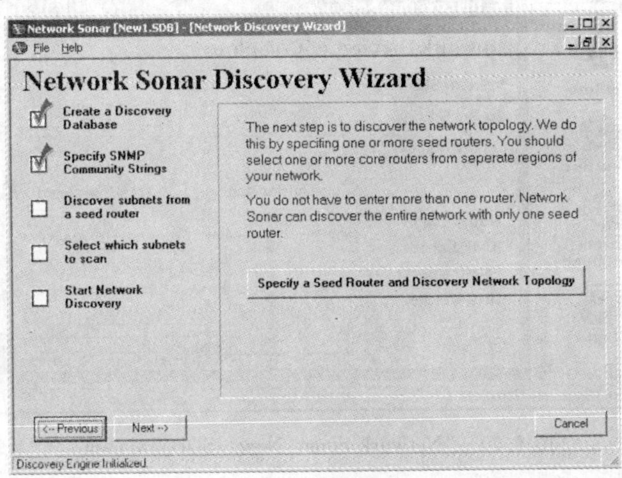

图 8.58　网络声呐搜索(一)

③在“Network Sonar[New1. SDB]-[Network Discovery Wizard]”对话框中，单击右边“Specify a Seed Router and Discovery Network Topology”按钮，出现“Define Seed Routers and Discovery Topology”对话框，在该对话框的“Hostname or IP address”处输入 IP 地址，如 192. 168. 12. 254，单击右下边“Add”按钮，再单击右上边“Discovery Network Topology”按钮，出现如图 8. 59 所示界面。

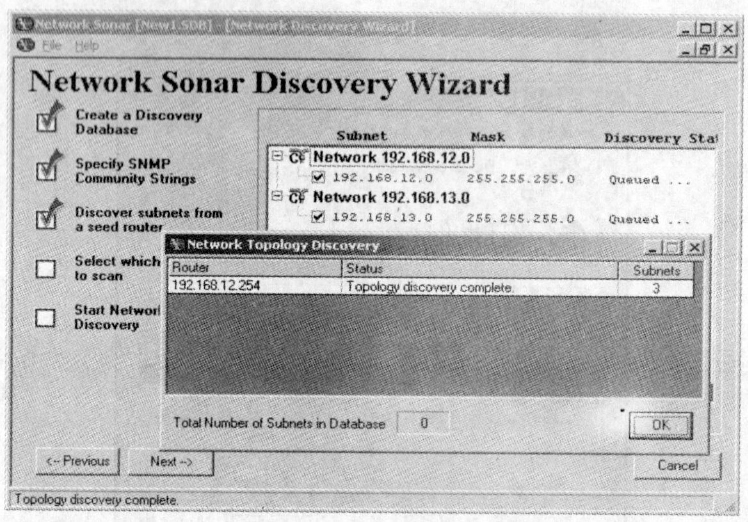

图 8. 59　网络声呐搜索(二)

④在“Network Sonar[New1. SDB]-[Network Discovery Wizard]”对话框中，单击“Next →”按钮，再单击“Start Network Discovery”按钮，出现“Network Sonar[New1. SDB]”对话框，如图 8. 60 所示。

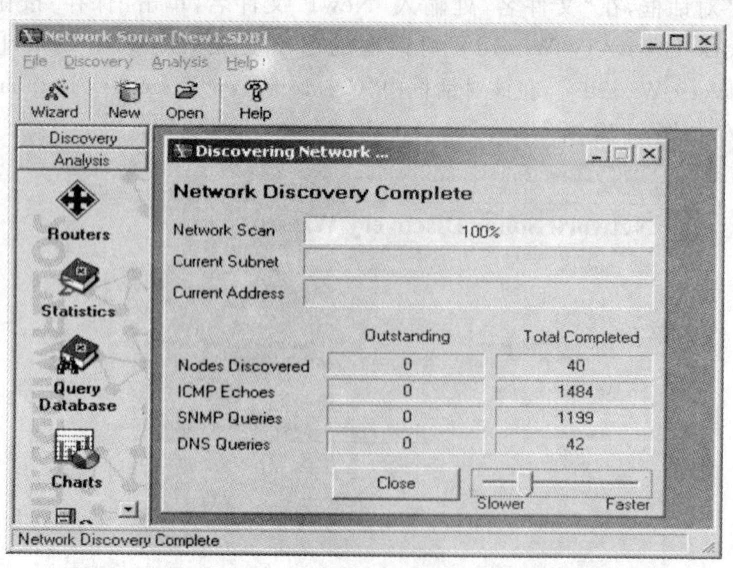

图 8. 60　“Network Sonar[New1. SDB]”对话框

⑤单击左边“Charts”，出现“Chart”对话框，选择“Nodes by Network”；再单击左边

“Machine types”，出现如图 8.61 所示结果。

在“Network Sonar[New1. SDB]”对话框中，单击左边“Statistics”，出现“Statistic”对话框，选择“Statistic - Subnets by Network”。再单击左边“Routers”，出现如图 8.62 所示结果。

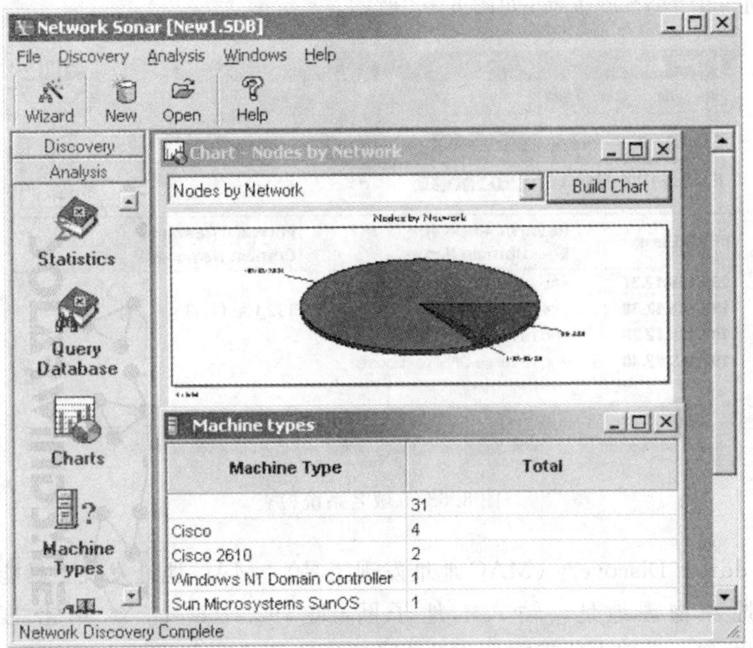

图 8.61　对 TCP/IP 网络设备的搜索结果(一)

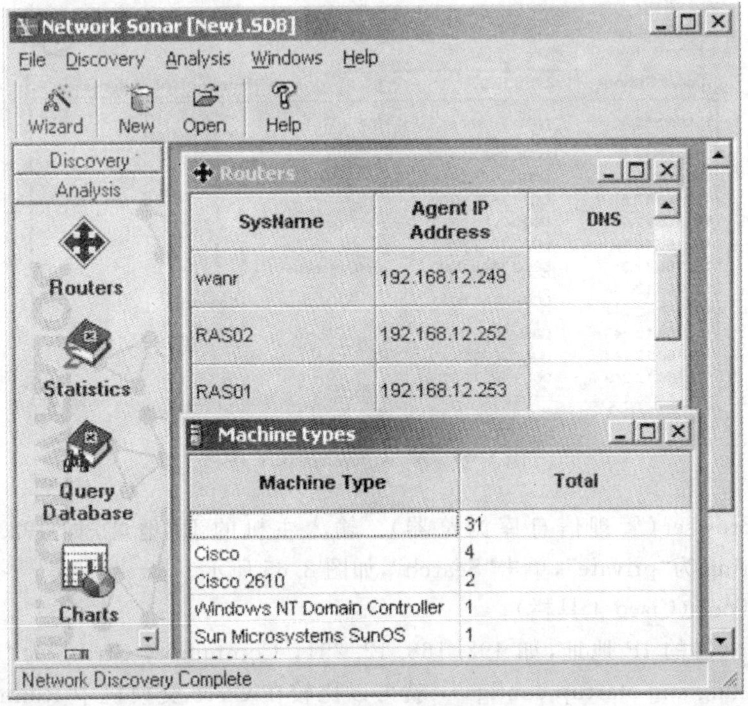

图 8.62　对 TCP/IP 网络设备的搜索结果(二)

6)DNS Audit (域名系统检查)。DNS 检查能够扫描到某一范围的 IP 地址并且能够做出正向和反向的检查,因此 DNS 的错误就能够被快速识别,并且 DNS 检查能够同时支持 DNS 和 WINS。输入起始 IP 地址和终止 IP 地址,如 192. 168. 12. 1 和 192. 168. 12. 254,单击"Scan",搜索到一个 DNS 服务器,如图 8. 63 所示。

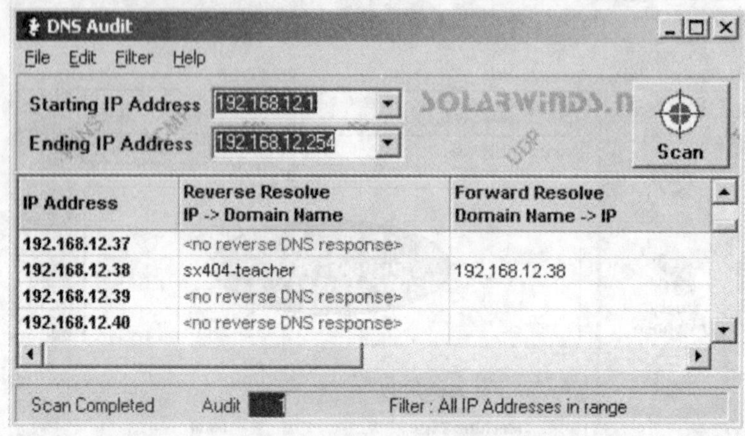

图 8. 63 域名系统检查

7)MAC Address Discovery (MAC 地址发现工具)。MAC 地址发现工具能够找到与之相关联的 IP 地址和物理地址。输入本地子网,如 192. 168. 12. 0,单击"Discover MAC Addresses",就发现一系列本地正在使用的 MAC 地址及其网卡的制造厂商,如图 8. 64 所示。

MAC Address Discovery

File Edit Help

Export Print Help

Local Subnet 192.168.12.0 Discover MAC Addresses

IP Address	MAC Address	DNS	Network Card Manufacturer
192.168.12.1	000C.7652.5A00		
192.168.12.2	000C.76C5.2900		
192.168.12.3	000C.763F.1D00		
192.168.12.4	000C.7652.0000		
192.168.12.18	000C.7652.7300		
192.168.12.38	000C.76AE.0000	sx404-teacher	
192.168.12.243 192.168.12.244	0003.FFAE.0000		Connectix
192.168.12.245	000D.563F.0000		
192.168.12.248	004C.3F00.003F		
192.168.12.249	00C9.4600.00CE		

MAC Address Discovery Complete. 16 addresses.

图 8. 64 MAC 地址发现工具

(2) MIB Browser(管理信息库浏览器)。输入主机的 IP 地址,如 192. 168. 12. 254,Community String 为"private",单击"Search",如图 8. 65 所示。

(3)Cisco Tools(Cisco 工具栏)。

1) 输入路由器的 IP 地址,如 192. 168. 12. 251, Community String 为"private",单击"Compare Running and startup configs",就可以比较在 Cisco 交换机中 Running 和 Startup 的配置,如图 8. 66 所示。

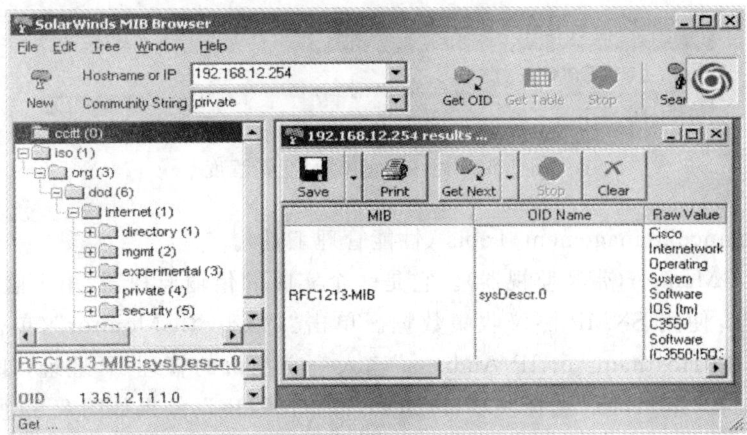

图 8.65　管理信息库浏览器

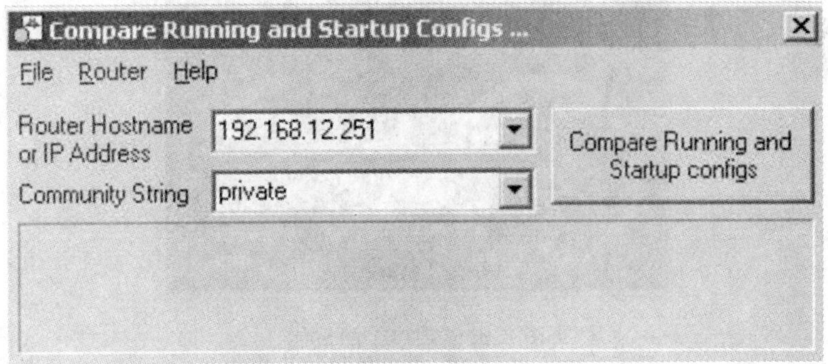

图 8.66　比较运行和启动配置

搜索到该路由器的配置结果如图 8.67 所示。

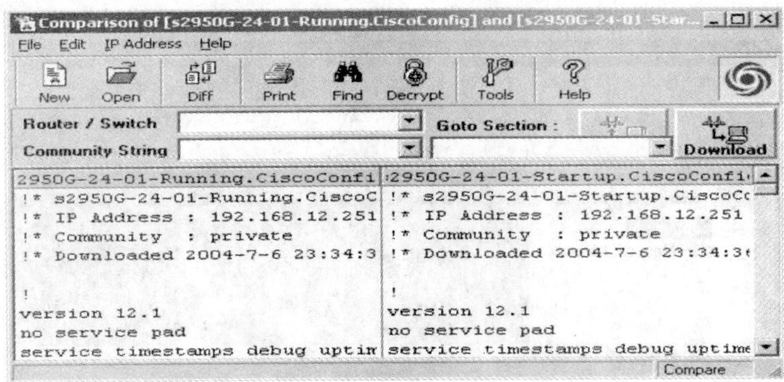

图 8.67　搜索到该路由器的配置

2)Router CPU Load（路由器的 CPU 负荷）。它能够显示出一套关于 Cisco Router 实时的 CPU 负荷曲线，并且能够显示多个实时曲线，提醒用户 CPU 的负荷程度。

单击“Router CPU Load”，单击“Bar”→“Add New CPU Load Bar”，在“Target”输入一路由器的管理 IP 地址，如 192.168.12.253，单击“OK”，结果如图 8.68 所示。

图 8.68 路由器的 CPU 负荷程度

(4)Performance Management Tools (性能管理工具)。

1)Bandwith Monitor(带宽监视器)。它是一个实时的传输监视器,用于监视节点发送和接收的数据流量,使用 SNMP 协议收集数据。单击“Bandwith Monitor”,单击“Gauges”➔“New Gauge”,在“Hostname or IP Address”输入一交换机的管理 IP 地址,如 192.168.12.254,单击“OK”,在“Interface”选择一端口,如 f0/0,单击“OK”,结果如图 8.69 所示。

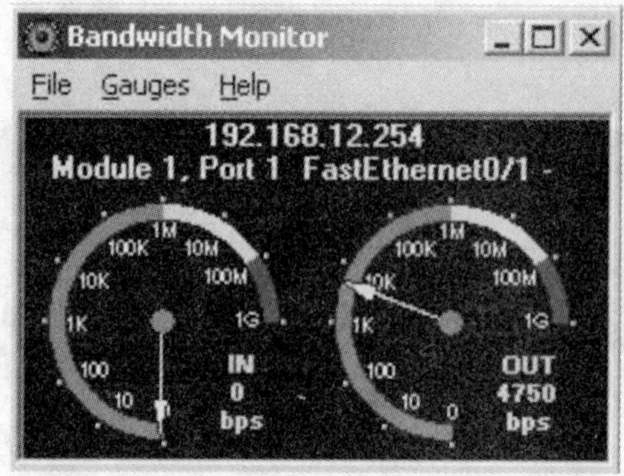

图 8.69 端口 1 的性能

2)Network Performance Monitor(网络性能监视器)。

①单击“Network Performance”,出现“Network Performance Monitor”对话框,如图 8.70 所示。

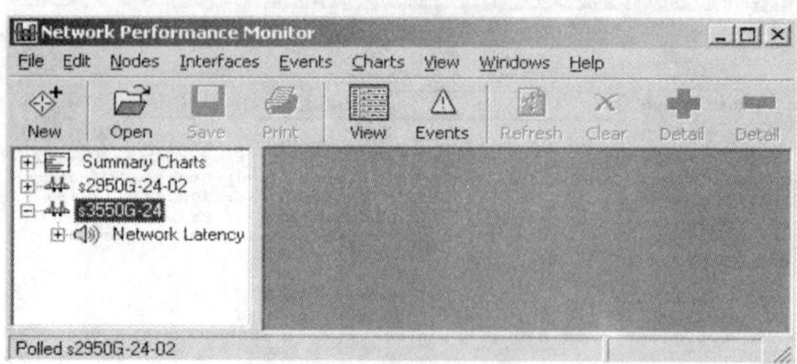

图 8.70 网络性能监视器

②单击“New”,打开“Add Node or interface to Monitor”对话框,在“Hostname or IP Address”输入一交换机的管理 IP 地址,如 192.168.12.254,在“SNMP Community String”输入 public,单击“OK”,结果如图 8.71 所示。

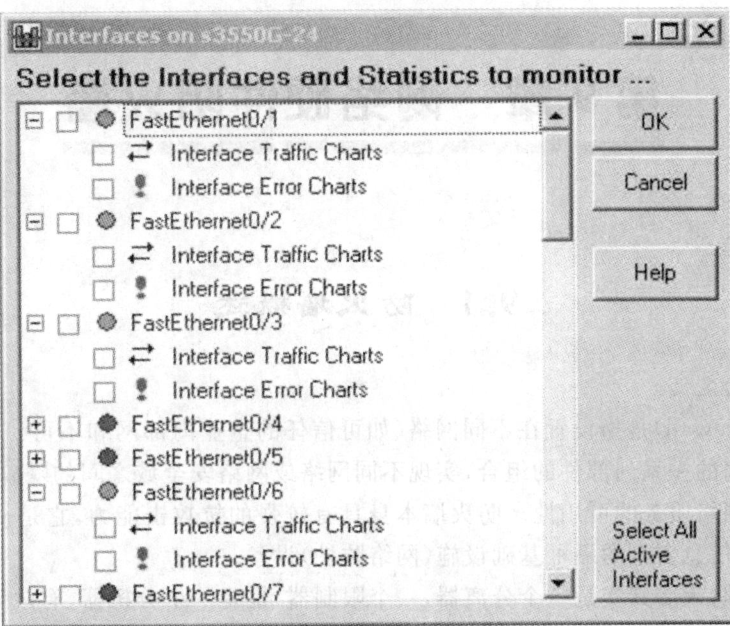

图 8.71　交换机设备的端口性能

第 9 章　网络硬件防火墙

9.1　防火墙概述

1. 防火墙的定义

防火墙(Firewall)是指设置在不同网络(如可信任的企业内部网和不可信任的公共网)或网络安全域之间的一系列部件的组合，实现不同网络或网络安全域之间的隔离与访问控制，保证网络系统及网络服务的可用性。防火墙本身具有较强的抗攻击能力，它是提供信息安全服务，实现网络和信息安全的一种基础设施(网络防护)设备。

在逻辑上，防火墙其实是一个分离器，一个限制器，也是一个分析器，有效地监控了内部网之间或 Internet 之间的任何活动，保证了内部网络的安全。防火墙是 Internet 和内部网之间的唯一通道。防火墙可以是硬件型的，对要进入某个网络的所有数据包都首先通过硬件芯片监测，看其是否符合预先设定的过滤规则，实现整个网络的安全策略和安全行为，其结构如图 9.1所示；也可以是软件型的，是指安装了防火墙的软件或路由器系统，路由器实现防火墙功能的报文转发，如图 9.2 所示。

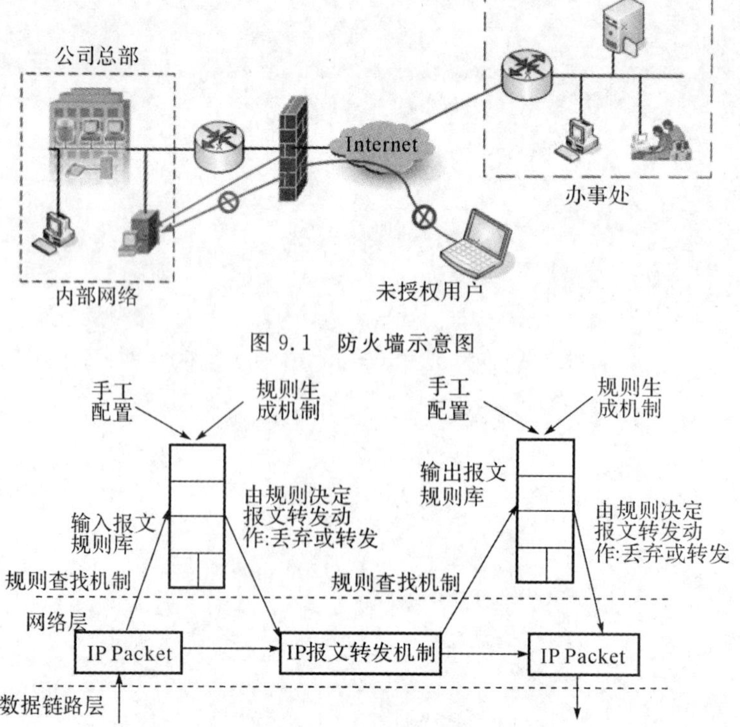

图 9.1　防火墙示意图

图 9.2　路由器实现防火墙功能的报文转发

2.防火墙的基本特性

根据防火墙的定义和在网络中的作用,可以看出防火墙具有下述3方面的基本特性。

(1)内部网络和外部网络之间的所有网络数据流都必须经过防火墙。这是防火墙所处网络的位置特性,同时也是一个前提。因为只有当防火墙是内、外部网络之间通信的唯一通道,才可以全面、有效地保护企业内部网络不受侵害。

(2)只有符合安全策略的数据流才能通过防火墙。这是防火墙的工作原理特性,防火墙之所以能保护企业内部网络,就是依据这样的工作原理或者说是防护机制进行的。它可以由管理员自由设置企业内部网络的安全策略,使允许的通信不受影响,而不允许的通信全部拒绝在内部网络之外。

(3)防火墙自身具有非常强的抗攻击免疫力。这是防火墙之所以能担当企业内部网络安全防护重任的先决条件。防火墙处于网络边缘,每时每刻都要面对黑客的入侵,这样就要求防火墙自身要具有非常强的抗击入侵能力。而这取决于操作系统,只有自身具有完整信任关系的操作系统才可以谈论系统的安全性。其次就是防火墙自身具有非常低的服务功能,除了专门的防火墙嵌入系统外,再没有其它应用程序在防火墙上运行。

3.防火墙的主要功能

防火墙在整个网络中主要有下述功能。

(1)创建一个阻塞点。防火墙在一个公司内部网络和外部网络间建立一个检查点。这种实现要求所有的流量都要通过这个检查点。一旦这些检查点清楚地建立,防火墙设备就可以监视、过滤和检查所有进来和出去的流量,这样的检查点,在网络安全行业中称之为"阻塞点"。

(2)隔离不同网络,防止内部信息的外泄。这是防火墙的最基本功能,它通过隔离内、外部网络来确保内部网络的安全,也限制了局部重点或敏感网络安全问题对全局网络造成的影响。

(3)强化网络安全策略。通过以防火墙为中心的安全方案配置,能将所有安全软件(如口令、加密、身份认证、审计等)配置在防火墙上。与将网络安全问题分散到各个主机上相比,防火墙的集中安全管理更经济。各种安全措施的有机结合,更能有效地对网络安全性能起到加强作用。

(4)有效地审计和记录内、外部网络上的活动。防火墙可以对内、外部网络存取和访问进行监控审计。如果所有的访问都经过防火墙,那么,防火墙就能记录下这些访问并进行日志记录,同时也能提供网络使用情况的统计数据。当发生可疑动作时,防火墙能进行适当的报警,并提供网络是否受到监测和攻击的详细信息。这为网络管理人员提供了非常重要的安全管理信息,可以使管理员清楚防火墙是否能够抵挡攻击者的探测和攻击,并且清楚防火墙的控制是否充足。

4.防火墙的分类

目前市场上的防火墙产品非常之多,划分的标准也不统一。防火墙的种类可根据防火墙技术防范的方式和侧重点的不同而分为多种类型。从软、硬件形式上分为软件防火墙和硬件防火墙以及芯片级防火墙;从防火墙技术分为包过滤型和应用代理型,如Cisco公司的PIX系列防火墙就是典型的包过滤型,NAI公司的Gauntlet系列防火墙就是典型的自适应代理型;从防火墙结构分为单一主机防火墙、路由器集成式防火墙和分布式防火墙3种;按防火墙的应用部署位置分为边界防火墙、个人防火墙和混合防火墙三大类;按防火墙性能分为百兆级防火墙和千兆级防火墙两类。

(1)包过滤(Packet filtering)型防火墙。

包过滤型防火墙工作在OSI网络参考模型的网络层和传输层,它根据数据包报头源地址、目的地址、端口号和协议类型等标志确定是否允许数据包通过。只有满足过滤逻辑的数据包才被转发到相应的目的地出口端,其余数据包则被从数据流中丢弃。其原理示意图如图9.3所示。

包过滤方式是一种通用、廉价和有效的安全手段。之所以通用,是因为它不是针对各个具体的网络服务采取特殊的处理方式,适用于所有网络服务;之所以廉价,是因为大多数路由器都提供数据包过滤功能,所以这类防火墙多数是由路由器集成的;之所以有效,是因为它能在很大程度上满足绝大多数企业安全要求。

在整个防火墙技术的发展过程中,包过滤技术出现了两种不同版本,称为"第一代静态包过滤"和"第二代动态包过滤"。

第一代静态包过滤类型防火墙几乎是与路由器同时产生的,它是根据定义好的过滤规则审查每个数据包,以便确定其是否与某一条包过滤规则匹配。过滤规则基于数据包的报头信息进行制订。报头信息中包括IP源地址、IP目标地址、传输协议(TCP,UDP,ICMP等)、TCP/UDP目标端口、ICMP消息类型等。

第二代动态包过滤类型防火墙用动态设置包过滤规则的方法,避免了静态包过滤所具有的问题。这种技术后来发展成为包状态监测(Stateful Inspection)技术。采用这种技术的防火墙对通过其建立的每一个连接都进行跟踪,并且根据需要可动态地在过滤规则中增加或更新条目。

包过滤型防火墙的特点:根据防火墙所定义的过滤规则审查,根据是否匹配来决定是否通过。

包过滤型防火墙的优点:防火墙对用户透明、成本低、效率高和速度快。

包过滤型防火墙的缺点:防火墙对IP包伪造难以防范,不具备身份认证功能,不能检测高层攻击,如过滤多其效率下降快。

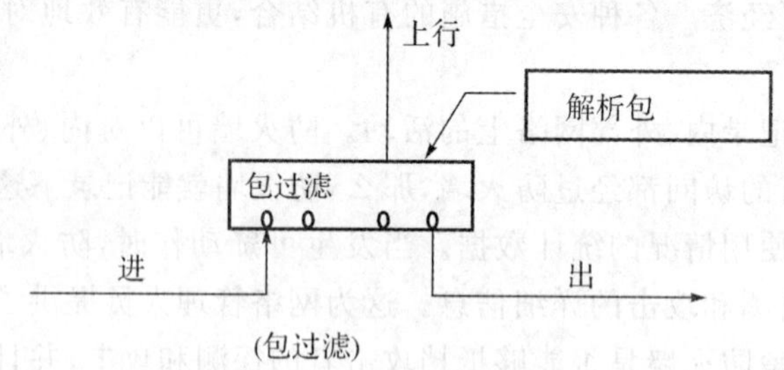

图9.3 包过滤型防火墙原理示意图

(2)应用代理(Application Proxy)型防火墙。

应用代理型防火墙工作在OSI网络参考模型的应用层,其特点是完全"阻隔"了网络通信流,通过对每种应用服务编制专门的代理程序,实现监视和控制应用层通信流的作用。其原理示意图如图9.4所示。

在代理型防火墙技术的发展过程中,也经历了两个不同的版本,即:第一代应用网关型代理防火墙和第二代自适应代理防火墙。

第一代应用网关(Application Gateway)型防火墙是通过一种代理(Proxy)技术参与到一

个 TCP 连接的全过程。从内部发出的数据包经过这样的防火墙处理后，就好像是源于防火墙外部网卡一样，从而可以起到隐藏内部网结构的作用。这种类型的防火墙被网络安全专家和媒体公认为是最安全的防火墙。它的核心技术就是代理服务器技术。

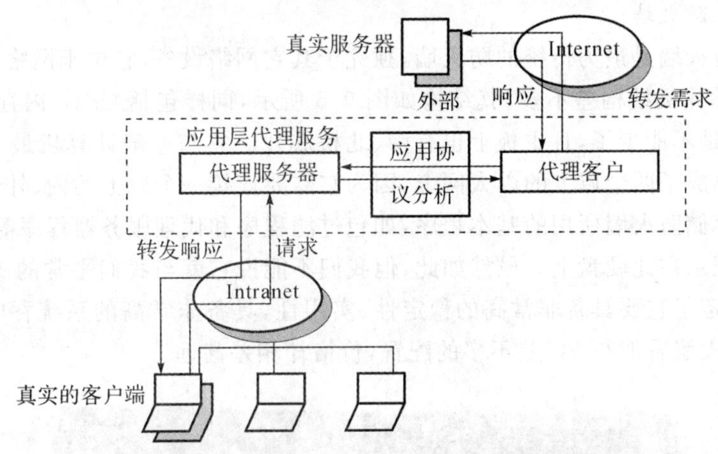

图 9.4　应用代理型防火墙原理示意图

第二代自适应代理(Adaptive Proxy)型防火墙结合代理类型防火墙的安全性和包过滤防火墙的高速度等优点，在毫不损失安全性的基础之上将代理型防火墙的性能提高 10 倍以上。组成这种类型防火墙的基本要素有两个：自适应代理服务器(Adaptive Proxy Server)与动态包过滤器(Dynamic Packet Filter)。

在“自适应代理服务器”与“动态包过滤器”之间存在一个控制通道。在对防火墙进行配置时，用户仅仅将所需要的服务类型、安全级别等信息通过相应 Proxy 的管理界面进行设置就可以了。然后，自适应代理就可以根据用户的配置信息，决定是使用代理服务从应用层代理请求还是从网络层转发包。如果是后者，它将动态地通知包过滤器增减过滤规则，满足用户对速度和安全性的双重要求。

应用网关型代理防火墙的特点：防火墙工作在应用层，实现协议过滤和转发功能。阻断内外网之间的通信只能通过“代理”实现。

应用网关型代理防火墙的优点：防火墙能够提供比较成熟的日志功能，有很高的安全性。

应用网关型代理防火墙的缺点：防火墙速度相对慢，对用户不透明，协议不同就需要不同的代理。

自适应代理型防火墙的特点：防火墙根据用户的安全策略，动态适应传输中的分组流量。

自适应代理型防火墙的优点：效率很高，动态修改规则可以提高安全性。

自适应代理型防火墙的缺点：防火墙速度相对慢。

9.2　硬件防火墙的内部结构

1. 硬件防火墙的内部结构

目前硬件防火墙的内部结构有以下几种。

(1)OS(Linux 或 Unix 操作系统)＋ 防火墙软件(有些是自主产权的)＋ 普通 PC 结构的

计算机。

(2)自主产权的专用 OS ＋ 防火墙软件 ＋ 自主产权的硬件系统。

(3)自主产权的专用 OS ＋ 专用的 ASIC 芯片。

2. 单一主机防火墙

单一主机防火墙是最为传统的防火墙,独立于其它网络设备,它位于网络边界。这种防火墙其实与一台计算机结构差不多,其结构如图 9.5 所示,同样包括 CPU、内存、硬盘等基本组件,当然主板更是不能少了,且主板上也有南、北桥芯片。它与一般计算机最主要的区别就是一般防火墙都集成了两个以上的以太网卡,因为它需要连接一个以上的内、外部网络。其中的硬盘就是用来存储防火墙所用的基本程序,如包过滤程序和代理服务器程序等,有的防火墙还把日志记录也记录在此硬盘上。虽然如此,但我们不能说它就与我们平常的 PC 一样,因为它的工作性质,决定了它要具备非常高的稳定性、实用性,具备非常高的系统吞吐性能。正因如此,单一主机防火墙看似与 PC 差不多的配置,价格却相差甚远。

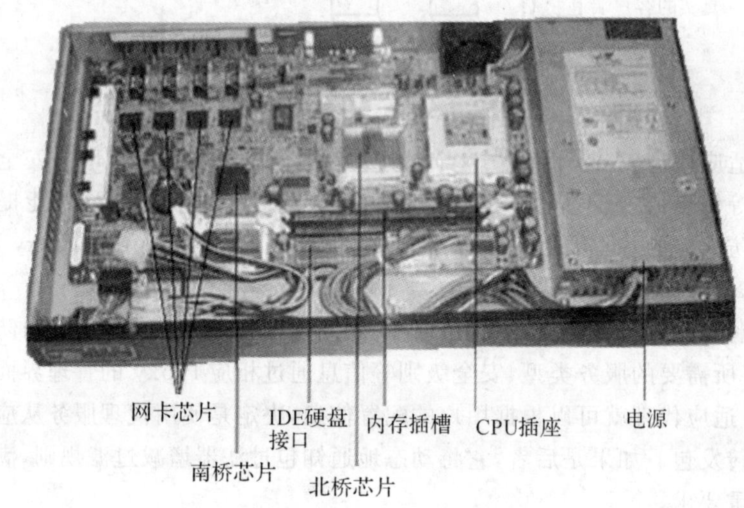

图 9.5　单一主机防火墙内部结构图

随着防火墙技术的发展及应用需求的提高,原来作为单一主机的防火墙现在已发生了许多变化。最明显的变化就是现在许多中、高档的路由器中已集成了防火墙功能,还有的防火墙已不再是一个独立的硬件实体,而是由多个软、硬件组成的系统,这种防火墙俗称“分布式防火墙”。

原来单一主机的防火墙由于价格非常昂贵,仅有少数大型企业才能承受,为了降低企业网络投资,现在许多中、高档路由器中集成了防火墙功能,如 Cisco IOS 防火墙系列。这样企业就不用再同时购买路由器和防火墙,大大降低了网络设备购买成本。但这种防火墙通常是较低级的包过滤型。

分布式防火墙再也不是只是位于网络边界,而是渗透于网络的每一台主机,对整个内部网络的主机实施保护。在网络服务器中,通常会安装一个用于防火墙系统的管理软件,在服务器及各主机上安装有集成网卡功能的 PCI 防火墙卡 ,这样一块防火墙卡同时兼有网卡和防火墙的双重功能。这样一个防火墙系统就可以彻底保护内部网络。各主机把任何其它主机发送的通信连接都视为“不可信”的,都需要严格过滤。而不像传统边界防火墙那样,仅对外部网络发出的通信请求“不信任”。

3. 防火墙的接口

防火墙接口的逻辑类型主要有 4 种，即 LAN 端口、WAN 端口、DMZ 端口和配置端口(Console)，分别用于连接被保护的局域网、外网、对外发布的服务器群组，以及实现对防火墙配置的初始化。

硬件防火墙通常具有至少 3 个以太网接口，即内网口、外网口和 DMZ 口，如图 9.6 所示。

(1)内网口(内部区域)。内部区域通常就是指企业内部网络或者是企业内部网络的一部分。它是互连网络的信任区域，即受到了防火墙的保护。具有商业机密信息的服务器放置在内网。

(2)外网口(外部区域)。外部区域通常指 Internet 或者非企业内部网络。它是互连网络中不被信任的区域，当外部区域想要访问内部区域的主机和服务，通过防火墙，就可以实现有限制的访问。

(3)DMZ(Demilitarized Zone，停火区)口。停火区是一个或几个隔离的网络。位于停火区中的主机或服务器被称为堡垒主机。一般在停火区内可以放置对外发布的 Web 服务器、Mail 服务器等非商业机密信息的服务器群组。停火区对于外部用户通常是可以访问的，这种方式让外部用户可以访问企业的公开信息，但却不允许他们访问企业内部网络。

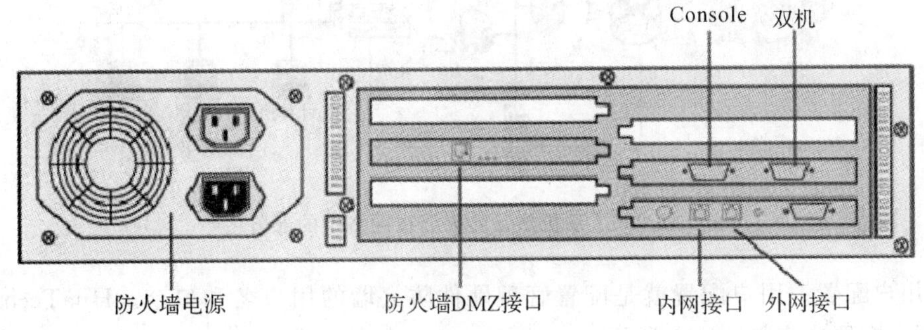

图 9.6　防火墙的背面面板示意图

9.3　防火墙的配置

1. 防火墙在网络中的部署

防火墙在网络中的部署如图 9.7 所示。双机热备防火墙在网络中的部署如图 9.8 所示。

2. 防火墙的基本功能配置

硬件防火墙一般都配有相应的防火墙配置管理器软件，不同的防火墙配置管理器软件其配置图形和方式不同，但其配置内容大致相同。现在以中软 HuaTech 2000 型防火墙管理器为例来说明硬件防火墙的基本功能配置。

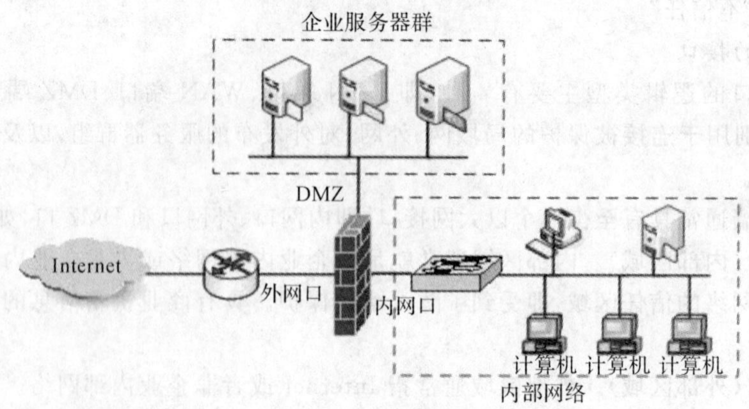

图 9.7 防火墙在网络中的部署

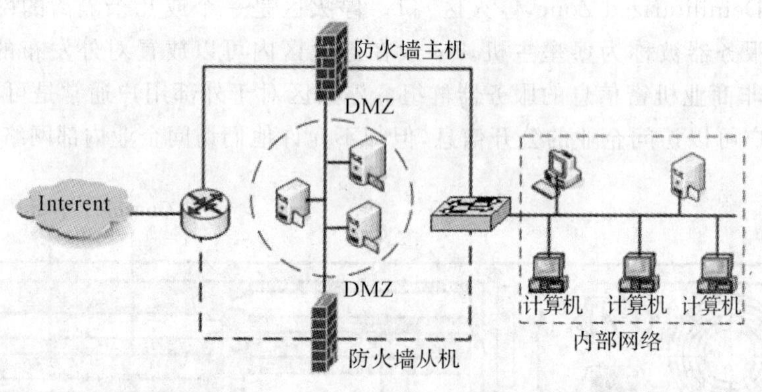

图 9.8 双机热备防火墙在网络中的部署

(1)用户配置。用户配置就是配置管理硬件防火墙的用户名和口令。HuaTech 2000 防火墙的用户配置内容如图 9.9 所示。

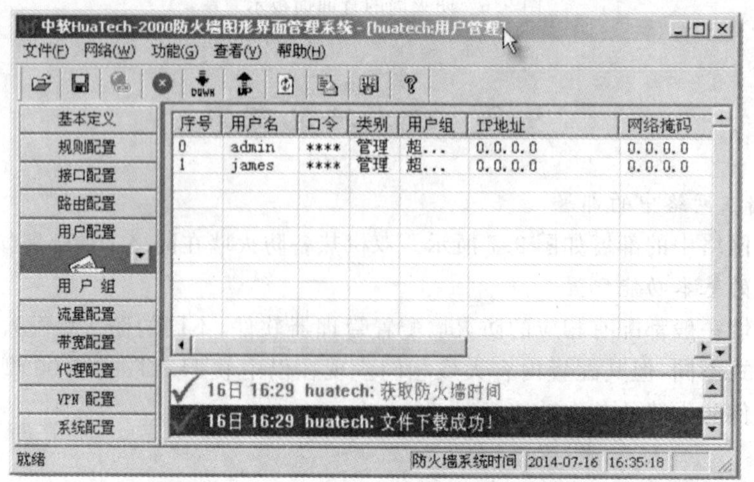

图 9.9 HuaTech 2000 防火墙的用户配置

(2)接口配置。接口配置就是分别配置硬件防火墙的内网口和外网口的接口名称、IP 地址、子网掩码。HuaTech 2000 防火墙的接口配置内容如图 9.10 所示。

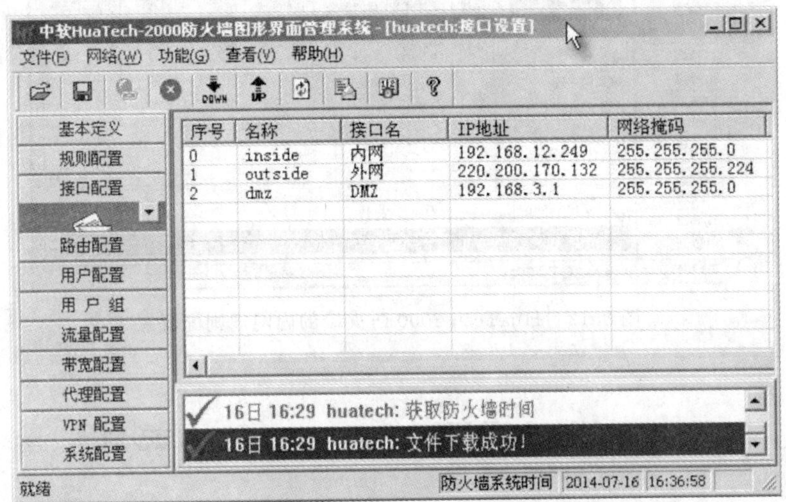

图 9.10　HuaTech 2000 防火墙的接口配置

(3)路由配置。路由配置就是配置硬件防火墙的外网口路由下一跳的地址,即外网口的网关 IP 地址。当所要发送的内容不能直接到达目的地址时,将其送往网关进行转发。HuaTech 2000 防火墙的路由配置内容如图 9.11 所示。

图 9.11　HuaTech 2000 防火墙的路由配置

(4)规则配置。规则配置只需配置硬件防火墙的内网规则,源对象为内网,目的区域为外网,目的对象也为外网,所允许的服务和时间跨度根据实际需要配置。HuaTech 2000 防火墙的内网规则配置内容如图 9.12 所示。

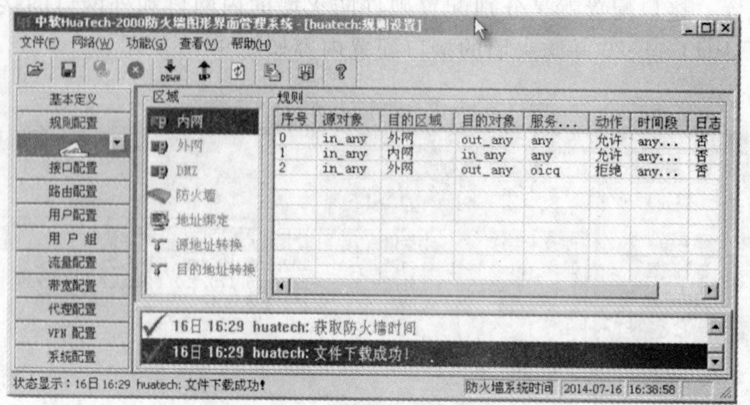

图 9.12　HuaTech 2000 防火墙的内网规则配置

9.4　Cisco PIX 防火墙的基本配置

一、实训目的

(1)熟悉防火墙的配置方式;

(2)掌握 Cisco PIX 系列防火墙的基本配置。

二、实训内容

(1)对 Cisco PIX 系列防火墙的启动和基本设置的操作;

(2)熟悉防火墙的开机画面;

(3)对防火墙进行基本配置;

(4)理解防火墙的接口及配置;

(5)测试防火墙的使用功能。

三、实训环境的准备

1. 防火墙的启动和基本设置

Cisco PIX 系列防火墙目前有 5 种型号:PIX 506,PIX515,PIX520,PIX525,PIX535。通过 Console 电缆把 PC 的 COM 端口和防火墙的 Console 端口连接起来,防火墙的启动和基本配置实验的原理如图 9.13 所示。

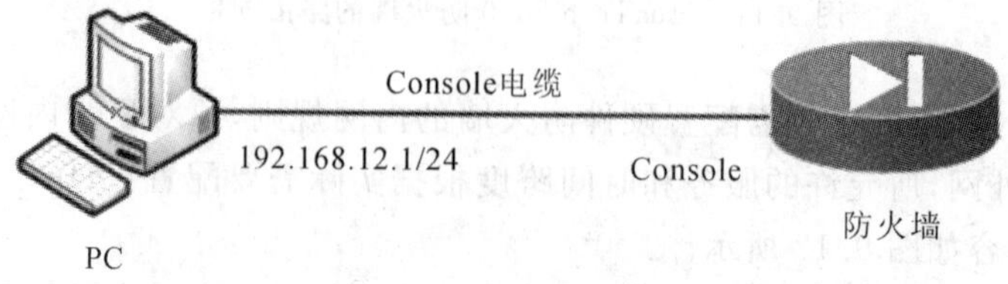

图 9.13　防火墙的启动和基本配置实验原理图

(1)Cisco PIX 525 型防火墙 1 台；

(2)PC 1 台；

(3)Console 电缆 1 条。

2. 测试防火墙的使用功能

在图 9.13 的基础上，用一根交叉线把 PC 的网卡接口与防火墙的内网口 e1 连接，再用一根直连线把防火墙的外网口 e0 与 Internet 相连接，如图 9.14 所示。测试 PC 是否通过防火墙与 Internet 相连接，检验上述防火墙的基本配置是否正确，若防火墙的配置不正确，则修改之使其正确。

(1)Cisco PIX 525 型防火墙 1 台；

(2)PC 1 台；

(3)Console 电缆 1 条，交叉网线 1 条，直连网线 1 条。

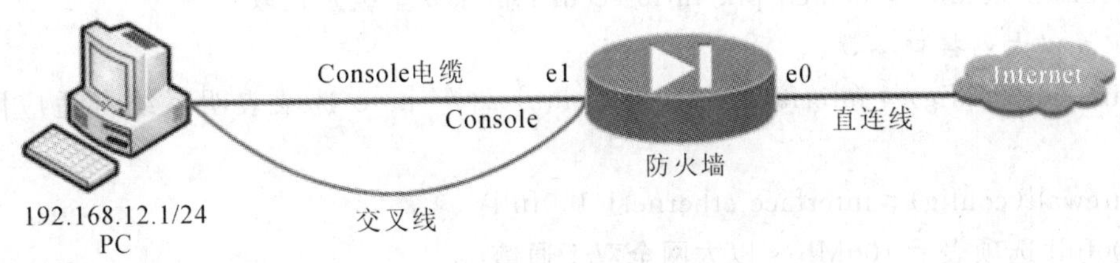

图 9.14　测试防火墙的使用功能

提醒：防火墙的内网口 e1 的 IP 地址作为 PC 的网关。

四、实训操作实践

配置 Cisco PIX 525 型防火墙有 6 个基本命令：nameif，interface，ip address，nat，global，route。

1. 安装并启动防火墙

将防火墙的安装直角耳片用螺丝一头固定在 PIX 上，另一头固定在机架上。经检测电源系统无误后，加电启动防火墙。

2. 启动控制台终端

将 Cisco PIX 525 型防火墙所配的 Console 电缆一头连接到 PC 的串口 COM1 或 COM2 上，另一头连接到防火墙的 Console 口，启动 PC。单击“开始”➔“程序”➔“附件”➔“通信”➔“超级终端”。双击“超级终端”，启动 Windows 自带的超级终端程序，选择通信串口(所连接的 COM1 或 COM2)，超级终端程序的 COM 端口设置为“还原为默认值”。从 Console 口进入 PIX 系统。此时 PIX 系统提示

pixfirewall>　　// 此为用户模式 //

3. 从用户模式进入特权模式

输入命令：enable，按回车键进入特权模式。

pixfirewall>enable　　// 进入特权执行模式 //

此时系统提示为

pixfirewall＃　　// 此为特权模式 //

4. 从特权模式进入配置模式

输入命令：configure terminal，对系统进行初始化设置。

pixfirewall＃configure terminal　// 进入全局配置模式 //

pixfirewall(config)＃　// 此为配置模式 //

5. 配置防火墙接口的名字，并指定安全级别

pixfirewall(config)＃nameif ethernet0 outside security0

pixfirewall(config)＃nameif ethernet1 inside security100

pixfirewall(config)＃nameif dmz security50

提醒：在缺省配置中，以太网 e0 口被命名为外部接口(outside)，安全级别是 0；以太网 e1 口被命名为内部接口(inside)，安全级别是 100。安全级别取值范围为 0～100，数字越大安全级别越高。若添加新的接口，语句可以这样写：

pixfirewall(config)＃nameif pix/intf3 security40（安全级别任取）

6. 配置以太网接口参数

pixfirewall(config)＃interface ethernet0 auto　// auto 选项表明系统自适应网卡类型 //

pixfirewall(config)＃interface ethernet1 100full

//100full 选项表示 100Mb/s 以太网全双工通信 //

Pixfirewall(config)＃interface ethernet1 100full shutdown

//shutdown 选项表示关闭这个 ethernet1 接口，若启用该接口要去掉 shutdown //

7. 配置防火墙接口的 IP 地址

Pixfirewall(config)＃ip address inside ip_address netmask

// 设置内网口的 IP 地址和子网掩码 //

Pixfirewall(config)＃ip address outside ip_address netmask

// 设置外网口的 IP 地址和子网掩码 //

Pixfirewall(config)＃ip address dmz ip_address netmask

// 设置 DMZ 口的 IP 地址和子网掩码 //

其中 ip_address 为 IP 地址，netmask 为子网掩码。

8. 指定外部地址范围

global 命令把内网的 IP 地址翻译成外网的 IP 地址或一段地址范围。

pixfirewall(config)＃global(if_name) nat_id ip_address－ip_address [netmark global_mask]

其中(if_name)表示外网接口名字，例如 outside；nat_id 用来标识全局地址池，使它与其相应的 nat 命令相匹配；ip_address－ip_address 表示翻译后的单个 IP 地址或一段 IP 地址范围；[netmark global_mask]表示全局 IP 地址的网络掩码。

例 9－1　pixfirewall (config)＃global (outside) 11 61.185.250.242～61.185.250.253

表示内网的主机通过 PIX 防火墙要访问外网时，PIX 防火墙将使用 61.185.250.242～61.185.250.253 这段 IP 地址池(名称为 11)访问外网的主机分配一个全局 IP 地址。

例 9－2　pixfirewall (config)＃ no global (outside) 11 61.185.250.242～61.185.250.253

表示删除这个全局表项。

9. 指定要进行转换的内部地址

网络地址翻译(nat)的作用是将内网的私有 IP 转换为外网的公有 IP。nat 命令总是与 global 命令一起使用，这是因为 nat 命令可以指定一台主机或一段范围的主机访问外网，访问外网时需要利用 global 所指定的地址池进行对外访问。nat 命令配置语法：

pixfirewall(config)#nat(if_name) nat_id local_ip [netmark]

其中(if_name)表示内网接口名字，例如 inside；nat_id 用来标识全局地址池，使它与其相应的 global 命令相匹配；local_ip 表示内网被分配的 IP 地址，例如 0.0.0.0 表示内网所有主机可以对外访问；[netmark]表示内网 IP 地址的子网掩码。

例 9-3 pixfirewall(config)#nat(inside) 11 0 0

表示启用 nat，内网的所有主机都可以访问外网，用 0 可以代表 0.0.0.0。

例 9-40 pixfirewall (config)#nat (inside) 11 192.168.1.0 255.255.255.0

表示只有 192.168.1.0 这个网段内的主机可以访问外网。

10. 设置指向内网和外网的静态路由

定义一条静态路由。route 命令配置语法：

pixfirewall(config)#route (if_name) destination_ip netmark next_hop_ip [metric]

其中(if_name)表示接口名字，例如内网用 inside，外网用 outside；destination_ip 表示路由的目的地 IP 地址；netmark 表示路由的目的地 IP 地址的子网掩码；next_hop_ip 表示路由的下一跳 IP 地址；[metric]表示到 next_hop_ip 的跳数，通常缺省是 1。

例 9-5 pixfirewall(config)#route outside 0 0 61.185.250.243 1

表示创建一条指向外网边界路由器(IP 地址 61.185.250.243)的缺省静态路由。

例 9-6 pixfirewall(config)#route inside 192.168.1.0 255.255.255.0 172.16.15.2

表示创建了一条到内部网络 192.168.1.0 的静态路由，静态路由的下一跳路由 IP 地址是 172.16.15.2。

11. 配置防火墙密码

pixfirewall(config)#enable password ciscopix

//设置防火墙的明文密码：ciscopix//

pixfirewall(config)#disable // 退出特权模式进入用户模式 //

pixfirewall>enable

Password：输入密码 ciscopix // 验证防火墙的明文密码：ciscopix //

Pixfirewall# // 进入特权模式 //

pixfirewall(config)#enable secret ciscopix

//设置防火墙的密文密码：ciscopix//

12. 显示配置清单

pixfirewall(config)#exit // 退出配置模式 //

pixfirewall#show config // 显示配置清单 //

13. 几个常用的网络测试与配置查看命令

pixfirewall#ping // 网络连通性测试 //

pixfirewall#show interface // 查看端口状态 //

pixfirewall # show static　　　　// 查看静态地址映射 //

14. 保存配置

pixfirewall # write memory　　　　// 保存配置结果 //

9.5 Cisco PIX 防火墙的高级配置

一、实训目的

(1)熟悉防火墙的配置方式;

(2)掌握 Cisco PIX 系列防火墙的实际应用配置。

二、实训内容

(1)对 Cisco PIX 系列防火墙的具体应用进行设置操作;

(2)理解防火墙的接口及配置;

(3)验证对防火墙所进行的组网配置。

三、实训环境的搭建

利用 Cisco PIX 防火墙组建的高级配置实验原理图如图 9.15 所示。组网要求:外部网络上允许的合法的全局和静态地址范围为 61.185.250.243~61.185.250.251。内网主机(192.168.12.1)被授权通过 telnet 访问 PIX 防火墙控制台。允许来自内部的 TCP 和 UDP 连接到达 DMZ 和外网,name 命令将该 Web 服务器的主机地址映射为"Webserver"。DMZ 接口上的 Web 服务器是公开可访问的。

(1)Cisco PIX 525 型防火墙 1 台;

(2)PC 2 台,Web 服务器 1 台;

(3)交换机 1 台;

(4)Console 电缆 1 条。

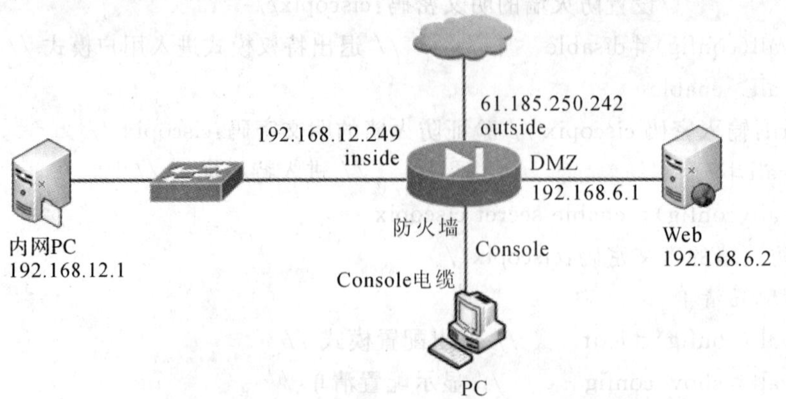

图 9.15　防火墙的高级配置实验原理图

四、Cisco PIX 防火墙的高级配置

1. 配置静态 IP 地址翻译

如果从外网发起一个会话，会话的目的地址是一个内网的 IP 地址，static 就把内部地址翻译成一个指定的全局地址，允许这个会话建立。static 命令配置语法：

pixfirewall(config)＃static [internal_if_name，external_if_name] outside_ip_address inside_ ip_address

pixfirewall(config)＃static [internal_if_name，external_if_name]

{global_ip | interface} local_ip [netmask mask]

[max_cons[max_cons[emb_limit[norandomseq]]]

pixfirewall(config)＃static [(internal_if_name，external_if_name)]

{tcp | udp}{global_ip | interface} local_ip [netmask mask][max_cons[max_cons[emb_limit[norandomseq]]]

其中 internal_if_name 表示内部网络接口，安全级别较高，如 inside；external_if_name 为外部网络接口，安全级别较低，如 outside 等；outside_ip_address 为正在访问的较低安全级别的接口上的 IP 地址；inside_ ip_address 为内部网络的本地 IP 地址。

例 9－7 pixfirewall(config)＃static (inside，outside) 61.185.250.2 192.168.1.7

表示 IP 地址为 192.168.1.7 的主机，对于通过 PIX 防火墙建立的每个会话，都被翻译

成 61.185.250.2 这个全局地址，也可以理解成 static 命令创建了内部 IP 地址 192.168.1.7

和外部 IP 地址 61.185.250.2 之间的静态映射。

例 9－8 pixfirewall(config)＃static (dmz，outside) 61.185.250.3 192.168.1.2

表示通过使用 static 命令可以为一个特定的内部 IP 地址设置一个永久的全局 IP 地址。这样就能够为具有较低安全级别的指定接口创建一个入口，使它们可以进入到具有较高安全级别的指定接口。

2. 管道命令

使用 static 命令可以在一个本地 IP 地址和一个全局 IP 地址之间创建一个静态映射，但从外部到内部接口的连接仍然会被 pix 防火墙的自适应安全算法(ASA)阻挡，conduit 命令用来允许数据流从具有较低安全级别的接口流向具有较高安全级别的接口，例如允许从外部到 DMZ 或内部接口的入方向的会话。对于向内部接口的连接，static 和 conduit 命令将一起使用，来指定会话的建立。conduit 命令配置语法：

pixfirewall(config)＃conduit permit | deny global_ip port[_port] protocol foreign_ip [netmask]

其中 permit | deny 表示允许 | 拒绝访问；global_ip 指的是先前由 global 或 static 命令定义的全局 IP 地址，如果 global_ip 为 0，就用 any 代替 0，如果 global_ip 是一台主机，就用 host 命令参数；port[_port]指的是服务所作用的端口，例如 www 使用 80，smtp 使用 25 等等，我们可以通过服务器名称或端口数字来指定端口；protocol 指的是连接协议，比如：TCP、UDP、ICMP 等；foreign_ip 表示可访问 global_ip 的外部 ip，对于任意主机，可以用 any 表示。如果 foreign_ip 是一台主机，就用 host 命令参数。

例 9-9 pixfirewall(config)＃conduit permit tcp host 192.168.1.1 eq www any

表示允许任何外部主机对全局地址 192.168.1.1 的这台主机进行 http 访问。其中使用 eq 和一个端口来允许或拒绝对这个端口的访问。eq www 就是指允许或拒绝只对 www 的访问。

例 9-10 pixfirewall(config)＃conduit deny tcp any eq ftp host 61.144.51.89

表示不允许外部主机 61.144.51.89 对任何全局地址进行 ftp 访问。

例 9-11 pixfirewall(config)＃conduit permit icmp any any

表示允许 icmp 消息向内部和外部通过。

例 9-12 pixfirewall(config)＃static (inside，outside) 61.185.250.2 192.168.1.7

pixfirewall(config)＃conduit permit tcp host 61.185.250.2 eq www any

说明 static 和 conduit 的关系。192.168.1.7 在内网是一台 Web 服务器，现在希望外网的用户能够通过 PIX 防火墙得到 Web 服务。所以先做 static 静态映射：192.168.1.7－＞61.185.250.2(全局)，然后利用 conduit 命令允许任何外部主机对全局地址 61.144.51.62 进行 http 访问。

3. 设置远程访问 telnet

在默认情况下，PIX 防火墙的以太网端口是不允许 telnet 的。当从外部接口要 telnet 到 PIX 防火墙时，需启用 telnet，telnet 数据流需要用 ipsec 提供保护。telnet 命令配置语法：

pixfirewall(config)＃telnet local_ip [netmask]

其中 local_ip 表示被允许通过 telnet 访问到 PIX 防火墙的 IP 地址(如果不设此项，PIX 的配置只能由 consle 方式进行)。

例 9-13 pixfirewall(config)＃telnet 192.168.1.7 inside

表示 IP 为 192.168.1.7 的内网主机可以远程访问 PIX 防火墙。

例 9-14 pixfirewall(config)＃telnet 61.185.250.2 outside

表示 IP 为 61.185.250.2 的外网主机可以远程访问 PIX 防火墙。

4. 配置 fixup 协议

fixup 命令作用是启用、禁止、改变一个服务或协议通过 PIX 防火墙，由 fixup 命令指定的端口是 PIX 防火墙要侦听的服务。见下面例子：

例 9-15 pixfirewall(config)＃fixup protocol ftp 21

表示启用 ftp 协议，并指定 ftp 的端口号为 21。

例 9-16 pixfirewall(config)＃fixup protocol http 80

pixfirewall(config)＃fixup protocol http 1080

表示 http 协议指定 80 和 1080 两个端口。

例 9-17 pixfirewall(config)＃no fixup protocol smtp 80

表示禁用 smtp 协议。

5. 静态端口重定向(port redirection with statics)

允许外部用户通过一个特殊的 IP 地址/端口通过 firewall pix 传输到内部指定的内部服务器。这种功能也就是可以发布内部 www、ftp、mail 等服务器了，这种方式并不是直接连接，而是通过端口重定向，使得内部服务器很安全。命令格式：

pixfirewall(config)＃static [(internal_if_name，external_if_name)]{global_ip|interface} local_ip [netmask mask][max_cons[max_cons[emb_limit[norandomseq]]]

pixfirewall(config)＃static [(internal_if_name,external_if_name)]{tcp|udp}{global_ip|interface}

local_ip [netmask mask][max_cons[max_cons[emb_limit[norandomseq]]]

例 9－18　pixfirewall(config)＃static (inside, outside) tcp 61.185.250.2 telnet 192.168.1.7 telnet netmask 255.255.255.255 0 0

表示外部用户直接访问地址 61.185.250.2 telnet 端口，通过 pix 重定向到内部主机 192.168.1.7 的 telnet 端口(23)。

例 9－19　pixfirewall(config)＃static (inside, outside) tcp 61.185.250.2 ftp 192.168.1.6 ftp netmask 255.255.255.255 0 0

表示外部用户直接访问地址 61.185.250.2 ftp 端口，通过 pix 重定向到内部主机 192.168.1.6 的 ftp server(21)。

例 9－20　pixfirewall(config)＃static (inside, outside) tcp 61.185.250.2 www 192.168.1.5 www netmask 255.255.255.255 0 0

表示外部用户直接访问地址 61.185.250.2 www 端口，通过 pix 重定向到内部主机 192.168.1.5 的 www(80)。

例 9－21　pixfirewall(config)＃static (inside, outside) tcp 61.185.250.2 8080 192.168.1.4 www netmask 255.255.255.255 0 0

表示外部用户直接访问地址 61.185.250.2 http 8080 端口，通过 pix 重定向到内部主机 192.168.1.4 的 www(80)。

例 9－22　pixfirewall(config)＃static (inside, outside) tcp 61.185.250.2 snmp 192.168.1.3 snmp netmask 255.255.255.255 0 0

表示外部用户直接访问地址 61.185.250.2 snmp 端口，通过 pix 重定向到内部主机 192.168.1.3 的 snmp(25)。

6. 配置访问控制列表(access－list)

访问列表有 permit 和 deny 两个功能，网络协议一般有 ip|tcp|udp|icmp 等。

(1)例如：只允许访问主机 192.168.1.3 端口为 80 的 www。

pixfirewall(config)＃access－list 100 permit ip any host 192.168.1.3 eq www

pixfirewall(config)＃access－list 100 deny ip any any

pixfirewall(config)＃access－group 100 in interface outside

(2)例如：允许 ping 包通过。

pixfirewall(config)＃access－list 110 permit icmp any any traceroute

(3)例如：允许在邮件服务器上的安全验证。

pixfirewall(config)＃access－list 110 permit any any eq smtp

五、实训操作实践

1. 配置防火墙接口的名字，并指定安全级别

pixfirewall>

pixfirewall>enable

```
pixfirewall#configure terminal
pixfirewall(config)#
pixfirewall(config)#enable password ciscopix
pixfirewall(config)#nameif ethernet0 outside security0
pixfirewall(config)#nameif ethernet1 inside security100
pixfirewall(config)#nameif dmz security50
```

2.配置以太网接口参数

```
pixfirewall(config)#interface ethernet0 auto
pixfirewall(config)#interface ethernet1 auto
pixfirewall(config)#interface ethernet2 auto
```

3.配置防火墙接口的IP地址

```
Pixfirewall(config)#ip address inside 192.168.12.249 255.255.255.0
Pixfirewall(config)#ip address outside 61.185.250.242
Pixfirewall(config)#ip address dmz 192.168.6.1 255.255.255.0
```

4.诊断信息设置

```
Pixfirewall#names
                    //允许客户使用字符串代替IP地址,使配置易于阅读//
Pixfirewall(config)#names 192.168.6.2  webserver
                    //给Web服务器的IP地址一个字符串标记//
Pixfirewall#logging buffered debugging
                    //设置系统日志信息为有效,为防火墙提供诊断信息和状态//
Pixfirewall#no rip inside passive                   //设置rip属性无效//
Pixfirewall#no rip outside passive
Pixfirewall#no rip inside default
Pixfirewall#no rip outside default
```

5.设置指向外网的静态路由

```
pixfirewall(config)#route outside 0 0 61.185.250.241
                    //设置连到外网的外部缺省路由//
```

6.配置管道命令

```
pixfirewall(config)#conduit permit icmp any any //允许icmp包从外网和内网通过//
pixfirewall(config)#fixup protocol http 80
pixfirewall(config)#conduit permit tcp host 61.185.250.241 eq 80 any
```

7.配置远程访问

```
pixfirewall#configure terminal
pixfirewall(config)#line vty 0 4
pixfirewall(config-line)#login
pixfirewall(config-line)#password ciscopix
pixfirewall(config-line)#exit
pixfirewall(config)#telnet 192.168.12.1 255.255.255.255 inside
```

// 授权内网主机可以使用 telnet 访问防火墙控制台 //

8. 指定外部地址范围

pixfirewall(config)＃global (outside) 1 61.185.250.243－61.185.250.251

// 建立一个外网和 DMZ 接口的全局地址池 //

pixfirewall(config)＃global (outside) 1 61.185.250.242

pixfirewall(config)＃global (dmz) 1 192.168.6.1

//允许内部用户访问 DMZ 接口上的 Web 服务器 //

9. 指定要进行转换的内部地址

pixfirewall(config)＃nat (inside) 1 192.168.12.0 255.255.255.0

// 允许内网用户启动 DMZ 接口和外网接口上的连接 //

pixfirewall(config)＃nat (dmz) 1 192.168.6.0 255.255.255.0

// 允许 DMZ 用户启动外网接口上的连接 //

10. 配置静态 IP 地址翻译

pixfirewall(config)＃static (inside，outside) 61.185.250.241 webserver

// 允许外网接口上的任意用户访问 DMZ 接口上的 Web 服务器 //

11. 配置 DHCP 服务器

确保在启用 DHCP 服务器特性前，使用 ip address 命令来配置 inside 接口的 IP 地址和子网掩码。步骤如下：

(1)使用 dhcpd address 命令指定一个 DHCP 地址池，如 192.168.6.10～192.168.6.100，PIX 防火墙将向客户机分配此池中的地址之一并在给定长度的时间内使用。默认值为 inside 接口。

pixfirewall(config)＃dhcpd enable inside

pixfirewall(config)＃dhcpd address 192.168.6.10—192.168.6.100 inside

(2)指定客户机将使用的 DNS 服务器的 IP 地址。最多可指定 2 个 DNS 服务器。如首选 DNS 服务器为 61.134.1.9，备用 DNS 服务器为 61.134.1.4。

pixfirewall(config)＃dhcpd dns 61.134.1.9 61.134.1.4

(3)指定客户机将使用的 WINS 服务器的 IP 地址。最多可指定 2 个 WINS 服务器。如 WINS 服务器为 202.134.1.8。

pixfirewall(config)＃dhcpd wins 202.134.1.8

(4)指定客户机租用时间长度。默认值为 3600s。

pixfirewall(config)＃dhcpd lease 7200

(5)配置客户机将使用的域名。如 computer.com.cn。

pixfirewall(config)＃dhcpd domain computer.com.cn

12. 连通性测试

在内网 PC 上分别 ping 外网 61.185.250.243 和 DMZ 接口上的 Web 服务器 192.168.6.2。如果 ping 不通说明上述配置有问题。

参考文献

[1] 詹金珍.计算机网络组网实训教程[M].西安:西北工业大学出版社,2005.
[2] 詹金珍.局域网组建与维护[M].重庆:西南师范大学出版社,2006.